KB058766

아주 작은 죽음들

아주 작은
죽음들

브루스 골드파브 지음
강동혁 옮김

최초의 여성 법의학자가
과학수사에 남긴 흔적을 따라서

18 TINY DEATHS
BRUCE GOLDFARB

RHK
알에이치코리아

수사관은 자신에게 이중의 책임이 있다는 사실을 명심해야 한다. 범죄자의 죄를 밝히는 한편 무고한 자들의 누명을 벗겨주어야 한다. 그는 오직 사실만을, 손바닥에 올려놓고 볼 수 있을 만큼 간단명료한 진실만을 찾아야 한다.

프랜시스 글레스너 리

법의학은 사인을 밝히는 데 가장 확실한 방법을 가르치는 학문이지
만 죽은 사람을 대상으로 한다는 이유로 오랫동안 소외되어왔다. 법
의학이라는 용어조차 희미하던 시절, 우리나라의 문국진이라는 젊
은 의학도가 평생을 법의학에 헌신하기로 마음먹지 않았다면 국내
에서 법의학은 지금과 같은 발전을 이루지 못했을 것이다.

이렇듯 모든 시작에는 평생을 바칠 만큼 열렬한 누군가의 헌신이
있다. 나는 《아주 작은 죽음들》을 통해 우리나라 법의학의 태두 문
국진 교수와 프랜시스 글레스너 리의 공통점을 본다. 이 책은 독립
적이고 현명한 한 여성 법의학자의 삶을 다룬다. 20세기 초, 미국 역
시 비전문가인 코로너에 의해 검시가 이루어져 억울한 죽음이 제대
로 밝혀지지 못했던 시절이 있었다. 이를 바로잡기 위해 나타난 이
가 바로 독학으로 법의학을 공부하여 그 중요성을 인식하고, 고집스
러우면서도 현실에 대응할 수 있는 명민함으로 법의학의 발전에 기
여한 프랜시스 글레스너 리다. 당시 여성이 사회에서 설 수 있는 자
리에 분명히 한계가 있었던 시절이지만, 리는 '의문사에 관한 손바
닥 연구' 디오라마와 같은 창의적인 교육 도구를 마련하고, 적지 않

은 나이에 그 공로를 인정받아 경찰에서 경감 지위를 얻는 등 법의학 연구와 교육의 큰 틀을 마련했다.

이를 보고 있자니, 한 사람이 흘린 땀과 나아가려는 힘이 사회를 얼마나 바꿀 수 있는지 새삼 깨닫는다. 프랜시스 글레스너 리가 세상을 어떤 방향으로 변화시켰는지 책 속으로 모험을 떠나기를 바란다.

유성호
법의학자, 서울대학교 법의학교실 교수

프랜시스 글레스너 리의 실사 모형을 처음으로 봤던 2003년, 나는
젊은 의사였다. 메릴랜드주 수석 검시관실에 면접을 보러 볼티모어
로 갔을 때였다. 검시관실 총책임자인 데이비드 파울러 박사는 내게
손바닥 연구nutshell study에 대해 들어본 적이 있느냐고 물었다. 나는
그게 무슨 말인지 전혀 모르겠다고 솔직하게 대답했다. 그러자 파울
러는 나를 어두운 방으로 데려가더니 불을 켰다. 방 한쪽 구석에는
먼지가 내려앉지 않도록 덮개를 씌워놓은 작은 상자들이 있었고, 투
명 아크릴 판으로 둘러싸인 그 상자 속에서 나는 폭력과 죽음이 깃
든 귀중하고도 정교한 세상과 만났다.

 '의문사에 관한 손바닥 연구'라 불리는 작은 모형은 사망 현장을
그대로 재연한 것이다. 나는 그것들을 자세히 살펴보았다. 어느 작
은 방에서는 타일 바닥에 점점이 찍힌 무늬와 놀라울 정도로 정밀한
꽃무늬 벽지가 보였다. 다른 방에는 주방과 이층 침대가 갖춰진 나
무 오두막이 있었다. 오두막 다락방에는 설피雪皮가, 조리대에는 냄
비가 있었다. 나는 어렸을 때 인형의 집을 가지고 놀며 나만의 작은
세상에 넣을 물건을 사러 집에서 몇 시간씩 떨어져 있는 미니어처

가게에 가자고 아버지를 조르곤 했다. 하지만 이토록 정교한 인형의 집은 본 적이 없었다. 나는 인형에게 줄 접시를 만드느라 유리병 뚜껑 안쪽의 플라스틱을 뜯어내곤 했다. 손바닥 연구 모형에 쓰인 그릇은 도자기로 만들어져 있었다. **도자기라니!** 주방 선반에 쌓인 통조림 상표와 신문 기사 제목까지도 읽을 수 있었다. 나는 그런 세부 사항에서 눈을 뗄 수가 없었다.

물론 그중에는 벽지에 남은 핏자국과 불탄 침대에 놓인 기괴할 만큼 새까만 시신, 목을 매달아 얼굴이 보라색으로 변한 남자도 있었다. 평범한 인형의 집이 아니었다. 어린아이의 장난감이 아니었다. 내가 뭘 본 거지? 누가 이걸 만든 걸까? 하지만 관심을 끄는 질문은 따로 있었다. 미니어처로 굳어버린 이 순간에 도대체 무슨 일이 있었던 걸까?

나는 뉴욕 수석 검시관실에서 2년간의 법의병리학 수련 과정을 마치고 볼티모어로 면접을 보러 갔다. 뉴욕에서 받은 교육에는 검시관실의 법의학 수사관들과 함께 사망 현장으로 가서 현장에서 무엇을 찾아야 하는지, 우리가 법에 따라 조사해야 할 갑작스럽고 예상에 없던 폭력적인 죽음의 원인과 사망 방식을 최종적으로 결정할 때 도움이 될 만한 정보를 찾는 방법은 무엇인지가 포함되어 있었다. 어디를 가든 사망 사건 수사는 이런 식으로, 현장 실습을 통해 이루어진다.

그러나 예고 없이 남의 집에 들어가 그 사람이 바닥에 쓰러져 죽어 있는 이유를 찾느라고 약장과 쓰레기통, 냉장고를 뒤지는 일은 늘 뭔가 불편한 관음증적인 면이 있었다. 뉴욕 수석 검시관실의 수사관들은 모두 전문가였고, 어디에 주의를 집중하고 무엇을 살펴봐야 할지, 또 무슨 냄새를 맡고 무슨 소리를 듣고 무엇을 만져봐야 할지 알려주었다. 약장에는 사망자의 질병에 관한 정보가 들어 있었다. 큰 제산제 병이 있다면, 사망자가 소화기 계통 문제로 고생하고 있었다는 뜻일 수 있다. 하지만 사망자가 진단을 받지 못했을 뿐 사실 심장병을 앓고 있었다는 단서일 수도 있다. 전문의약품 병을 살펴보면, 약품이 의사의 지시대로 사용됐는지 혹은 너무 적게 쓰이거나 너무 많이 쓰였는지 알아볼 수 있다. 쓰레기통에는 미납 고지서, 퇴거 통지문, 쓰다가 구겨버린 유언장이 들어 있을지도 모른다. 냉장고는 음식으로 가득할 수도 있고, 보드카 한 병만 빼고는 텅 비어 있을 수도 있다. 음식이 신선하다면 시신도 부패하지 않았을 가능성이 크다. 음식이 부패하고 있다면…… 이 모든 정보가 사망자에게서 관찰되는 부패의 정도를 확인하는 데 도움이 된다. 그렇게 해서 사망 시점을 못 박는다. 사망 현장에서는 모든 것이 사연의 일부가 된다. 이때 가장 중요한 것은 현장에서 발견되는 세부 사항이다. 나는 환자를 인터뷰할 수 없다. 이튿날 부검실에서 시신을 부검하고 부검에서 발견한 사항을 현장에서 찾은 내용에 덧붙일 때, 내가 믿을 수 있는 환자의 과거는 주위 환경밖에 없다. 작고하신 나의 스승 찰스 허시 박사는 뉴욕의 수석 검시관으로 오랫동안 일하며 그와 함께 일하는 행운을 누렸던 모두에게 부검이란 그저 사망 사건 수사의 **일부**일 뿐이라고 가르쳤다.

현장에서 발견한 증거가 반드시 진실을 드러내는 건 아니라는 걸 알게 된 것도 뉴욕에서 검시관 수련을 받으면서였다. 현장에서 얻은 정보는 사건과 아무 상관이 없고 오히려 오해를 불러오기도 했다. 현장에서는 사망자가 손에 쥐고 있던 총이나 그가 우울증을 앓았다는 증언이 자살을 나타내는 것처럼 보였다. 하지만 부검실에서 자세히 살펴보니, 사망자의 맨살에 화약으로 인한 화상 흔적이나 점무늬가 없었기에 총이 최소 75센티미터 떨어진 지점에서 발사되었음을 알 수 있었다. 사망자는 살해되었고, 현장은 자살처럼 보이도록 연출된 것이었다. 자신의 아파트에서 사망한 여성은 자는 도중 평화롭게 죽음을 맞은 것처럼 보였다. 이튿날 부검실에서 보니, 벌거벗은 채 해부된 시신의 목 부분에서는 멀쩡해 보이는 피부 아래 진한 멍이 발견되었다. 이에 더해, 사망자의 흰자위에서 나타난 점상 출혈은 목 졸림에 의한 살인이 일어났음을 알려주는 증거였다. 나는 현장에서 본 것이 부검실에서 본 것을 해석하는 데 영향을 줄 수는 있지만, 그게 전부는 아님을 깨달았다.

손바닥 연구에 담겨 있는 독특하고 비할 데 없는 현장들을 들여다보면서, 나는 사망 사건 수사가 과학의 한 분야로 부상하기 시작하고 의사들이 범죄로 인한 사망을 다른 사망과 구분하는 역할을 맡아 코로너와 형사들의 주도권에 도전하기 시작했던 역사 속 한 시기로 거슬러 올라갔다.* 내 눈앞에는 재능 있는 공예가이자 의학 전문

• 일반적으로 'coroner'와 'medical examiner'는 모두 검시관으로 번역되지만, 이 책에서는 둘을 확실히 구분하고 있으므로 전자를 '코로너', 후자를 '검시관'으로 옮겼다.—옮긴이

가가 자신의 두 가지 능력을 결합해 만들어놓은, 과학을 넘어서면서 동시에 예술보다 심오한 작품이 놓여 있었다. 전시품은 기능적이면서도 교육적이고, 완전한 해석이 가능하도록 설계되어 있었다. 하지만 각 현장에 대한 해석은 부검을 통해 알아낸 의학적 정보에 근거해 바뀔 수 있었다. 살아 움직이는 사람(혹은 더 이상 살아 움직이지 않는 시신)보다 미니어처 속 인형을 위에서 유심히 들여다보는 일은 사건의 세부 사항을 파악하는 안목을 키우는 데 필요한 시간적·공간적 장소를 제공한다. 나는 손바닥 연구가 미니어처 형태로 이루어질 뿐 뉴욕 수석 검시관실에서 했던 사망 사건 수사 훈련과 같은 것임을 깨달았다. 내가 실물 크기의 아파트와 집, 회사와 공사장에서 배운 기술을 이 모형을 통해서도 갈고닦을 수 있었다. 이 모형으로 수많은 유형의 현장을 동시에 살펴보며 세세한 사항을 하나하나 들여다볼 수 있었으니 말이다. 나는 그토록 정교하고 복합적이며 수수께끼 같은 상황을 만들어내는 데 들였을 시간과 노력에 감탄했고, 이런 현장을 자세히 관찰함으로써 배울 수 있는 게 아주 많다는 사실에도 경탄했다.

내가 처음 볼티모어 수석 검시관실 뒷방에 보관된 디오라마를 보았을 때, 그 모형은 몇 년째 보관되고 있던 터라 상태가 좋지 않았다. 이 디오라마를 보며 공부하는 이는 검시관실 직원들뿐인 듯했다. 이들은 가끔 손님을 데리고 와 신기한 역사 속 물건이라며 디오라마를 보여주곤 했다. 관계자가 아닌 이상 이 모형을 볼 수 있는 길은 없었다. 내가 알기로 이 디오라마는 오래되고 상태도 좋지 않았지만 여전히 사망 사건 수사 훈련에 사용되고 있었다. 그래도 나는 이토록 놀라운 작품이 그런 운명을 맞은 것이 슬펐다.

이후 몇 년에 걸쳐, 볼티모어 수석 검시관실 관리자인 브루스 골드파브의 헌신적 노력 덕분에 프랜시스 리의 의문사에 관한 손바닥 연구는 수리와 수선을 거쳐 보존되었다. 이 작품은 2017년 10월부터 2018년 1월까지 스미스소니언 박물관에서 전시되었으며, 책과 잡지, 인터넷을 통해서도 공개됐다. 이 책은 프랜시스 글레스너 리 자신이 쓴 논문을 포함한 원전을 토대로 다년간 수행한 역사적 연구를 집대성한 것으로, 독학으로 법의학을 공부한 고집스럽고 명민하며 창의적인 여성이 의학과 법학 두 분야에서 엄청난 반향을 불러일으킨 작업에 열정적으로 헌신하게 된 사연을 담고 있다. 골드파브는 프랜시스 글레스너 리의 지성, 영향력, 재력, 강인한 성격을 법의학적 사망 사건 수사의 세계라는 맥락에서 재조명한다. 이 흡인력 강하고 도발적인 책을 통해 드러나듯, 프랜시스 글레스너 리는 현대 법의병리학의 개척자라고 할 만한 인물이다.

그녀가 만든 18가지 아주 작은 죽음들은 세상을 완전히 다른 방향으로 변화시켰다.

주디 멜리넥•

• 의학박사. 회고록 《뻣뻣한 작업: 2년간 살펴본 262구의 시신과 검시관의 탄생》과 법의학 누아르 소설 시리즈 데뷔작 《첫 번째 상처》를 썼다.

아주 작은 죽음들

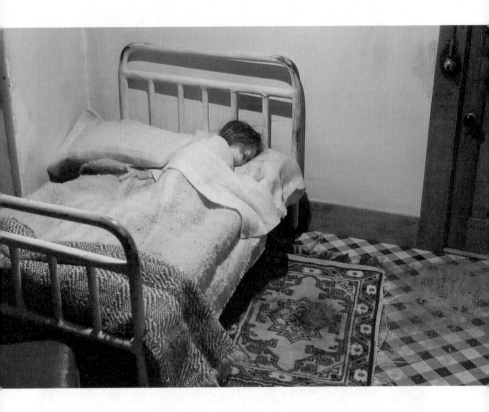

〈도배지가 벗겨진 침실〉, 1949

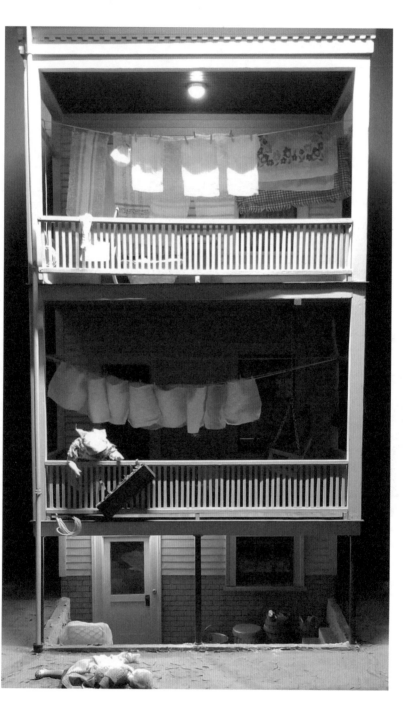

〈2층 현관〉, 1948

〈산지기의 오두막〉, 1945

〈살롱과 교도소〉, 1944

〈차고〉, 1946

〈푸른 침실〉, 1943

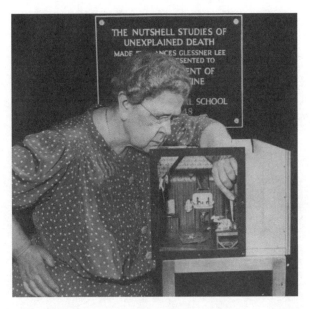

의문사에 관한 손바닥 연구 모형 중 하나를 살펴보는 프랜시스 글레스너 리, 1949년.
©글레스너가 박물관

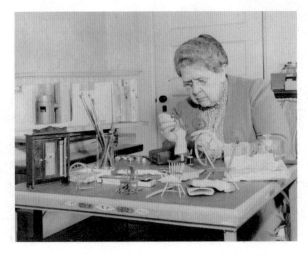

더 록의 작업실에서 작업 중인 프랜시스 글레스너 리.
©글레스너가 박물관

하버드 경찰과학협회 모임에서의 프랜시스 글레스너 리.
프랜시스의 오른쪽에 보이는 이가 앨런 모리츠다. ©글레스너가 박물관

FOURTEENTH SEMINAR IN HOMICIDE INVESTIGATION
FOR
STATE POLICE
November 17-22, 1952
DEPARTMENT OF LEGAL MEDICINE
HARVARD MEDICAL SCHOOL

하버드 의대에서 열린 살인사건 수사 세미나 단체 사진, 1952년 11월.
오른쪽 끝에 프랜시스 글레스너 리의 모습이 보인다. ©하버드 의대 카운트웨이 의학도서관 의학사 센터

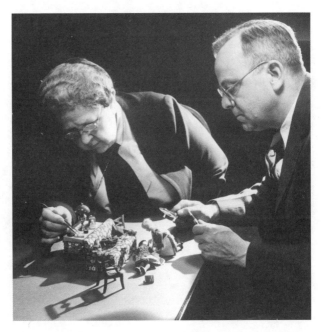

의문사에 관한 손바닥 연구 모형의 부품을 살펴보는 프랜시스 글레스너 리와
앨런 모리츠, 1940년대 후반. ⓒ하버드 의대 카운트웨이 의학도서관 의학사 센터

의문사에 관한 손바닥 연구 중 하나인 〈헛간〉을 보고 있는 앨런 모리츠.
ⓒ하버드 의대 카운트웨의 의학도서관 의학사 센터

프랜시스 글레스너 리가 조지 매그래스
법의학 도서관을 위해 디자인한 레이블.
©하버드 의대 카운트웨이 의학도서관 의학사 센터

병리학자 앨런 모리츠.
1939~1949년 하버드대 법의학과 학과장.
©하버드 의대 카운트웨이 의학도서관 의학사 센터

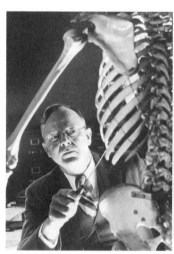
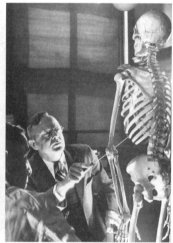

앨런 모리츠. ©하버드 의대 카운트웨이 의학도서관 의학사 센터

플론잘리 사중주단 모형을 만드는 프랜시스 글레스너 리, 1913~1914년경.
©글레스너가 박물관

자녀와 함께 있는 프랜시스 글레스너 리, 1906년.
왼쪽부터 존, 마사, 프랜시스. ©글레스너가 박물관

더 록의 빅 하우스 현관에서의 글레스너 가족.
왼쪽부터 존 제이컵, 조지, 프랜시스, 프랜시스 맥베스. ©글레스너가 박물관

프레리가 1800번지 도서관에서의 프랜시스 맥베스와 존 제이컵 글레스너.
©글레스너가 박물관

청소년기의
프랜시스.
©글레스너가 박물관

열다섯 살의
프랜시스.
©글레스너가 박물관

더 록에서의
프랜시스, 1905년경.
©글레스너가 박물관

바이올린을 연주하는
10대 시절 프랜시스.
©글레스너가 박물관

더 록의 놀이용 집에서 개 히어로와 함께 있는
어린 프랜시스 글레스너 리. 아이작 스콧 설계.
©글레스너가 박물관

어머니 무릎에 앉아
있는 프랜시스.
©글레스너가 박물관

실제로 작동하는 나무 스토브가 있는 더 록의
방 두 개짜리 놀이용 집. 아이작 스콧 설계.
©글레스너가 박물관

프레리가 1800번지 저택. H. H. 리처드슨 설계.
©글레스너가 박물관

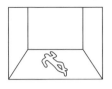

1장

—

법의학

1944년 10월 2일

하버드 의대 E-1동 3층, 벽이 나무 패널로 장식된 회의실의 긴 탁자 주변에 짙은 색의 양복을 입고 넥타이를 맨 병리학자와 검시관 열일곱 명이 둘러앉아 있었다. 1944년 가을이었다. 수천 킬로미터 떨어진 유럽과 태평양 군도에서는 전쟁이 한창이었다. 이 남자들은 법과학legal medicine 세미나에 참여하려고 하버드 의대에 모인 터였다. 법과학은 이후 법의학forensic science으로 알려지게 된 분야로서, 사법적인 문제에 의학을 적용한 학문이다.

앨런 R. 모리츠 박사가 사람들에게 우울한 소식을 전했다. 불행히도 프랜시스 글레스너 리 경감이 예정과는 달리 세미나에 참석할 수 없게 되었다는 소식이었다('경감'은 작년에 뉴햄프셔주 경찰관이 된 이후로 프랜시스가 즐겨 쓰는 호칭이었다). 그는 리가 넘어지는 바람에 오른쪽 정강이뼈가 부러졌고, 이후 두 번의 심장마비를 겪었다고 말했다.[1]

미국에서 가장 명망 높은 의료기관에 소속된 숙련된 전문가들이었기에, 그들은 거의 67세가 된 여성에게 수많은 건강상의 문제가 있다는 말의 우울한 의미를 잘 이해했다. 심장마비는 리의 일상생활을 점점 더 심하게 제약하며 그녀를 갉아먹던 질병의 마지막 방해물이었다. 이제 리는 내과의가 주의 깊게 지켜보는 가운데 오랫동안 침대에서만 생활해야 했다.

미국에서 제일가는 병리학자인 모리츠에게 리가 이 자리에 없다는 사실은 개인으로서나 의사로서나 상실이었다. 세미나 참석자들은 리가 세미나에 참석할 때마다 절로 태도가 세련되게 변했던 경험도, 법의학에 관한 리의 백과사전적 지식도 그리워하게 될 터였다.

리의 세미나는 의문사를 조사하는 데 필요한 전문 지식을 제공하기 위한 것이었다. 사망 시간을 추정하는 방법, 부패를 비롯한 사망 이후의 변화, 둔기에 의한 손상과 예기에 의한 손상, 이와 관련된 사망 사건 조사의 다양한 분야에 관한 지식 말이다. 미국에서 이런 수업을 하는 의과대학은 하버드 의대밖에 없었다.

언뜻 보기에, 리는 법의학이라는 이제 막 생겨난 분야의 권위자답지 않았다. 모자챙이 없는 메리 여왕 모자와 직접 지은 검은 드레스를 좋아하는 점잖은 할머니였던 리는 19세기 경제적 호황기 시카고 사교계의 독립적이고 부유한 후계자였다. 불가능할 정도의 완벽성을 추구했으며 거의 광적인 목표 의식을 갖추고 있어서 까다롭게 구는 경우가 많았던 리는 하버드 법의학 프로그램에서 안내자 역할만으로는 만족하지 않았다. 리는 특유의 성격으로 개인 재산의 상당 부분까지 희사해가면서 거의 혼자 힘으로 미국 법의학의 토대를 세웠다.

개혁자이자 교육자, 법의학의 수호자로서 리가 이 분야에 끼친 영향은 이루 헤아릴 수 없다. 노화의 문턱에 접어든 품위 있는 노부인이었던 리는 법의학의 선구적인 권위자 중 한 명으로 존경받았다. 하지만 그 자리에 이르는 길이 결코 순탄치만은 않았다.[2]

한때 리는 이렇게 말했다. "남자들은 대의명분을 들먹이며 나이 든 여자에게 의심의 눈길을 보내지요. 문제는 내가 참견을 하거나 뭔가 운영하려 하는 게 아니라고 그 사람들을 설득하는 일이었어요. 또 내가 하려는 일에 대해 잘 알고 있다는 것도 이해시켜야 했지요."

미국 최초의 법의학과 책임자로 모리츠를 고용한 지 7년이 지나 리와 모리츠는 자연스럽게 동료이자 친구가 되었다. 이들은 예기치 못한 수상한 죽음의 조사 방법을 혁명적으로 바꿔놓을 혁신적 프로젝트를 수행했다. 경찰들에게 일주일짜리 법의학 집중 강좌를 제공한 것이다. 리와 모리츠가 경찰을 대상으로 현대적인 과학적 법의학 기법을 훈련하기 위해 짠 야심 찬 교육과정은 획기적이었다.

2년이라는 기간 대부분을 리는 범죄 현장을 관찰하고 갑작스러운 죽음이나 부상으로 인한 죽음의 원인과 방식을 결정하는 데 중요한 단서를 찾는 방법을 가르치기 위해 정교하고 상세한 축소 모형인 디오라마를 만드는 작업에 집착했다. 리는 이 모형을 '의문사에 관한 손바닥 연구'라고 불렀다. 그러나 리가 병든 지금 계획이 실패할 것으로 보였다.

리는 뉴햄프셔주 리틀턴 근처에 있는 180만 평짜리 저택 '더 록 The Rock'에서 요양하며 모리츠에게 편지를 보냈다. "모형 중에 완성된 건 하나도 없어요. 완성할 수도 없습니다. 이런 상황에서 경찰 세미나를 열어서는 안 된다는 내 생각에 동의해주면 좋겠군요."[3]

E-1동 회의실에서 남자들은 엄숙한 법의학 연구를 잠시 멈추고 모리츠가 리에게 전달할 결의안의 초안을 작성했다.

프랜시스 G. 리는 1944년 하버드 의대 법의학 세미나 참석자 전원의 영원한 감사를 받아 마땅하다. 미국 전역에서 법의학의 대의명분을 북돋는 데 너무도 큰 역할을 해왔으며 이 세미나를 열 수 있게 해준 그녀의 박애 정신에 이 자리에 참석한 모두가 깊은 고마움을 전한다. 리 여사께서 머잖아 건강을 완전히 회복해 평소처럼 활동할 수 있기를 이 자리의 모두가 진지하게 바란다는 것을 결의한다.[4]

———

법의학 분야에서 리 경감이 이룩한 개척자로서의 작업을 제대로 이해하려면, 시간을 거슬러 올라 사회가 지난 수백 년간 죽음, 특히 의

아주 작은 죽음들

문사를 어떻게 다루어왔는지 알아봐야 한다.

미국 인구 동태 통계에 따르면, 1944년 한 해에 140만 명을 조금 넘는 미국인이 사망했다. 이 중 대다수는 집이나 병원에서 세상을 떠났다. 의사나 간호사, 가족이 그들의 임종을 지켰다. 이들은 질병이나 질환이 있는 것으로 알려져 있었고, 점차 상태가 나빠지다가 사망했다.

역사적으로 사망 사건 다섯 건 중 한 건은 예기치 못하고 갑작스럽게 벌어진다.[5] 이들은 병을 앓고 있는 줄 몰랐던 사람들, 폭력이나 부상으로 혹은 불확실한 상황에서 사망한 사람들이다. 1944년에 일어났던 약 28만 3000건의 의문사 중 1~2퍼센트를 넘지 않는 최대 수천 건의 사망 사건만이 자격을 갖춘 검시관의 조사를 받았다. 검시관이란 죽음의 원인과 방식을 진단하도록 특수한 훈련을 받은 의사를 말한다. 당시에는 보스턴, 뉴욕, 볼티모어, 뉴어크 등 동부 연안의 몇 안 되는 도시에만 법의학적 훈련을 받은 유능한 검시관과 제대로 된 장비를 갖춘 검시관실이 있었다. 미국 대부분 지역에서는 그때까지도 중세 영국까지 거슬러 올라가는 오래된 체제인 매장물 조사관, 즉 코로너coroner 제도가 활용되었다.

죽음이란 피할 수 없는 보편적 사실이다. 그러나 사망 사건은 일어날 때마다 인간 경험에서 독특한 위치를 점한다. 우리는 우리 자신과 우리가 아는 모든 사람이 언젠가 죽으리라는 사실을 머리로 알고 있다. 그래도 누군가 죽으면, 충격을 받고 불쾌함을 느낀다. 죽음에 관한 해답이 필요하다는 욕구는 뿌리가 깊다. 무슨 일이 일어난 걸까? 이 사람은 왜 죽은 걸까?

죽음의 속성에 관해 이루어진 최초의 체계적 조사는 대체로 자살에 관한 것이었다. 역사 내내 자살은 신이나 권위에 대한 도전 또는 '*felo de se*', 즉 자기 자신에 대한 범죄로 여겨졌다. 로마 제국에서는 군인이 자살하면 탈영병 취급을 받았다. 일부 묘지에서는 자살자의 매장을 금지했다.[6]

사망 사건 조사에 관한 매장물 조사관 제도는 중세 영국으로 거슬러 올라간다. 왕실 사유재산 관리인이었기에 '크라우너crowner'로 알려져 있던 이 관리는 왕실의 법적 대변인 역할을 했다('크라우너'라는 발음이 나중에 '코로너coroner'로 변했다). 코로너에게는 다양한 임무가 있었다. 가장 중요한 임무는 세금이나 벌금 등 왕실이 받아야 할 돈을 수금하는 것이었다. 그는 보안관을 상대로 명령장이나 소환장 등 법원이 발부한 영장을 집행할 수 있었고, 필요하면 보안관을 체포할 수도 있었다. 철갑상어와 돌고래 등 오직 왕만이 먹을 수 있는 왕실의 물고기를 압수할 권한도 있었고, 난파선과 매장된 보물을 조사할 수도 있었다. 왕실이 제 몫을 받도록 하는 것이 코로너의 일이었다.

코로너는 갑작스럽거나 부자연스러운 사망 사건을 조사하기도 했다. 대체로 사망자가 살해당한 것인지 자살한 것인지 판단하기 위해서였다. 처형당하거나 감금된 살인범은 집과 토지를 포함해 모든 재산을 압수당했다. 자살은 왕실을 상대로 저지른 범죄였으므로 코로너는 자살자의 재산도 압류했다.

코로너는 두 가지 질문에 답해야 했다. 사망 원인이 무엇이며, 사망의 책임은 누가 져야 하는가. 하나는 의학적 질문이지만 다른 하나는 형법상의 문제였다.[7] 코로너는 의학도, 법학도 전혀 알 필요가 없었다. 그는 조사와 재판이 뒤섞인 사인死因 심문을 하곤 했다. 이때 코로너는 10~12명으로 이루어진 사인 심문 배심원을 소집했는데, 그중 대부분은 글을 모르는 농부였다. 사망자를 알거나 사망을 목격했을 가능성이 높은 사람도 많았다. 사인 심문에는 성인 남자만 참여할 수 있었다.

코로너와 사인 심문 배심원들은 시신을 관찰해야 했다. 보통 사망 사건이 일어난 장소나 시신이 발견된 곳에서 관찰하는 경우가 많았다. 사인 심문은 '시신이 보이는 곳에서' 열려야 했다. 시신을 살펴보지 못하면 사인 심문은 무효가 되었다. 시신을 살펴볼 사람이 아무도 없다면 사인 심문이 아예 열리지 않았다. 배심원들은 시신을 빠르게 훑어보는 게 아니라 자세히 살펴봐야 했다. 이들은 시신을 보고 폭력의 흔적이 있는지 확인하고 상처가 있으면 메모를 남겨야 했다.

물론 기초적인 의학 지식이 없었으므로 시신을 살펴보는 행위만으로 알 수 있는 건 거의 없었다. 배심원들은 시신을 살펴보고 목격자들의 이야기를 들은 뒤 투표로 평결을 내렸다. 그리 과학적인 방법은 아니었다. 사망자가 살해당한 것으로 인정되면, 사인 심문에서는 살인자를 지목해야 했다. 코로너에게는 살인 피의자를 기소하고 체포할 권리가 있었으며, 재판 때까지 피의자를 감옥에 가둬두는 것은 보안관의 의무였다. 코로너는 자백하는 사람이 있으면 자백을 들었고, 유죄 판결을 받아 처형당한 사람의 재산을 압수했다.

북유럽 사람들은 아메리카 대륙을 식민지로 만들면서 이곳에도 영미법을 도입했다. 오늘날의 보안관, 치안판사, 코로너는 모두 중세 시대의 흔적이다.

미국 최초의 코로너 사인 심문으로 기록된 사건은 1635년 겨울, 뉴플리머스에서 모피 상인의 하인인 20대 존 디컨이 사망한 채로 발견된 사건이다.[8] 배심원은 이렇게 말했다. "시신을 탐색해봤으나 맞은 자리나 상처 등 신체가 훼손된 흔적은 발견되지 않았다. 디컨은 돌아다니면서 오랫동안 굶고 지친 바람에 몸이 약해지고 날씨가 극도로 추워지면서 사망한 것으로 보인다."

메릴랜드주에서는 식민지가 건설된 지 3년 만에 처음으로 코로너를 두었다. 담배 농사를 짓는 농부 토머스 볼드리지가 1637년에 세인트메리스 카운티의 보안관 겸 코로너로 임명되었다. 볼드리지는 "영국 모든 카운티의 보안관이나 코로너가 하는 일을 전부 하라"[9]는 모호한 지시를 받았다. 코로너의 직무에 대한 보다 자세한 안내는 1640년에 생겨났다.

해당 행정구역의 경계선 안에서 사망한 사람이 있다는 고지를 받거나 사망자가 발생했다는 의심이 들면 형편이 되는 대로 시신을 살펴보고, 앞서 언급한 사람들에게 사망자의 사망 경위를 증거에 따라 진심으로 조사하고 평결하겠다고 맹세하게 할 것.[10]

아주 작은 죽음들

코로너로 임명되고 이틀 뒤인 1637년 1월 31일, 볼드리지는 처음으로 사인 심문을 열었다. 모두 담배 농사를 짓는 농부였던 자유인 열두 명이 사인 심문 배심원으로 소환되어 나무를 베던 중 사망한 존 브라이언트의 시신을 살펴보았다. 브라이언트가 사망했을 당시 역시 담배 농부인 조지프 에들로가 함께 있었다.[11]

에들로는 진실하게 증언하기로 맹세하고, 사인 심문 배심원들에게 자신이 브라이언트더러 비키라고 경고했다고 말했다. 그는 친구에게 "존, 조심해. 나무가 쓰러져"라고 말했던 일을 떠올렸다. 에들로는 브라이언트가 대여섯 걸음 물러났다고 말했다. 나무가 쓰러지면서 다른 나무에 튕겨 브라이언트를 덮쳤고, 브라이언트는 그 무게에 깔렸다. 사인 심문 기록에는 "그 이후로 존 브라이언트는 한마디도 하지 않았다"라고 적혀 있었다.

볼드리지와 사인 심문 배심원들은 브라이언트의 시신을 살펴보고 "왼쪽 턱에 긁힌 상처 두 곳"이 있음을 알아냈다. 이들은 딱 훈련받지 않은 담배 농부에게 기대할 수 있는 수준의 판결을 내렸다. 브라이언트가 "피가 터져서" 죽었다고 결론지은 것이다. 볼드리지는 코로너였기에 브라이언트의 재산을 팔아 채무를 해결하는 것은 물론 그의 시신을 매장할 의무가 있었다. 브라이언트의 사인 심문 기록에는 그가 가진 모든 소지품에 관한 지루한 목록이 포함되어 있었다. 정장 두 벌과 오래된 더블릿, 스타킹과 속바지, 그릇과 숟가락, 가구 몇 점, 쪽배 한 척, 수탉과 암탉 각 한 마리, 하인인 엘리아스 비치였다.

미국 최초로 알려진 부검은 1642년 2월 25일, 메릴랜드주 세인트 메리스 카운티에서 이루어졌다.[12] 부검을 집도한 사람은 "자격증을 갖춘 의사" 조지 빙크스였다. 존 댄디라는 대장장이가 쏜 총에 맞아 아메리카 원주민 청년이 사망하는 사건이 있었는데, 이때 사망 사건을 조사하던 사인 심문에서 코로너의 현장 주임 역할을 한 사람이 빙크스였다. 사인 심문 기록은 다음과 같다. "우리는 이 인디언 청년(에드워드)이 사망한 이유가 존 댄디가 발사한 총알 때문임을 알아냈다. 총알은 배꼽 근처 오른쪽 상복부로 들어가 비스듬하게 내려간 뒤 창자를 관통하고 등의 마지막 척추골에 빗맞아 항문 옆쪽에 박혔다."

댄디는 담배 1360킬로그램을 벌금으로 내야 했고 사형 선고를 받았다. 코로너는 댄디의 모든 "물건과 동산"을 압류하고, "총과 탄약을 인디언의 기습으로부터 비교적 안전한 곳으로 옮겼다." 댄디의 사형 선고는 사형 집행인으로 7년 복무하는 형으로 감형되었다.

———

인간사 전반은 계속되는 진보와 발전의 과정이다. 우리 삶은 농업, 위생, 교통, 의학의 숨 가쁜 발전 덕분에 헤아릴 수 없이 향상되었다. 전기를 다루게 되었고, 철도를 깔았으며, 전화를 발명했다. 하지만 미국 대부분 지역에서 사망 사건 조사는 이상하게도 시대착오적인 상태에 머물러, 과학에 기반한 현대 의학보다는 연금술과 더 깊은 관련이 있는 13세기의 유물이 되었다.

코로너는 특정한 카운티나 도시를 관할하는 지역의 관리였다. 보안관이나 행정 장관, 치안판사가 코로너를 겸임할 수도 있었고, 나무꾼, 제빵사, 정육점 주인이 코로너 역할을 맡을 수도 있었다. 몇몇 지역에서는 지역 장의사가 코로너 역할을 맡았다. 코로너는 선출되거나 선출된 관료에 의해 임명되었다. 그런 만큼 이 자리는 원래 정치적이었다. 개인의 부지런함이나 전문적인 지식이 아니라 정치적 인맥과 충성심으로 코로너 자리를 얻을 수 있었다. 코로너 자리를 유지하느냐는 유권자나 정치 지도자의 호의를 계속 얻는지에 달려 있었다. 코로너가 의학을 잘 알았던 것이 아니었으므로 사인을 판단할 때 의사의 도움을 받았는데, 이 의사는 코로너의 의사, 의학 심판 혹은 검시관이라는 다양한 이름으로 불렸다.

미국이 대체로 도시화되지 않은 농경사회였던 시절에는 코로너의 사인 심문만으로도 충분했을지 모르겠다. 대부분의 갑작스러운 사망은 심장마비, 뇌졸중 같은 자연스러운 원인으로 일어났거나 사고사일 가능성이 컸다. 몇 안 되는 의문사의 경우에도 용의자는 보통 범죄 현장에서 멀리 벗어날 수 없었다. 목격자가 있는 경우도 많았다. 보통은 사망자에게 가족과 이웃이 있었기에 시신의 신원을 확인하는 것도 문제가 아니었다. 사람들은 대부분 자기가 태어난 곳을 떠나지 않았고, 다들 서로의 사정을 잘 알았다. 아마 별다른 정보가 없는 사람 열두 명이 머리를 맞대고 상식을 활용하는 것이 아무 방법도 쓰지 않는 것보다는 나았을 것이다.

하지만 코로너 제도의 결함은 도시 지역의 인구가 팽창하면서 두드러졌다. 사람들이 도시로 밀려들면서 범죄 기회가 증가했다. 대도시에 가보면 겨우 몇 블록 안에 수만 명이 곧 넘어질 듯한 주택에 모여 살았다. 도시에는 뜨내기, 이민자, 일자리를 찾아 농장을 떠나온 사람 등 취약 계층이 넘쳐났다. 범인은 전차나 기차를 이용해 범죄 현장을 빠르게 빠져나갈 수 있었다. 뉴욕, 필라델피아, 시카고, 보스턴 등의 도시에서 자취를 감추는 건 쉬운 일이었고 수상한 죽음을 조사하는 건 더욱 어려운 일이 되었다.[13]

게다가 미국 대부분 지역에서 코로너 제도는 부패하고 무능한 것으로 악명 높았다. 코로너는 뇌물, 착복, 횡령 등을 얼마든지 저지를 수 있는 자리였다. 코로너는 부정하게 돈을 벌고 싶어하는 장의사에게 시신을 보낼 수 있었다. 어떤 관할 구역에서는 살인이나 직장에서의 사망 등 형사상 과실이 일어날 경우, 피의자를 기소하고 보석금을 설정할 권한을 코로너에게 주었다. 코로너에게 돈을 주거나 영향력을 행사하면 이런 사망 사건을 해결할 수 있었다. 코로너에게는 임의로 사인 심문을 소집할 수 있는 권한도 주어졌는데, 코로너와 사인 심문 배심원들은 사건이 있을 때마다 급료를 받았다. 다시 말해, 코로너들은 사실상 공적 자금에 마음대로 손을 댈 수 있었다. 사인 심문 배심원단은 경찰이나 검찰에서 원하는 결론이라면 어디에든 도장을 찍어줄 사기꾼과 관련자들로 넘쳐났다. 코로너는 형법 제도에 도움을 주기보다는 피해를 끼치는 일이 많았다. 이들은 살인 사건의 기소를 불필요하게 지연시켰으며, 어리석었기에 자기 임무를 수행할 때 기초적인 잘못을 저질렀다. 코로너들은 법원에서도 형편없는 증인이었다. 이들은 검사로서 신뢰할 수 없거나 아무 쓸모가 없는 증언을 했다.

코로너의 의사 역할을 맡았던 사람들도 별반 나을 게 없었다. 이들 역시 대체로 무능력하고 무관심했다. 1920년대에는 컬럼비아 대학교 형법학 교수인 레이먼드 몰리가 오하이오주 쿠야호가 카운티에서 코로너가 조사한 사건들에 관한 연구를 수행했다. 쿠야호가 카운티는 클리블랜드시가 있는 곳이다. 몰리는 말도 안 되는 사망 원인을 엄청나게 많이 발견했는데, "살인일 수도 자살일 수도 있음", "고모 말로는 폐병이 있다고 불평했다고 함. 마약 중독으로 보임", "스트리크닌 중독이 의심됨", "사망한 채로 발견됨", "몸에서 머리가 잘려 나감", "폭행일 수도 있고 당뇨병일 수도 있음", "당뇨병, 결핵, 혹은 신경성 소화장애", "뭉개져 있었음" 등이었다.[14]

1914년에는 레너드 윌스타인이라는 뉴욕 회계 감사관이 이 도시의 코로너 제도에 관한 조사를 실시했다. 회계 감사관은 감사원장과 비슷한 직책으로, 서류 제출 요구서를 발부하고 증언을 강제할 권한이 있었다.[15] 조사가 진행된다는 소문에 오랫동안 보고서를 뭉개고 있던 코로너들은 발등에 불이 떨어졌다. 윌스타인의 조사 발표가 있고 한 달이 채 되지 않아 코로너들은 범죄와 관련이 있을지도 모르는 사망 사건 431건을 보고했는데, 이 중 거의 200건이 1년 이상 지체되어 있었고 63건은 3년 넘게 처리되지 않은 상태였다.

뉴욕시 코로너와 코로너의 의사 전원을 포함해 수십 명의 증인에게서 증언을 청취한 다음, 윌스타인은 1915년 1월 신랄한 보고서를 발표했다. 보고서에 따르면, 코로너라는 직위를 가진 사람 중 "임무를 충분히 수행할 훈련을 받거나 경험을 철저히 갖춘 사람은 한 명도 없었다."

1898년 뉴욕시가 정비된 이후 코로너 역할을 맡았던 65명 중 의사는 19명뿐이었다. 윌스타인의 보고서에 따르면 코로너 가운데 8명은 장의사였고, 7명은 정치인 및 고위 공무원, 6명은 부동산 중개인이었다. 상점 주인이 한 명, 배관공이 한 명이었으며 나머지는 인쇄공, 경매업자, 정육업자, 음악가, 우유 배달원, 나무 조각가 등 다양한 직업에 분포돼 있었다.

40년 동안 코로너의 비서로 일해온 조지 르브런은 뉴욕시 코로너들이 "돈을 받고 정의를 저버리는 말도 안 되는 사기꾼"이라고 증언했다. 그는 "새로운 사건에 대한 이들의 관심은 그저 어떻게 하면 돈을 뽑아낼 수 있을까 하는 것뿐이다. 이들은 자신의 관직을 협박 편지를 보내는 데 이용한다"고 말했다.[16]

윌스타인의 보고서에 따르면, 코로너의 의사는 "그저 그런 의사 중에서 차출되었다." 병원이 잘되는 실력 있는 의사들은 한밤중에 시신을 살펴보는 귀찮은 일을 하고 싶어하지 않았고, 법적 절차에 뒤얽히는 불편도 감수하고 싶어하지 않았다. 코로너의 의사 역할을 기꺼이 한 의사들은 쉽게 벌 수 있는 꾸준한 수입에 끌렸다. 그들은 시신을 아주 잠깐, 피상적으로 살펴보거나 어떨 때는 아예 살펴보지도 않았다. 보고서에는 의사들이 시신을 거의 보지도 않고, 사망 증명서를 안치소에서 다발로 끊어준 사례가 여럿 기록되어 있다.

코로너들이 인증한 사인은 기이하게 보일 정도로 수상한 경우가 많았다. 한 남자의 사인이 대동맥 파열로 기록되어 있었는데, 어째서인지 부검도 하지 않고 이런 진단이 내려졌다. 코로너의 보고서는 남자가 오른손에 한 발을 쏜 38구경 권총을 들고 있었으며 입에는 치명적 총상을 입은 채로 발견되었다는 점을 언급하지 않았다.

윌스타인의 수사관들은 800건의 사망 증명서를 살펴보고, 그중 40퍼센트에 대해 "인증된 사인을 해명할 만한 증거가 전혀 없다"고 판단했다. 코로너의 의사들은 비슷한 증상에 대해 그때그때 다른 진단을 선택한 이유를 질문받았는데, 이때 자기가 내린 결론을 설명하지 못하겠다고 인정하는 경우가 많았다. 그들은 아무 근거 없이 되는 대로 진단을 내리는 것처럼 보였다. 윌스타인의 보고서에는 이렇게 적혀 있다. "보통 코로너의 의사에게는 만성 콩팥염, 만성 심장내막염, 유아의 경우 유아 경련 등 좋아하는 사인이 정해져 있다. (…) 예컨대 만성 콩팥염과 만성 심장내막염이 경쟁하는 상황은 아슬아슬하고 흥미진진하다." 코로너가 인증한 사인이 도저히 믿기 힘든 지경이라, 보건국 관료들은 코로너가 서명한 사망 증명서를 전부 빼버리면 뉴욕시의 인구 동태 통계가 더 정확해질 것이라고 증언했다.

반면, 검시관 제도에서는 사망의 원인과 방식을 진단할 책임이 이를 위해 특수한 훈련을 받은 유능한 의사에게 맡겨진다. 코로너가 하는 일의 형법적 측면은 경찰과 검찰, 법원에서 수행한다. 사인 심문은 아예 이루어지지 않는다.

모든 코로너가 부패했다거나 무능력했다는 이야기가 아니다. 충실하게 자신의 임무를 수행한 진실하고 품위 있는 사람들도 분명 있었다. 마찬가지로, 일부 검시관들은 이런 임무를 맡기에 부적절했다. 변명하자면, 의사들은 의대에서 죽음에 관한 교육을 별로 받지 못한다. 이들이 주로 다루는 환자들은 살아 있는 사람이기 때문이다. 죽음의 원인과 방식을 진단하는 법은 당시 의대 교육과정에 포함되지 않았다.

20세기 중반에 이르기까지 경찰도 과학적 살인 수사를 할 만한 능력이 전혀 없었다. 들어갈 때 학사 학위를 요구하는 경찰 부서는 거의 없었고, 고등학교조차 졸업하지 않은 경찰관도 많았다. 코로너들이 그랬듯 많은 경찰관은 글을 읽고 쓸 줄 몰랐으며, 작은 마을이나 시골에서는 특히 더 그랬다. 경찰 업무를 위한 훈련은 최소한에 그쳤다. 1910년대 후반 어느 시점부터 클리블랜드 경찰에서 신입 경찰들에게 제공한 8주짜리 강좌가 미국에서 가장 엄격한 교육과정으로 여겨졌다.[17] 경찰관은 머리가 좋아서가 아니라 힘이 세고 겁이 없으며 싸움을 말리거나 용의자를 완력으로 구속할 수 있었기 때문에 채용되었다. 위협, 협박, 신체적 폭행 등 삼류 전략으로 용의자에게서 억지 자백을 받아낼 수 있다면 비판적 사고 능력은 필요하지 않았다.

사망 현장에서 경찰은 방해가 되는 경우가 많았다. 경찰은 서툴게 도우려다가 오히려 증거를 훼손할 가능성이 컸다. 이들은 피를 밟으며 걸어 다녔고, 시신을 움직였으며, 무기를 건드리고, 옷에 난 총알

자국에 손가락을 집어넣었다. 수사 초기에 경찰이 한 행동은 이후 모든 수사에 영향을 미쳤다. 경찰이 현장을 제대로 다루지 못하면, 다시 말해 이들이 범법 행위의 흔적을 간과하거나 사망의 원인과 방식을 결정하는 데 중요한 증거를 보존하지 못하면 수사는 처음부터 난항을 겪었다.

레이먼드 몰리는 형사들을 특히 심하게 비판했다. 몰리에 따르면 형사는 경험이 많고 노련한 경찰관이어야 하는데, 실제로는 규율이 없고 훈련도 제대로 받지 못했으며 살인 등 중범죄를 수사할 능력이 없었다. 몰리는 이렇게 말했다. "형사는 제복을 입는 경찰의 최고봉이어야 한다. 하지만 이 중 25퍼센트가량은 지능이 떨어지는데, 그 말은 이들의 정신연령이 9~13세 소년 수준이라는 뜻이다. 형사가 엉망진창으로 일을 처리한 사례가 수없이 많은 걸 보면 이 점이 증명된다."[18]

1800년대 중후반에는 보스턴 지역 코로너 역시 다른 지역에서와 마찬가지로 평판이 나빴다. 주지사가 임명할 수 있는 코로너 수에는 제한이 없었다. 코로너 자리는 정치적 호의로 나눠주기 좋은 값진 상패로서, 사실상 도둑질을 할 수 있는 면허였다. 1877년에 검시관실이 설립되기 전까지 보스턴에는 43명의 코로너가 있었다. 인구가 보스턴의 세 배인 뉴욕에는 관할 구역 전체에 코로너가 네 명밖에 없었다. 서퍽 카운티에는 코로너가 뉴욕, 필라델피아, 뉴올리언스, 시카고, 샌프란시스코, 볼티모어, 워싱턴을 합친 것보다 더 많았다.[19]

보스턴의 유명한 변호사 시어도어 틴들은 이렇게 말했다. "코로너는 법이라는 최강의 힘으로 무장한 관리다."

코로너는 먼저 자유재량에 따라 사인 심문이 필요한지 아닌지 정한다. 이런 식의 자유재량권을 행사하면서 부패할 기회가 얼마나 많이 생길지는 분명하다. 명예나 품위보다 탐욕, 과실 가능성, 두려움을 두드러지게 나타내는 사람은 수상한 동기에 따라 불필요한 사인 심문을 선언함으로써 정의를 왜곡하고 범죄에 대한 형법적 조사의 가능성을 모조리 차단할 수 있을 뿐 아니라 빠른 매장을 허가해 의구심을 없애고 증거와 흔적을 은폐하도록 돕는 일도 어렵지 않게 할 수 있다. 이런 식으로 코로너가 죄인을 비호하고 공공의 안전을 위험에 빠뜨리는 한편, 악감정과 악의를 품고 있거나 값싼 악명을 원하는 자에게 기회를 주도록 내버려두는 것은 정말로 살 떨리는 일이라고밖에 할 수 없다.[20]

보스턴에서 코로너 제도를 없애야 한다는 위기감을 일으킨 충격적인 사건이 벌어졌다. 신생아의 시신이 쓰레기통에서 발견된 것이다. 보스턴 지역 코로너 중 한 명이 사인 심문을 소집했고, 그 결과 "불상의 인물에 의한 사망"이라는 평결을 내놓았다. 사인 심문 배심원 모두가 2달러를 벌었고, 코로너는 10달러를 벌었다. 하지만 이쯤에서 그만두지 않고 코로너들은 기회를 포착했다. 아기의 시신은 다른 관할 구역에 다시 버려졌다. 다른 코로너가 또 한 번 사인 심문을

아주 작은 죽음들

하고 시신을 또다시 버릴 수 있도록 한 것이다. 부패해가는 아기의 시신은 이 경악스러운 행위에 대한 소문이 새어나갈 때까지 이런 식으로 네 번이나 이용되었다.[21]

그것이 보스턴 코로너 제도의 최후였다. 1877년에는 입법자들이 코로너 제도와 사인 심문 제도를 폐지하고, 사망 사건 조사를 맡을 유능한 의사를 배치했다.

바로 이것이 프랜시스 글레스너 리가 바꿔놓겠다고 마음먹은 세상이었다. 리 이전 시대에는 사망 사건 조사라는 분야가 느리게만 발전하고 있었다. 충격적인 사건으로 대중이 감정적인 타격을 받을 때만 덜컹거리며 나아가는 식이었다. 미국을 중세에서 빼내 코로너를 검시관으로 대체하고 갑작스러운 의문사에 관한 조사를 현대화하는 것이 리의 목표였다.

———

시카고 경찰은 시카고라는 도시 자체보다 오랜 역사를 갖고 있다. 시카고가 통합되기 전인 1835년 1월 31일, 일리노이주 의회에서는 시카고 마을에 자체 경찰을 두도록 허가했다. 7개월 뒤에는 오르세무스 모리슨이 이 마을 최초의 경찰서장으로 선출되었다.[22]

경찰서장으로서 모리슨은 '관직의 막대'를 들고 다녔다. 이 막대는 희게 칠한 나무 곤봉으로 무기라기보다는 장식품이었다. 모리슨은 이 막대를 들고 다님으로써 선출직 경찰서장의 권위를 드러냈다.

그의 임무에는 벌금과 세금을 징수하고, 수상한 사망 사건이 발생할 경우 사인 심문을 주도함으로써 쿡 카운티의 코로너 역할을 하는 것이 포함되어 있었다.

모리슨이 수사한 첫 번째 사건은 1835년 가을에 죽은 채로 발견된 프랑스인 방문객 사망 사건이었다. 사망자는 이른 아침에 숲속 진흙 구덩이에 반쯤 파묻힌 채로 발견되었다. 여기서 '숲속'이란, 워싱턴가, 라샐가, 랜돌프가를 경계로 나무가 빽빽하게 자란 구역을 말한다. 현재 시카고 시청이 있는 자리다. 모리슨은 사인 심문을 소집했다. 이들은 사망자가 호텔에 투숙하고 있었으며 저녁 산책을 하러 나갔다는 말을 들었다. 그는 술을 마셨고, 길을 잃고 헤매다가 진흙 구덩이에 빠진 채 자연력으로 사망한 것으로 보였다. 배심원단은 그가 불운하게도 동사했다고 결론지었다. 다른 증거가 없었다.[23]

모리슨이 경찰서장을 지낼 때 시카고는 주민이 4500명도 안 되는 작은 마을이었다. 오대호와 철도, 미시시피강이 가까이에 있는 유리한 지역에 자리 잡았기에 시카고는 제조업과 유통업의 중심지로 빠르게 성장했다. 시카고를 거쳐 판매된 농기계는 미국의 거대한 황무지를 생산력 높은 농지로 바꾸어놓았다. 중서부 전역에서 키운 소와 돼지가 시카고로 돌아와 도축되었고, 옥수수 등의 곡물과 함께 미국 전역으로 운송되었다. 시카고에는 미국에서 가장 큰 제조사의 본부와 이 나라에서 가장 부유한 가문이 자리 잡기 시작했다.

1800년대 내내 시카고 인구는 숨 가쁘게 성장했다. 1860년경이 되자 시카고에는 10만 명 이상이 거주했다. 그다음 10년 동안 인구는 거의 세 배로 불어 30만 명에 달했다. 그러는 내내 돌연사를 수사하는 방식은 그대로 코로너와 그가 소집한 사인 심문 배심원단의 권한에 맡겨져 있었다. 이러한 성장기에 시카고로 이주해온 젊은이 중에는 리의 부모인 존 제이컵 글레스너와 프랜시스 맥베스도 있었다.

언론사 사장의 아들인 존 제이컵 글레스너는 1842년에 태어나 오하이오주 제인즈빌에서 어린 시절을 보냈다. 그는 20세에 독립해, 오하이오주 남서부에 있는 공업 도시인 스프링필드에서 워더 앤드 차일드라는 가게의 경리로 일했다. 워더 앤드 차일드는 수확용 기계와 잔디깎이, 파종기 등을 만드는 회사로 미국에서 가장 큰 농기계 제조사에 속했다. 글레스너는 스프링필드에서 맥베스 가족의 방을 빌려 살다가, 젊은 교사이던 그 집 딸 프랜시스 맥베스를 만나 사랑에 빠졌다. 그는 워더 앤드 차일드에서 빠르게 승진했다. 사업이라는 세계에 능숙했던 그의 앞에는 성공 가도가 펼쳐져 있는 것처럼 보였다.[24]

1869년에는 회사 경영진이 중서부 농기계 시장에서의 지분을 늘리기 위해 시카고에 지점을 내기로 했다. 글레스너는 자신이 보기에 적절한 방식으로 기업을 운영할 권한만 준다면 시카고의 새 지부를 이끌어보겠다고 했다. 그는 부사장으로 임명되었다. 글레스너와 프랜시스는 스프링필드에 있는 프랜시스의 부모님 집에서 결혼식을 올린 다음, 글레스너의 부모님을 만나러 제인즈빌로 갔다가 새로운 삶을 시작하기 위해 기차를 타고 시카고로 향했다.

시카고 대화재가 일어나기 일주일 전인 1871년 10월 2일, 글레스너는 첫째 아들인 조지 맥베스의 탄생을 축하했다. 딸 프랜시스는 1878년 3월 25일에 태어났다. 통통하고 건강한 아기였던 프랜시스는 패니라는 애칭으로 불렸다.

글레스너가 회사에서 승승장구하면서 그의 재산도 불어났다. 부사장으로서 글레스너가 1877년에 회사 이윤에 대해 가지고 있던 지분은 3만 9600달러였다. 현재 가치로는 87만 2000달러에 이르는 돈이다. 40세가 되었을 때쯤 글레스너는 오늘날의 화폐 가치로 2700만 달러의 순자산을 가진 백만장자가 되었다. 그는 시카고에서 부유하다고 손꼽히는 몇 안 되는 사람 중 한 명이었다.

결국은 매코믹 하베스터, 디어링, 플라노, 위스콘신 하베스터, 워더 부시넬 앤드 글레스너(워더 앤드 차일드의 후신) 등 다섯 개의 주요 농기계 회사가 합병하여 인터내셔널 하베스터가 되었다. 초창기에 이 회사의 가치는 1억 5000만 달러였다. 당시 워더 부시넬 앤드 글레스너에서 마지막까지 활동한 중역이었던 존 제이컵 글레스너는 인터내셔널 하베스터 이사회에서 대표이사로 선출되었다. 그는 갑자기 세계에서 가장 큰 제조사를 일부 소유하게 되었으며, 글레스너 가문은 몇 세대 동안 안정을 얻었다.

글레스너 가문의 재산은 그들이 음악과 미술이라는 공통의 관심사를 마음 놓고 향유하게 해주었다. 이들은 시카고 전역의 공연장에서 열리는 오페라와 음악회에 참석하여 실황 공연을 즐겼으며, 조지와 패니도 부모가 후원하는 순수예술을 제대로 감상할 수 있도록 했다. 글레스너 가족은 무엇보다 교향악을 즐겼다. 글레스너는 1891년

아주 작은 죽음들

에 시카고 교향악단 창립을 찬성하고 기금을 댄 시카고 유력인사 중 한 명이었다. 그는 남은 평생 교향악단을 확고히 지지하고 후원했다.

교향악단 협회의 이사로 선출된 글레스너는 대니얼 버넘이 설계한 오케스트라 홀을 짓는 데 1만 2000달러가 넘는 돈을 기부했다. 1904년에 오케스트라 홀이 완공되자 지휘자의 단상 바로 뒤에 있는 박스석이 글레스너 가족 전용으로 마련되었다. 글레스너 가족은 시카고 교향악단의 지휘자인 시어도어 토머스와 그의 후임자인 프레더릭 스톡을 비롯한 오케스트라 단원 몇 명과도 가까운 친구로 지냈다. 폴란드 총리를 역임한 유명 연주회 피아니스트 이그나치 얀 파데레프스키도 글레스너 가족의 친구였다. 글레스너 가족의 집에서 공연이 열리는 경우도 많았다. 글레스너 가족은 문화적으로나 지적으로나 자기계발을 하는 데 열정적이었다. 존 제이컵 글레스너는 문학회에서 활동했고, 프랜시스는 문학, 프랑스어, 이탈리아어, 독일어 수업을 들었다. 이들은 집에 둘 고급 가구, 미술품, 장식품 수집을 즐겼다.

1875년에 주 연합 산업 박람회를 방문한 글레스너 가족은 아이작 스콧이 조각한 검은색 호두나무 가구를 보고 감탄했다.[25] 스콧은 미술가 겸 목공예가이자 디자이너로, 예술 가구로 특히 명성이 높았다. 글레스너 가족은 스콧에게 집에 둘 책장을 제작해달라고 했다. 이때가 스콧이 남은 평생 글레스너 가족과 가까운 친구로 지내게 된 계기가 되었다. 몇 년에 걸쳐 스콧은 글레스너 가족에게 가구, 도자기, 액자, 자수 작품, 주물 등 다양한 장식품을 디자인해주었다.

막대한 재산이 글레스너 가족에게 안락하고도 안전한 삶을 보장해주는 듯 보였다.

아주 작은 죽음들

2장

|

특별한 이들의 햇살 가득한 거리

특권도 불운을 피해가지는 못했다. 조지 글레스너는 네 살이 되자 심각한 꽃가루 알레르기에 시달렸다. 프랜시스가 태어났을 때쯤에는 의사가 글레스너 가족에게 꽃가루가 가득한 시카고의 더러운 공기에서 벗어나, 조지를 데리고 시골로 가서 증상이 나아질 때까지 쉬게 하라고 조언할 정도로 상태가 좋지 않았다.

글레스너 가족은 유독 꽃가루가 없다는 뉴햄프셔주 화이트산맥의 어느 지역에 대해 들었다. 이들은 1878년에 그곳을 찾아갔다. 맥베스 부인은 프랜시스가 태어난 이후 건강이 좋지 않아 아기와 함께 시카고에 남았고, 조지는 맥베스 부인의 언니인 헬렌과 리지와 함께 뉴햄프셔로 갔다.

기차로 이틀을 여행한 끝에 일행은 뉴햄프셔주 리틀턴에 도착했다. 리틀턴은 워싱턴산 서쪽으로 약 40킬로미터 떨어져 있는 마을로 인구가 2000명도 채 되지 않았다. 에스커나바와는 달리, 리틀턴은 잘 발달된 요양 산업 도시로서 중서부와 동부 연안에서 온 손님들을 받았다. 당시 화이트산맥에서는 대규모 호텔과 리조트들이 위용을 자랑하고 있었다. 이런 휴양 시설 중 잘 알려진 곳으로는 플룸하우스, 메이플우드, 마운트플레전트, 파비안, 크로퍼드 하우스 등이 있다.[1] 조지와 조지의 이모들은 오크힐 하우스에 투숙했지만, 조지의 증상은 거의 나아지지 않았다. 이모인 헬렌 맥베스가 지역 의사를 찾아갔는데, 동종 요법 의사이던 그는 조지가 "충분히 깊은 산속으로 들어가지 않았다"고 결론지었다. 의사는 22킬로미터쯤 떨어진 곳에 있는 트윈마운틴 하우스라는 호텔을 추천했다.

동종 요법 의사가 뭘 좀 알았던 모양이다. 프랜시스의 기억에 따르면 "헬렌 이모가 거처를 옮기자 조지는 하룻밤 사이에 훨씬 나아졌다." 조지는 다행스럽게도 꽃가루 알레르기라는 불행에서 벗어났다.[2]

프랜시스 글레스너 리는 나중에 트윈마운틴을 "아주 큰 헛간 같은 곳"이라고 묘사했다. 그곳은 웅장한 모습이 인상적인 3층짜리 목조 건물로, 위층은 가파른 경사가 진 망사르드지붕으로 이루어져 있었다. 프랜시스에 따르면 "당연히 수도 시설은 없었다."[3]

글레스너 가족을 포함해 손님들은 해마다 여름이면 트윈마운틴 하우스로 돌아왔다. 그 단골 중 한 명이 헨리 워드 비처라는 유명 성직자였다. 그는 노예제도 폐지와 여성 참정권을 소리 높여 주장한 인물이기도 했다. 비처는 최근 스캔들에 시달리고 있었으며 평판이 엉망이 된 상태였다. 부목사의 아내와 간통을 했고, 피해자인 남편이 진행한 소송이 세간의 이목을 끌었기 때문이다.[4] 트윈마운틴에서, 다섯 살이던 프랜시스는 비처와 친구가 되었다. 프랜시스는 이렇게 기억했다. "내가 그랬듯 비처도 나를 마음에 들어했다. 아침나절에 그는 바에 가서 레모네이드를 마셨는데, 나를 자주 데려갔다. 나는 얼음이 들어간 차가운 레모네이드 잔을 쥐고 비처의 무릎에 앉아 있곤 했다."[5]

어느 날 아침, 가족과 함께 트윈마운틴에 들렀던 존 제이컵은 계단을 내려오다가 프랜시스가 비처와 함께 앉아 레모네이드를 마시는 모습을 보았다. 그는 우뚝 멈춰 섰다. 어린 딸이 불미스러운 인물과 함께 있는 것이 마음에 들지 않았다. 존 제이컵은 아내에게 말했다. "여보, 여름용 호텔이 아이들을 키우기에 좋은 곳은 아닌 것 같아. 조지의 꽃가루 알레르기 때문에 매년 이곳에 와야 한다면 우리만의 집을 짓자."[6]

마차를 타고 이 지역을 여행하던 글레스너 가족은 눈에 띄는 언덕을 발견했다. 그곳은 목재가 베여 나가고 커다란 바위가 여기저기 흩어져 있는 거친 바위투성이 목초지였다. 경치가 멋졌다. 동쪽으로는 워싱턴산이 보였고, 베들레헴, 리틀턴, 사이드팩토리빌 같은 마을이 아래쪽에 펼쳐져 있었다. 글레스너 가족은 오렌 스트리터에게 2만 3000달러를 주고 농지 12만 평을 샀는데, 여기에는 농가와 토지 이곳저곳에 있는 무너질 듯한 건물 몇 채가 포함되어 있었다. 글레스너 가족은 이 새로운 여름 휴양지를 '더 록'이라고 불렀다. 이후로 수십 년 동안 이 여름 별장은 글레스너 가족의 삶에서 가장 중요한 장소가 된다.

아이작 스콧이 화이트산맥이 내려다보이는 높은 돌출부에 세워질 방 19개짜리 저택을 설계했다. 저택은 1883년 여름에 1만~1만 5000달러의 비용으로 완공되었다. 글레스너 가족은 이 여름 별장을 '빅 하우스'라고 불렀다. 《리틀턴 가제트》에 따르면, 글레스너 가족의 빅 하우스는 "산맥에 있는 가장 훌륭한 여름 별장"이었다. 이 집에서는 "산맥에 있는 모든 집이 멋지게, 가장 멀리까지 보였다."[7]

스콧은 마차 보관용 창고를 설계했다. 토대가 화강암으로 이루어져 있고 나무 널빤지로 외관이 장식된 이 창고는 이듬해에 완공됐다. 스콧은 맥베스 부인이 벌을 키울 수 있는 양봉장과 부지 이곳저곳에 흩어져 있는 정자 형태의 별장 몇 채를 포함해 더 록의 수많은 건물을 설계했는데, 이 건물들은 산책로로 이어져 있었다. 글레스너 가족의 친구인 프레더릭 로 옴스테드가 조경을 맡았다.[8] 스콧은 어린 프랜시스를 위해 정말로 특별한 건물도 설계해주었다. 실제로 장작을 땔 수 있는 스토브까지 갖추어진 부엌이 딸린, 프랜시스만의 방 두 개짜리 놀이용 통나무집이었다.

근처의 리틀턴과 베들레헴 같은 마을에는 몇 세대 동안 이 지역에서 살아온 마을 사람들과 더 높고 경치 좋은 곳에 여름 별장을 구입한 글레스너 가족 같은 부유한 새내기들 사이에 뚜렷한 계급적 차이가 존재했다. "언덕 위" 사람들은 여름에만 거주했고, "언덕 아래"

사람들은 1년 내내 이곳에 살았다. 지역 주민들은 마을의 편의 시설과 멀리 떨어져서 아무것도 없는 높은 산맥에 웅장한 집을 짓고 싶어하는 이유를 이해하지 못했다. 그들의 호기심을 의식한 맥베스 부인은 지역 주민들을 더 록으로 초청해 가족과 만나게 했다.[9] 그녀는 뉴욕의 델모니코 레스토랑에서 커다란 블랙 프루트케이크(설탕, 건포도, 체리 등을 와인이나 럼주 등에 절여 주재료로 넣은 케이크—옮긴이)를 주문하고 지하 창고를 고급 프랑스 와인으로 채우는 등 꼼꼼히 손님맞이 준비를 했다.

어느 날, 네 마리 말이 끄는 마차가 트윈마운틴 호텔에서 손님 16명을 태우고 글레스너 가족을 방문했다. 맥베스 부인은 와인과 과일 케이크를 내와 대접했다. 나중에 프랜시스는 당시를 이렇게 회상했다. "아주머니들은 모두 케이크를 보더니 코를 쳐들고 '고맙지만 사양할게요'라고 말했다. 그러다가 다른 사람들보다 용기 있는 한 아주머니가 케이크와 와인을 모두 맛보더니 말했다. '먹는 게 좋겠는데요, 디보 부인. 맛있어요.'"[10]

손님들은 글레스너 가족에게 질문을 퍼부었다. **이렇게 높은 데 살면 외롭지 않아요? 여기 먹을 건 있나요?** 프랜시스는 "그 사람들이 가면 늘 무척 다행스러웠고, 오면 짜증이 났다"고 기억을 떠올렸다. 한동안은 더 록에 가서 글레스너 가족이 뭘 하는지 구경하는 게 지역 주민들의 소일거리가 되었다. 가족으로서는 무척 짜증 날 만큼 마차를 꽉꽉 채운 지역 주민과 피서객들이 아무 때나 찾아왔다. 문제는 어느 날 마차에 그득 타고 있던 관광객들이 주방 창가로 다가와 레모네이드 한 주전자를 달라고 했을 때 정점에 다다랐다. 요리사는 분명한 말로 거절했다. 프랜시스는 부모님에게 이 이야기를 전하며 매우 재미있어 했고, 글레스너 부부는 돌로 된 공식적인 대문을 설치하도록 했다. 문을 닫아둔 적은 없었지만, 이때 함께 설치된 팻말에는 **"외부인은 이 부지에 들어오지 말아주십시오"**라고 적혀 있었다. 프랜시스는 "'외부인'이라고 할지, '외부인들'이라고 할지를 놓고 많은 토론이 벌어졌다"고 전했다.

이즈음에 글레스너 가족은 시카고에도 가족 저택을 지어야겠다고 생각하기 시작했다. 글레스너 가족은 취향과 스타일을 반영한 그들만의 집을 설계하고 싶어했다. 대화재 이후 시카고의 건축적 부흥기에 기여할 만한 방식으로 말이다. 몇몇 동네를 살펴본 결과 시카고시 사우스사이드 근처, 프레리가와 18번가가 만나는 서남쪽 모퉁이의 대지를 취득하기로 했다. 시카고에서 가장 좋은 집 일부가 프레리가에 있었다. 이 거리에는 잘 가꾼 잔디밭과 조각 정원, 현관이나 멋진 입구로 이어지는 널찍한 계단으로 둘러싸인 웅장한 저택들이 즐비했다.[11]

존 제이컵 글레스너는 유명한 건축가에게 저택을 맡기고 싶었다. 그는 H. H. 리처드슨을 높이 평가했지만, 리처드슨은 오직 기념비적 건물만 짓는다는 이야기가 떠돌았다. 보스턴의 트리니티 성당, 버팔로 주립 정신병원, 올버니 시청 등이었다.[12] 글레스너는 그럼에도 리처드슨에게 연락해보기로 했다.

헨리 홉슨 리처드슨은 루이스 설리번이나 프랭크 로이드 라이트와 마찬가지로 당대의 선도적인 건축가였다. 그는 하버드대를 졸업한 뒤 1860년 파리로 가서 그 유명한 에콜 드 보자르에 다녔다. 미국인으로서는 두 번째로 이 학교 건축학부에 들어간 것이었다.

아이작이 중세적인 요소를 참조했듯, 리처드슨이 건물 설계를 위해 개발한 스타일은 '리처드슨 로마네스크'라고 알려질 정도로 특징적인 로마네스크 양식을 따랐다. 리처드슨의 건물에 공통으로 나타나는 특징으로는 두꺼운 벽과 반원형의 석재 아치, 땅딸막하게 모아둔 기둥 등이 있다.[13]

글레스너는 리처드슨에게 그가 오직 큰 공적 건물만 설계하고 개인 주택은 짓지 않는다는 소문을 들었다고 이야기했다. 이에 리처드슨은 이렇게 말했다. "저는 대성당에서 닭장까지 원하는 사람이 있으면 뭐든 설계합니다. 그렇게 밥벌이를 하죠."[14]

두 사람은 리처드슨이 현재 상황에 대해 감을 잡을 수 있도록 워싱턴가의 주택으로 마차를 타고 갔다. 그들은 도서관에 앉아 글레스너가 집에 대해 원하는 것과 필요로 하는 것을 논의했다. 난로 위에는 영국 옥스퍼드셔에 있는 7세기 건물, 애빙턴 수도원이 찍힌 작은 사진이 놓여 있었다.

"저거 마음에 드세요?" 리처드슨이 사진을 가리키며 물었다.

"네." 글레스너가 대답했다.

"그럼, 저한테 주세요. 저걸 저택의 기초로 삼죠."

이후 저택을 건설할 부지를 살펴보러 가는 마차에서 리처드슨은 조용히 앉아 있었다. 몇 분 뒤 그가 불쑥 말했다. "거리를 마주 보는

쪽에 창문이 없는 집을 지을 용기가 있으신가요?"

"네." 글레스너는 망설이지 않고 답했다. 만족스럽지 않으면 설계도야 찢어버리면 된다는 걸 알았기 때문이다. 이튿날 밤, 둘은 글레스너 가족의 저녁 식사 시간에 저택의 설계에 대해 의논했다.

프랜시스는 "내가 본 사람 중 가장 덩치가 큰 사람이었다"라고 일기장에 리처드슨의 모습을 생생히 묘사해두었다. 리처드슨은 글레스너 가족의 섬세한 가구가 자기 뱃살을 견디지 못할까봐 집을 방문하는 동안 피아노 의자에 앉아 있겠다고 우겼다.[15] 프랜시스의 일기장에는 이렇게 적혀 있다. "리처드슨은 가운데 가르마를 탔다. 말을 더듬고 침을 튀기며, 씩씩대면서 숨을 쉰다. 직업을 빼면 딱히 흥미로운 사람은 아니다."

저녁을 대접받은 뒤, 리처드슨은 종이를 가져다가 연필로 스케치하기 시작했다. 그는 커다란 L자를 그리고, 입구 위치를 표시한 다음 방을 나타내는 상자들로 그 그림을 채웠다. 그는 몇 분 만에 집의 1층을 설계했고, 실제로 집은 이 스케치와 거의 똑같이 지어졌다. 글레스너는 리처드슨에 대해 이렇게 말했다. "그는 대단히 재능이 뛰어나고 흥미로우며, 준비되어 있고 유능한 데다 자신감도 있는 예술가다. 함께하기에도 무척 다정하고 기분 좋은 사람이다. 그는 어려운 문제를 푸는 것을 즐거워했다."

리처드슨이 설계한 글레스너 저택은 당대의 전형적인 주거용 건물과 선명하게 대조되었다. 명망가들이 자리 잡은 프레리가의 여느 저택과도 확실히 달랐다. 안락해 보이는 앞뜰을 두는 대신, 글레스너 저택 북쪽과 동쪽의 외벽은 거의 인도와 닿아 있었다. 모접기가 된, 대조적인 색채의 웰즐리 화강암 덩어리가 여러 줄 늘어서 있어서 건물의 가로선을 강조했다. 거리 높이에는 작은 정사각형 창문밖에 없었으므로 밖에게 보이는 것은 넓고 밋밋하며 비교적 장식되지 않은 벽뿐이었다.

18번가와 접해 있는 저택의 긴 면은 1층에 좁은 창문이 몇 개 달려 있다. 업무용 출입구는 반원형 아치가 둘러싸고 있다. 프레리가 쪽의 주요 출입구는 튀지 않게, 거의 밋밋하게 만들어졌다. 계단도 없고 베란다도 없었다. 그저 거리와 같은 높이에 묵직하고 수수한 오크 문이 달려 있을 뿐이었다. 양식화된 기둥이 다른 반원형 아치를 받치고 있었는데, 이 아치는 업무용 출입구보다 작았다.

밖에서 보면 글레스너 가족의 저택은 감옥이나 병원 같은 시설로 보였다. 사람들은 이 저택이 커다란 비밀 정원을 둘러싸고 있다는 걸 알 수 없었다. 저택의 조경된 공간은 전부 정원 안에, 외부인의 시선이 닿지 않는 곳에 있었다. 덕분에 가족에게 그 정원은 이 도시에서 누릴 수 있는 그들만의 오아시스가 되었다.

정문으로 들어가면 넓이가 3.5미터인 계단이 호텔 로비만큼 큰 입구로 이어진다. 505평의 집에는 손님 100명이 앉아서 저녁을 먹을 수 있는 충분한 공간이 있다. 나중에 글레스너 가족은 실제로 그렇게 많은 손님을 초대해 저녁 식사를 대접했다.[16]

리처드슨은 중요한 가족 공간을 저택 안쪽에, 안뜰을 마주 보도록 배치했다. 저택 남쪽의 창문은 가족의 생활 공간을 따뜻한 빛으로 적셨다. 방에는 대부분 입구가 둘 이상 있어서 가사 도우미들이 조용히 집 안을 드나들 수 있었다. 주로 이들이 사용하는 저택 북쪽의 통로는 가족들을 거리의 소음과 시카고의 차가운 겨울바람으로부터 떼어놓았다.

글레스너 가족의 새집에 대한 반응은 좋게 말해도 논쟁적이었다. 맥베스는 새로운 집에 관해 들은 의견들을 충실히 기록했다.

"어떻게 들어가요?"

"예쁜 구석이 하나도 없네요."

"옛날 감옥 같아요."

"마음에 들어요. 제가 본 건물 중에 가장 특이하거든요."

"어떤 관념을 전달하려는 듯한데, 그 관념이 마음에 안 드네요."

"성채 같군요."

"이상한 저택으로 모두를 놀라게 하셨습니다."

"글레스너 가족을 닮았네요. 겉은 밋밋하고 튼튼하며, 안에는 상냥하고 가정적인 분위기가 있으니까요."[17]

글레스너 가족에게서 사선으로 떨어진 곳, 그러니까 프레리가와 18번가의 동북쪽 교차로에는 기차 제조업자이면서 엄청나게 부유한 사업가인 조지 풀먼이 살았다. 그의 저택은 이 동네에서 가장 크고 웅장했다. 풀먼은 이렇게 말했다. "내가 대체 무슨 짓을 했길래 집에서 나올 때마다 저런 흉물을 마주 봐야 하는지 모르겠군."

1886년 7월 10일의 신문 기사는 프레리가에 새로 생긴 평범치 않은 건물에 관해 언급했다.

아주 작은 죽음들

프레리가는 사교적인 거리이자 뒷말이 많은 곳이기도 하다. 창문을 들여다보며 문 내부에서 무슨 일이 벌어지는지 알아낼 모든 가능성을 새로운 이웃이 차단해버렸으니, 동네 사람들의 구미에는 맞지 않는 일이다. 사람들이 못마땅해하는데도 이 저택이 지어지고 있다는 사실에 주민들은 망연자실했다.[18]

프레리가의 저택은 리처드슨이 설계도를 완성한 마지막 건물이다. 설계도를 마무리하고 3주 뒤, 리처드슨은 48세의 나이에 신장질환으로 사망했다. 리처드슨의 조수들이 그가 사망할 당시에 진행 중이던 모든 프로젝트를 완료했는데, 그중에 글레스너 가족의 집도 포함되어 있었다. 조수들은 수임료 총 8만 5000달러를 리처드슨의 아내에게 주었다.[19]

글레스너는 프레리가 1800번지에 관한 책에서 이렇게 썼다. "이 집은 (우리 요구에 완벽하게) 부합한다. 거의 모든 사교 활동이 가능할 것으로 보인다. 많은 수의 손님도 안락하고 편안하게 지낼 수 있었다. 수백 명 앞에서 음악회와 낭독회를 열었고, 400명 넘는 사람들이 참석한 연회도 비좁다거나 혼란스럽다거나 덥다고 느껴지지 않았다. 한 번에 100명 이상의 손님에게 공들인 저녁 코스 요리를 대접할 수 있었고, 요리는 전부 우리 집 주방에서 우리 요리사가 직접 만들었다. 시카고 교향악단 전원이 두 차례 이곳에서 식사했으며, 한번은 시카고 커머셜 클럽(1877년 시카고 대도시 지역의 사회경제적 활력을 증진하겠다는 목적으로 설립된 비영리 단체—옮긴이)에도 식사를 대접했다." 드넓은 저택은 시카고 사교계의 정상으로 가는 글레스너가의 빠른 여정이 가장 선명하게 드러난 예시다.[20]

맥베스 부인의 생일 등 특별한 날에는 오케스트라 지휘자 시어도어 토머스가 40명 이상의 음악가를 몰래 저택으로 데려왔다. 이들의 존재는 부드러운 음악이 저녁 식사 시간에 현관으로 흘러들기 전까지는 알려지지 않았다. 부부의 25번째 결혼기념일에는 교향악단 전원이 18번가의 업무용 출입구로 들어와 뒤쪽 계단을 올라서 즉흥 콘서트로 가족을 기쁘게 해주었다.[21]

칸나비스 인디카(인도대마, 의료용으로 쓰이는 마리화나의 일종)를 처방받을 정도의 만성적 건강 문제로 인해 피로와 불편을 느꼈음에도 맥베스 부인은 계속 바쁜 사교 생활을 이어나갔다.[22] 그녀는 장식미술협회 이사였으며 격주로 열리는 교양 있는 사교 모임에도 속해 있었다. 프랜시스는 언어와 문학 수업 외에도 보석류 제작 기술을 단련하기 위해 은세공 수업을 들었다.

맥베스 부인은 열렬한 독서광으로, 일주일에 두꺼운 책을 한두 권씩 읽었다. 1894년에 그녀가 만든 월요 아침 독서회는 사교계에서 가장 들어가고 싶은 모임이 되었다.[23] 월요 아침 독서회에 들어가려면 맥베스 부인의 초청을 받아야 했다. 맥베스 부인은 새로운 기수를 모을 때마다 최대 90명의 이름이 들어간 회원 명단을 만들었다. 회원은 모두 기혼 여성이었으나 프랜시스의 자매인 헬렌 맥베스와 독서회에서 임금을 주고 고용한 전문 비평가 앤 E. 트리밍엄만은 예외였다. 이들 중 다수는 새로 만들어진 시카고대 교수진의 아내였

아주 작은 죽음들

다. 거의 모든 회원이 시카고 사우스사이드에 살았다.

독서회는 오전 10시 30분에 시작해 한 시간 동안 트리밍엄의 진지한 독해나 초청 강사의 강연을 들은 뒤, 조금 더 가볍고 재미있는 작품을 한 시간쯤 읽거나 시카고 교향악단 단원 한두 명의 음악 공연을 듣는 식으로 이루어졌다. 매월 첫 월요일에는 독서회가 끝난 뒤 점심을 먹었다.

월요 아침 독서회 회원 중 많은 이가 책을 읽는 동안 바느질이나 뜨개질을 했다. 제1차 세계대전 중에는 여성들이 해외에서 싸우고 있는 남자들을 위해 장갑이나 스웨터를 떴다. 그 이후로는 쿡 카운티 병원의 신생아를 위한 담요와 옷을 만들었다. 존 제이컵 글레스너는 이렇게 회상했다. "여성들의 손가락은 바느질을 비롯한 여성스러운 일로 바빴다. 책 읽기를 멈추면, 그들의 혀는 여성스러운 대화를 나누느라 더 활발해졌다."[24]

많은 사람이 월요 아침 독서회에 들어가고 싶어했다. 신문의 사회면은 이 독서회에 "프레리가의 모든 사람이 참석했다"며 "반짝이는 모피에 어울리는 모자를 쓰고, 최근에 가져온 작업물 가방을 팔에 걸친 세련된 차림새의 여성들"이 모였다고 보도했다.[25] 회원들은 11월에서 5월까지 30년이 넘는 세월 동안 매주 글레스너의 집에 있는 도서관에서 모였다. 그러다가 맥베스 부인의 건강이 나빠지면서 1930년대에 어쩔 수 없이 문을 닫게 되었다.

글레스너 가족의 재산 덕에 프랜시스와 조지는 부족한 게 없었다. 아이들에게는 승마와 춤, 미술 수업, 가정교사 등 모든 편의가 제공되었다. 조지의 심각한 꽃가루 알레르기 때문에 의사는 아이를 "타인과 경쟁해야 하는 학교라는 긴장되는 환경"에 넣지 말라고 조언했다.[26] 조지와 프랜시스는 시카고에서 고용할 수 있는 최고의 가정교사들에게 집에서 교육받았다. 리처드슨은 글레스너 가족의 프레리가 저택을 설계할 때 현관 바로 앞에 교실을 두어, 아이들이 집의 다른 공간을 지나지 않고도 드나들 수 있게 했다.

존 제이컵 글레스너는 사진과 기념물 모음집인 《프레리가 1800번지의 저택》에서 "이 집의 문턱으로는 너희를 가르칠 선생들이 줄줄이 드나들었다. 그들은 고전 및 현대 언어와 문학, 수학, 화학, 미술을 비롯해 고등학교 학과 과정을 상당히 넘어서는 인문학과 실용적 학문 전체를 가르쳤다"고 썼다.[27] "이런 교육과정이 현명한 것이었는지에는 의문의 여지가 있을 수 있다. 한 가지 확실한 건, 이런 교육이 너희 각자에게 일반적 지식, 관찰력, 추론 능력, 공부를 할 줄 아는 힘과 욕심을 주었으며 너희가 하게 될 일에서 철저하게 능력을 발휘할 수 있도록 해주었다는 점이다. 다른 면에서 이 교육에 어떤 결함이 있을지는 모르겠지만 말이다."

프랜시스는 훈련받은 만큼 높은 성취를 이루었다. 그녀도 조지처럼 문학, 미술, 음악, 자연과학을 가정교사에게 배웠다. 바이올린 연주법을 배웠고 춤 수업도 들었다. 아장아장 걸어 다니던 시절, 작디작은 손가락에 바늘과 실을 들 수 있었을 때부터 프랜시스는 꿰매기, 뜨개질, 코바늘뜨기 등 각종 바느질을 연습했다. 그녀는 독일어, 프랑스어, 라틴어에 유창했다. 어른과 함께 오랜 시간을 보내는 데 익숙했던 만큼, 프랜시스의 아버지는 그녀가 어린 나이부터 대화 기술이 좋았다고 적었다.

조지에게는 가정교사의 부러움을 산 화학 실험실이 있었다. 조지는 화재 경보가 울리면 알 수 있도록 집에 화재 경보 장치를 설치했고, 친구 일곱 명의 집에 연결된 전보 시스템도 달았다. 경보음이 울리면 조지와 그의 '소방대원들'은 소방차를 따라 화재 현장으로 갔다. 조지는 화재 현장과 화재의 여파를 자주 사진에 담았다. 그는 솜씨 좋은 아마추어 사진가가 되었다.

존 제이컵 글레스너는 집 내부 교실에 대해 이렇게 말했다. "그곳은 조지의 친구들에게나 선생들에게나 좋은 모임 장소였다. 그들은 모두 동지였으니 말이다. 이곳에서 그들은 어린 시절 특유의 기나긴 생각에 잠기고, 소년다운 활동을 했으며, 소방대 놀이나 질서 잡힌 전보 회사 놀이를 하기도 했다. 우리는 아이들을 엿보지도, 벌주지도 않았다. 그럴 필요가 없었다. 지나치게 엄하고 빡빡한 규칙은 없었고, 지나치게 딱딱한 규율도 없었다."[28]

매년 여름, 프랜시스와 조지는 시카고의 열기에서 벗어나 더 록에서 자유를 즐겼다. 가사 도우미와 요리사를 먼저 보내 빅 하우스를 개방하고 가족의 도착에 맞춰 미리 준비를 하게 했다. 맥베스 부인이 아이들과 가정교사 한 명과 함께 움직였고, 언니 헬렌을 비롯한 가족들이 자주 동행했다. 아이들은 목적지에 도착할 때까지 역의 개수를 헤아렸고, 그렇게 이틀 동안 기차 여행을 하며 기대감을 쌓아갔다. 갈색 말 두 마리가 끄는 마차가 역으로 마중 나오면 그걸 타고 더 록까지 5킬로미터를 더 이동했다.

"리틀턴에 도착해 마차에서 내린 직후 시골의 깨끗하고 좋은 공기를 한껏 들이마셨을 때의 기분을 절대 잊지 말아야지. 조지랑 나는 리틀턴에 간 게 너무 행복해서, 집에 도착하기 전에 죽을 것만 같았어."[29] 프랜시스는 한참 뒤에 이런 편지를 썼다. "빅 하우스에서 보내는 첫날 밤은 언제나 절대로 잊어서는 안 되는 시간이야. 너무도 시원하고 깨끗하고 조용해. 조지랑 나는 달콤할 만큼 편안하게 느껴지는 침대에 자리 잡고, 잠들었다가 아침에 밝은 햇살을 받으며 깨면 모든 것이 아직 제자리에 있다는 걸 믿을 수 없었어."

프랜시스는 스콧이 지어준 방 두 개짜리 오두막에서 스토브를 이용해 가족에게 줄 잼과 통조림을 만들었다. 가끔 풀코스 요리를 만들어주기도 했다. 아이들은 스카이테리어종의 개 히어로를 데리고 다녔다. 녀석은 최소 일곱 마리의 마멋을 죽인 전적이 있는 사나운 사냥개로, 프랜시스는 히어로가 "낯선 사람들과 쉽게 어울리지 않는다"고 일기에 적었다.[30]

수영하거나 화이트산맥을 탐험하며 여러 날이 흘렀다. 아이들은 뉴햄프셔주의 상징적인 지형인 '산의 노인'이 자리 잡은 지역인 프랑코니아 노치 근처나 250미터에 이르는 자연 협곡인 플룸 등을 등산하기도 했다. 시카고에서든 더 록에서든, 저녁 시간은 카드놀이나 낱말 게임 혹은 타블로 비반트—"살아 있는 그림"—라고 불리는 게임을 하며 보냈다. 타블로 비반트는 대강 만든 의상과 소품을 활용해 미술 작품이나 연극, 고전 문학작품에 나온 인물을 나타내는 게

임이다.[31]

아이작 스콧은 더 록에 꼭대기에 작은 단상이 달린 10미터 높이의 탑을 지었다. 가족은 이 탑을 천문대라고 불렀다. 천문대는 높은 곳에 있었으므로 더 록의 부지와 저 멀리 아래쪽에 있는 리틀턴과 베들레헴 마을을 전망할 수 있었다. 조지와 스콧은 매일 해가 질 때면 의례적으로 천문대에 올라가 꼭대기에서 초를 밝혔다. 그 불빛이 어둠 속에서 희미하게 빛나는 신호가 되었다.

스콧은 조지와 프랜시스 둘 모두와 가까워져서 그들에게 그림 그리는 법과 목공예를 가르쳤다. 하지만 굳이 따지자면 프랜시스와 더 가까웠다. 프랜시스가 더 록에서 매번 여름을 보내던 시기에 꾸준히 함께한 사람 중 한 명이 스콧이었다. 그는 글레스너 가족과 함께 야생 동물을 관찰하러 다니기도 했다. 프랜시스는 일기장에 이렇게 썼다. "우리는 멋진 새들에게 관심이 많았다. 그런 새는 수백 마리에 이르렀고 종류도 많았다. 파랑새, 딱새, 올새, 녹색제비, 오색방울새, 제비, 참새 등이 있었다. 새 둥지를 발견하지 못하면 그날 하루가 끝나지 않았다."[32]

프랜시스는 이른 나이부터 의학에 관심이 있었다. 어린 시절에는 미라와 베살리우스의 해부도에 매료됐다. 의학에 대한 프랜시스의 관심은 그녀가 아홉 살이던 1887년 5월 개인적인 전기를 맞았다. 프랜시스는 시카고에서 더 록으로 기차 여행을 하던 중 심하게 아팠다. 열이 나고 목이 쓰렸으며 구역질이 났다. 뉴욕시에서 내린 맥베스 부인은 딸을 의사에게 데려갔고, 의사는 편도선염이라고 진단하며 외과의를 만나보라고 권했다. 그 시절에는 수술이 가벼운 문제가 아니었다. 항생제, 진통제, 무균성 수술 기구가 출현하기 전에는 사소한 시술조차 목숨을 위협하는 끔찍한 재앙이 될 수 있었다.

처음으로 만나본 외과의는 밴더포크라는 인물이었다. 맥베스 부인은 일기장에 이렇게 적었다. "밴더포크는 딸의 편도선을 제거하는 것 외에는 아무것도 할 수 없다면서 편도선에 코카인을 바르고 잘라내겠다고 말했다."[33]

프랜시스로서는 다행스럽게도, 그녀의 어머니는 링컨이라는 다른 의사에게 두 번째 소견을 들었다. 링컨은 뉴욕시에서 가장 뛰어난 의사로 추천되는 사람이었다. 링컨은 자신이 수술을 집도할 것이며, 마취제로 에테르를 사용하겠다고 말했다. 맥베스 부인은 링컨을 선택했다. 수술은 5월 12일 오후에 이루어졌다. 링컨은 포터라는 의사의 도움을 받아 글레스너의 호텔 방에서 수술을 진행했다. 프랜시스의 어머니는 이렇게 썼다. "프랜시스는 무척 용감하고 착하게 굴었으며, 딱 한 번밖에 머뭇거리지 않았다."

프랜시스는 목 주변에 핀으로 시트를 고정한 채 안락의자에 앉아 있었다. 포터가 프랜시스의 입과 코를 가린, 천으로 덮인 마스크에 에테르를 방울방울 떨어뜨렸다. 수술은 무사히 진행됐다. 프랜시스는 에테르의 약효가 떨어지자 잠시 정신을 차렸다가, 목과 귀에 엄청난 통증을 느끼고 다시 몇 시간을 깊이 잠들었다.

당시 이런 상황에서 아홉 살짜리 여자아이에게 어떤 물질을 투여했을지 알 방법은 없다. 그 시절에는 약물과 특허 의약품이 통제되지 않았고, 약물이 안전하고 효과가 있는지 증명할 필요도 없었다. 집에서 쓰는 치료제에도 아편, 모르핀, 헤로인, 코카인이 들어 있을 수 있었다. 링컨 박사는 글레스너 가족에게 불특정 약물을 처방해주 었으나 약을 한 번 쓴 다음에는 다시 쓸 필요가 없었다. 프랜시스는 현대 의학의 도움 없이 몇 주에 걸쳐 천천히 회복됐으며 두 달 뒤에 는 평소 모습으로 돌아왔다. 몸이 완전히 회복하자 프랜시스는 의사 에게 고마움을 전하는 시를 썼다.

D는 '닥터 링컨'의 D
패니는 늘 그분을 생각한다죠
더 록에 오신다면
우리는 흰색, 파란색, 핑크색
가장 좋은 옷을 차려입을 거예요

사랑하는 의사 선생님
선생님 이름은 운율을 맞추기가 참 힘드네요
하지만 선생님을 위한 시를 지어야만 하니
어쨌거나 최선을 다했답니다
이게 저한테는 최선이에요

선생님의 작은 친구, 패니[34]

프랜시스는 집에서 요양하는 환자들을 왕진하러 다니는 리틀턴과 베들레헴의 지역 의사들을 따라다니기 시작했다. 의사들의 치료를 지켜보면 마음이 경이로움으로 가득 찼다. 의사들은 늘 현명하고 박식했으며 다정하고 위로가 되었다. 필요한 경우, 프랜시스는 적극적으로 의사를 도와 시술이나 가벼운 수술에 참여했다. 그녀는 오두막의 주방을 활용해 환자들에게 나눠줄 수프나 영양가 많은 와인 젤리 등의 치료제를 만들기 시작했다.[35]

프랜시스는 미출간 회고록에 이렇게 적었다. "하지만 어머니와 이모가 둘 다 가정적이면서도 예술적이었던 만큼 우리 집은 바느질, 자수, 뜨개질, 코바늘뜨기, 그림 그리기, 심지어 수제 장신구 만들기 같은 활동이 숨 쉬는 것만큼 자연스러운 곳이었고, 이런 가정환경에서 요리와 수술에만 관심을 가질 수는 없었다."[36]

1890년에 조지는 하버드대학교 학부생이 되었다. 법학 학위를 딸 생각이었다. 조지는 의대생 조지 버지스 매그래스와 가장 친한 친구가 되었다. 패니는 이들을 '두 조지'라고 불렀는데, 둘은 서로 떼어 놓을 수 없는 사이였다. 심지어 생일도 10월 2일로 같았다. 1870년 존 토머스 목사와 새라 제인 매그래스의 외아들로 태어난 조지는 아버지 교회의 성가대에서 활동했으며, 어린 나이에 교회 오르간 연주자가 되었다. 매그래스는 오르간 연주자로 활동하면서 의대에 다녔다. 성인기에 그는 헨델과 하이든 소사이어티, 보스턴 세실리아 합창단, 하버드 동창생 합창단에서 노래를 불렀다. 매그래스는 자기 목소리의 가치를 잘 알고 있었으며 훈련도 많이 받았기에 증언대에

섰을 때 상당한 무게감을 발휘했다.

여성과의 연애 감정에 매그래스는 크게 관심이 없는 듯 보였다. 그는 하버드대에서 펴낸 동창생 연락망에서 자신이 비혼 상태임을 밝혔다. "나는 결혼하지 않았고, 앞으로도 그럴 생각이야."[37] 매그래스는 옛 학교 친구들에게 이렇게 말했다. 나중에 매그래스의 이력에 관한 이야기를 실은 신문은 그의 프로필을 작성하며 대안적 생활 방식이라고 볼 수 있을 법한 상황에 관해 완곡하게 돌려 말했다. "매그래스가 독신인 것은 사실이다. '확실히' 그렇다고 말하기에는 아직 나이가 어리지만 말이다. 매그래스는 '다른 곳보다 보헤미아에 살고 싶어하는' 사람 중 한 명으로 보인다."[38]

하버드대 학생이 된 두 조지는 자기들끼리 소방대로 활동했다. 종이 딸랑거리고 말발굽의 달그락달그락 소리가 거리를 질주하면, 그들은 자전거를 타고 소방 마차와 펌프 차량을 따라갔다. 카메라가 근처에 있으면 조지 글레스너는 화재 현장 사진을 찍기도 했다.

방학 때 두 조지는 더 록이나 시카고에 있는 글레스너의 집에 방문하곤 했다. 프레더릭 로 옴스테드의 아들인 프레더릭 로 옴스테드 주니어도 함께 가는 경우가 많았다. 겨울 스포츠가 인기 있는 오락거리가 되기 전이었기에, 두 조지와 프레더릭은 겨울철에 문을 닫는 더 록에서 함께 시간을 보냈다. 겨울 날씨는 혹독했지만 두 조지와 프레더릭은 눈밭을 터덜터덜 걸어 은신처로 향했다. 겨울에 난방할 수 있는 더 록의 유일한 건물은 프랜시스의 오두막이었다. 장작을 땔 때는 스토브에서 충분한 열기가 나와 방 두 개를 안락하게 덥혔다. 그들은 이곳에서 술을 마시고, 대학 방학을 맞은 젊은 독신 남자들이 으레 하는 장난을 치곤 했다.

1893년 6월 25일

당시 열다섯 살이던 프랜시스는 두 조지와 함께 세계 컬럼비아 박람회에서 대관람차를 탔다. 80만 평의 시카고 사우스사이드 해안가에서 열린 이 박람회는 대화재에서 회복한 시카고의 위용을 과시할 기회였다.[39]

글레스너 가족은 세계 컬럼비아 박람회에 몇 차례 방문한 적이 있었다. 존 제이컵은 세계 박람회를 시카고에 유치한 거물급 경영자 위원회를 이끌었다. 글레스너 가족은 박람회장 건설 기간이나 박람회가 열리는 동안 부지에 접근할 수 있는 특권이 있었고, 그로버 클리블랜드 대통령이 주재한 웅장한 개회식에도 참석했다.[40]

프랜시스는 개회식 전에 부모님과 함께 박람회장을 둘러보았다. 박람회의 작업물 감독인 대니얼 버넘이 그들과 동행했다. 밤이면 버넘은 글레스너 가족과 함께 개방식 모터보트를 타고 작은 늪으로 갔다. 보트는 미드웨이 플레이상스 근처의 인상적인 2층짜리 신고전주의 건물인 우먼스 빌딩을 지나갔다. 이 건물은 2300평 규모의 이탈리아 르네상스식 건물로, MIT 최초의 여성 건축학부 졸업생이자 당시 21세였던 소피아 하이든이 설계한 것이었다. 하이든은 미국에서 처음으로 중요한 건물을 설계한 여성이었다.

아주 작은 죽음들

우먼스 빌딩에는 여태껏 창작된 여성 작가의 미술품이 최대 규모로, 대단히 야심 차게 전시되어 있었다. 당대에 창작된 작품은 물론이고 그 이후에 만들어진 작품도 이곳에 전시되었다. 세계 박람회는 여성이 처음으로 공공 예술작품을 만든 행사였다. 그때까지 사람들은 여성이 조각상이나 대규모 그림을 그리는 데 꼭 필요한 사다리나 비계를 사용할 수 없다고 생각했다. 비평가와 후원자들은 여성이 어떤 미술품을 만들 수 있을지 궁금해했다.

하이든과 그녀가 지은 건물은 까다롭게 검토되었다. 몇몇 건축가는 여성이 드레스와 하이힐을 신고 진흙투성이 건설 현장을 다닐 수 있을지 소리 높여 의문을 제기했다. 비평가와 대중은 하이든의 설계에 나름의 편견을 투사해 그녀의 건축물에서 여성적인 특징들을 읽어냈다. 그들은 건물이 왠지 확신 없어 보이며, 남성이 설계한 건물에 비해 얌전하고 새침한 인상을 준다고 했다.

세계 박람회의 다른 건물들과 하이든이 지은 건물의 가장 두드러진 차이는 건축가들의 급료였다. 하이든은 첫 설계 의뢰에 1000달러를 벌었다. 세계 박람회에서 비슷한 건물을 설계한 남성들은 작업의 대가로 1만 달러를 요구했다.

글레스너 가족 간에도 세계여성대회에 관해 활발한 토론이 벌어졌다. 이 총회는 세계 박람회와 함께 5월 중 일주일간 열린 행사로, 지금까지도 다양한 분야에서 활동하고 그 활동을 지원했던 유명 여성들이 모인 가장 큰 행사로 남아 있다. 대회 기간에는 27개국 대표자를 포함한 거의 500명의 여성이 강연을 하고 패널 토론에 참여했다. 일주일 동안 15만 명 이상의 참석자가 행사에 참여했다.

조지 글레스너는 세계 박람회에서 사진을 많이 찍었다. 맥베스 부인의 일기에는 열다섯 살이던 프랜시스와 두 조지가 대관람차를 탄 저녁에 대해 기록돼 있다. 패니와 조지는 프랑스관에서 파리 경찰 박람회를 구경하고 알퐁스 베르티용이라는, 턱수염을 기른 신기한 남자를 우연히 마주쳤을 가능성이 크다. 조지라면 베르티용의 특이한 사진 장비에 분명 흥미를 느꼈을 것이다.

범죄자의 신원을 확인하는 믿을 만한 방법을 개발하는 것은 오랫동안 해결되지 않은 문제였다. 경찰은 체포된 사람이 누군지 알아야 했다. 그래야 수배범이 죄를 저지르고도 도망치지 못하게 할 수 있었다. 이름은 바꿀 수 있고 서명은 위조할 수 있었다. 외모도 바꿀 수 있었다. 경찰이 범죄자 사진 목록을 만드는 등 사진을 활용하기 시작한 다음에도 이런 사진은 신원확인에 아무 쓸모가 없는 경우가 많았다. 사진은 품질이 나빴다. 필름이 지나치게 노출되거나 이미지가 흐릿했고 이목구비를 알아보기 어려울 만큼 멀리서 전신을 찍었기 때문이었다.

유명한 프랑스 통계학자이자 인류학자의 아들인 베르티용은 이 세상에 **완전히** 똑같은 두 사람은 존재하지 않는다고 생각했다. 그는 다섯 가지 주요 수치를 기록하는 시스템을 고안했다. 그 수치란 머리의 가로와 세로 폭, 중지의 길이, 왼발의 길이, 손을 쭉 폈을 때 팔꿈치에서 가운뎃손가락 끝까지의 길이인 아래팔 길이였다. 베르티용은 이런 수치와 함께 머리카락 및 눈동자 색깔 등 신체적 특징에

아주 작은 죽음들

관한 기술을 포함하는 기록부를 만들었다. 그의 기록부에는 표준화된 사진도 들어갔다. 얼굴을 선명하게 클로즈업해서 찍은 사진 한 장과 옆얼굴을 찍은 사진 한 장이었다. 베르티용은 나이가 들고 살이 찌고 수염을 길러도 거의 변하지 않는 옆얼굴 사진이 특히 중요하다고 주장했다.[41] 베르티용은 인간을 측정한다는 의미에서 자신의 시스템을 **인간측정법**이라고 불렀다. 이 시스템은 **베르티용의 범인 감식법**으로 알려지게 되었으며, 유럽 전역과 미국 경찰에도 도입되었다.

시카고 경찰은 세계 박람회를 준비하는 과정에서 미국 전역의 알려진 범죄자와 최근 가석방된 사람들에 관한 엄청난 데이터베이스를 수집했다. 미국에서 행해진 베르티용의 기록으로는 가장 규모가 컸다. 그러나 H. H. 홈스는 범죄자 사진 목록에서 빠졌다. 그는 의사이자 사업가, 교활한 거짓말쟁이에다 능수능란한 사기꾼이고 협잡꾼이면서 악몽에나 나올 것 같은 가학적 살인범이었다.[42] 홈스는 세계 박람회 기간에 시카고에서 수십 건의 살인을 저질렀다. 이때 살해당한 사람 중에는 젊은 여성과 아이들도 포함되어 있었다. 홈스는 가벽과 숨겨진 방이 있는 호텔을 지었는데, 이 호텔은 나중에 '살인 요새'로 알려졌다. 일부 설명에 따르면, 홈스는 200명의 피해자를 유인해 살해했다. 그는 미국 전역의 여러 도시에서 경찰에게 수없이 잡혔지만, 당국에서는 세계 박람회가 끝나고 홈스가 시카고를 떠난 뒤 한참이 지나서까지 그의 범죄에 대해 전혀 몰랐다.

베르티용의 범인 감식법은 이상적이라고 할 수 없었다. 아동의 경우 성장이 멈출 때까지 신체가 계속 변하므로 이 방법은 성인에게만 쓸 수 있었다. 더 큰 문제는, 이 감식법에 캘리퍼스 등 구부러지거나 정렬이 흐트러질 위험이 있는 측정 도구가 필요하다는 점이었다. 베르티용의 범인 감식법은 어렵고 신뢰성이 떨어졌으며, 1900년대 초반에 지문 감식법이 도입되자 폐기되었다. 오늘날 베르티용의 범인 감식법에서 남아 있는 것은 고전적인 범인 얼굴 사진뿐이다.

1894년에 하버드대를 졸업하면서, 조지 글레스너는 뉴햄프셔주 리틀턴에 있는 가족의 저택에서 여름을 보내기로 했다. 가을에 학교로 돌아가 로스쿨에 들어갈 생각이었다. 그는 하버드대 친구들에게 이렇게 말했다. "하지만 여름이 끝나기 전에 계획을 바꿔서 아버지 회사에 들어갔어. 서류 정리를 맡은 말단 직원에서부터 시작해 한동안은 계속 그 자리에 머물 것 같았는데 운 좋게 상황이 겹치면서 부팀장으로 발령받았어. 생각보다 일이 훨씬 더 흥미롭긴 하지만, 더 신경을 많이 써야 하기도 해."[43]

조지는 회사가 인터내셔널 하베스터로 병합될 때까지 계속 회사에 다니면서 공익사업부 부장 자리에까지 올라갔다. 그는 시카고 클럽과 대학 클럽 등 부유한 경영자들에게 인기가 있었던 수많은 모임에 참석했고, 시카고 미술연구소 이사회의 이사로도 활동했다. 조지의 친구 매그래스는 의대를 졸업한 뒤 병리학 조교로 하버드대에 남았다. 그는 의대생들을 가르쳤으며, 보스턴 지역의 몇몇 병원에 병리학 자문을 해주었다.

프랜시스는 1896년에 성인이 되었다. 이제는 청년이 된 만큼, 그

아주 작은 죽음들

녀는 패니라는 애칭보다 프랜시스로 더 많이 불렸다. 어머니의 일기장에는 프랜시스의 생일에 있었던 일이 이렇게 기록되어 있다. "프랜시스는 수요일에 열여덟 살이 되었다. 우리는 카네이션과 은방울꽃 각 18송이, 양초 18개와 멋진 케이크를 아침 식탁에 올렸다. 사랑스러운 시계와 샤틀렌(허리띠 장식용 사슬―옮긴이)을 선물로 주었다."[44]

글레스너 가족은 딸이 인생의 중요한 단계를 지난 것을 기념해 이모인 헬렌과 함께 그녀를 해외로 보냈다. 1896년 5월, 프랜시스와 헬렌은 에트루리아라는 증기선을 타고 런던으로 가 몇 개월을 머물렀다. 이들의 여행지에는 노르웨이, 네덜란드, 독일, 프랑스가 포함되어 있었다. 이들은 14개월이 지난 1897년 7월에 돌아왔다.

프랜시스는 여행에서 돌아오고 나서 몇 달 되지 않아 30세의 변호사 블레잇 리와 어울리기 시작했다. 블레잇의 동료 변호사이자 조지 글레스너의 하버드대 동창생인 드와이트 로런스가 둘을 소개해주었다. 블레잇은 1897년 후반에 글레스너 가족을 자주 방문해 가족과 함께 저녁을 먹고 프랜시스와 마차 드라이브를 나갔다.

미시시피주 콜럼버스 토박이인 블레잇은 스티븐 딜 리와 레지나 릴리 해리슨 리의 외아들이었다. 스티븐 딜 리는 과거 남부 연합에서 활동했던 존경받는 군 지도자로, 남북전쟁 당시 최연소 중장이었다. 28세에 사우스캐롤라이나 의용군 포병대 대장을 지낸 스티븐은 1861년 4월 11일, 섬터 요새에서 로버트 앤더슨 소령에게 공식 항복 요구서를 보내고 앤더슨이 항복하지 않자 섬터 요새를 포격하도록 명령함으로써 남북전쟁을 시작했다. 이후 스티븐은 머내서스 제2차 전투와 (남북전쟁 당시 하루 만에 가장 많은 피를 흘린 전투인) 앤티텀 전투, 빅스버그 방어전에 참전했다.

남북전쟁이 끝난 뒤 스티븐은 미시시피주 상원의원이 되었으며, 현재 미시시피 주립대학교로 알려진 미시시피 농업 공과대학교의 초대 총장을 지냈다. 어떤 사람들은 리를 "남부 산업 교육의 아버지"라고 부른다.[45] 그는 남부 연합의 퇴역군인 단체에서도 꾸준히 활동했다.

블레잇 리는 미시시피 농업 공과대학교를 1등급으로 졸업하고, 2년간 버지니아대학교에 다닌 뒤 하버드 로스쿨에서 법학 학위를 받았다. 미국 대법원의 연방 대법원 판사인 호러스 그레이 밑에서 1년간 일한 뒤 애틀랜타주에 정착해 변호사로 개업했으나, 변호사라는 직업이 진입 장벽은 높지만 딱히 돈이 많이 벌리지는 않는다는 걸 알게 되었다. 일거리에 굶주렸던 블레잇에게 어느 날 캔들러라는 사람이 찾아왔다. 그는 블레잇에게 회사를 합병하려는데 서류를 초안해달라고 부탁했다. 캔들러는 비법에 따라 음료수를 제조할 계획이었다. 캔들러는 돈이 별로 없었으므로 블레잇에게 새 회사의 주식이나 현금 25달러를 주겠다고 했다. 블레잇은 음료를 홀짝거리며 마셔보고 그 맛이 끔찍하다고 생각해서 현금을 고집했다.

그 남자는 아사 캔들러였고, 그 회사는 코카콜라였다.[46]

블레잇은 노스웨스턴대학교에서 법학을 가르치기 위해 시카고로 이사했다. 그는 부족한 소득을 메꾸기 위해 로런스와 동업 계약을

아주 작은 죽음들

맺었는데, 로런스는 하버드 로스쿨에서 낙제해 쫓겨났으나 경영계와 사교계에 인맥이 넓은 인물이었다. 블레잇에게는 잘된 일이었다. 그는 법학을 잘 알았지만 시카고에 연줄이 없었다.

블레잇과 프랜시스의 약혼은 1897년 12월 늦게 발표되었다.

프랜시스가 부모 중 한 명 혹은 둘 모두의 반대로 대학에 가지 못했다는 이야기가 있다. 하지만 이런 이야기를 뒷받침할 증거는 없다. 존 제이컵과 맥베스 부인은 딸을 사랑하고 지원을 아끼지 않는 부모였다. 딸이 꿈을 이루도록 도와주었을 게 틀림없다. 오히려 부유한 젊은 여성이었던 프랜시스가 직업을 갖거나 그 이상의 교육을 받는 데 별 관심이 없었을 것이다. 프랜시스가 밖에 나가 일할 거라고 예상하는 사람은 아무도 없었다. 다들 그녀가 생계비를 벌어들이지 않아도 여가와 부를 즐기며 안락한 삶을 살아갈 수 있을 거라고 생각했다.

나이가 들어서 프랜시스는 어느 기자에게 어린 시절에는 간호사가 되거나 의대에 진학하면 재미있을 것 같다고 생각했지만 그런 일은 "그냥 벌어지지 않았다"고 말했다. 진실은 이보다 더 복잡하다. 정말로 원했다면 리는 대학교에 갈 수 있었을 것이다. 의대까지도 말이다.

한 가지 분명히 해두자면, 의학은 여성이 거의 선택하지 않는 분야였다. 당시의 통념에 따르면 의학이란 여성의 섬세한 감성에 어울리지 않는 너무 품위 없는 학문이었다. 또한 여성은 인체의 내적 작용에 대해 알아서는 안 됐다. 그러나 1800년대 말이 되면서 미국과 몇몇 여자대학교의 의과대학에서 수백 명의 여성이 의사로 활동하게 되었다. 볼티모어의 유력 여성 다섯 명이 50만 달러를 모금해 존스홉킨스 의과대학을 설립한 덕에 1893년의 첫 졸업생 열여덟 명 중세 명은 여자였다.[47] 미국 의사 협회에서 받아들인 최초의 여성인 새라 해킷 스티븐슨은 맥베스 부인의 오랜 친구였으며 가족과 자주 휴일을 함께 보냈으므로 여성 의사라는 개념은 글레스너 가족에게 그리 낯설지 않았을 것이다.[48]

프랜시스에게는 선택지가 있었다. 단지 그녀가 그 선택지를 별로 바라지 않았을 뿐이다. 프랜시스가 다니고 싶었던 대학, 받을 가치가 있다고 생각한 의학 학위는 단 하나밖에 없었는데 그 목표는 도저히 이룰 수 없는 것이었다. 그녀는 하버드 의대에 가고 싶었다.

프랜시스는 오빠처럼, 조지 버지스 매그래스나 블레잇 리, H. H. 리처드슨 등 살면서 만난 거의 모든 남자가 그랬듯 하버드대에서 공부하고 싶었다. 글레스너 가문은 하버드 가문이었다. 프랜시스는 다른 사람들처럼 하버드를 경험하고 싶었고, 세인트 보톨프 클럽(1880년 예술가 집단이 설립한 매사추세츠주 보스턴의 사설 사교 클럽—옮긴이)에 속하고 싶었다. 하지만 하버드 의대는 여학생을 받지 않았다.

하버드 의대에 들어갈 수 없었음에도 프랜시스는 이 대학교에 대한 친근한 마음을 계속 품고 있었다. 어쨌거나 하버드는 최고의 대학이자 가장 찬란한 대학이며 뉴잉글랜드의 귀족 엘리트들이 다니는 학교였으니 말이다. 시간이 지나면서 하버드에 대한 프랜시스의 감정은 한층 더 복잡해졌는데, 이 대학이 리의 인생에서 다시 중요해진 건 수십 년 뒤의 일이었다.

프랜시스는 스무 번째 생일이 되기 한 달 전에 블레잇과 결혼했다. 블레잇은 프랜시스보다 열 살이 많았다. 프랜시스의 어머니는 일기장에 이렇게 썼다. "우리는 프랜시스가 조금 더 나이가 들고 나서 결혼하기를 바랐지만, 블레잇 군이 더없이 착하고 완벽했기에 둘의 완전한 행복을 방해하고 싶은 마음이 들지 않았다."[49]

결혼식은 1898년 2월 9일 수요일 오후 5시, 글레스너 가족의 프레리가 저택에서 열렸다. 사람들은 그랜드 피아노를 2층으로 옮기고 거실과 복도에서 모든 가구를 치웠다. 바닥에는 모슬린 천이 깔렸고 거실에는 백합과 야생 사르사, 흰 난초가 주렁주렁 장식됐다. 프랜시스는 깊고 좁은 더블로즈 베네시안 포인트 레이스가 달린 새틴 드레스에 튈 베일을 쓰고 은방울꽃 부케를 들었다.

결혼식은 1870년에 존 제이컵과 맥베스 부인의 주례를 봤던 필립 H. 모리 목사가 집전했다. 시카고 교향악단은 부부가 행진할 때 스웨덴 결혼행진곡 〈나를 당신의 것이라 불러주오〉를, 결혼식이 끝난 뒤에는 멘델스존의 결혼행진곡을 연주했다.

저녁 9시에 프랜시스는 여행복으로 갈아입었다. 신혼부부를 기차역으로 데려다줄 마차가 기다리고 있었다. "그렇게 두 사람은 단둘이 밖으로 나갔다. 이후로는 결코 예전과 같은 모습으로 집에 들어오지 못할 터였다."[50]

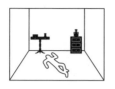

3장

|

결혼 이후

신혼부부는 기차를 타고 블레잇 리가 조상 대대로 지내던 미시시피 주의 집으로 신혼여행을 떠났다. 이들은 가는 길에 세인트루이스에 들렀다. 결혼은 축복으로 가득한 것 같았다. 리는 자신에게 기대되는 역할을 충실히 수행하는 완벽한 신부처럼 보였다. 결혼식 한 달 만에 리는 첫 번째 아이를 가졌다.[1] "이렇게 행복한 부부는 본 적이 없습니다." 스티븐 딜 리는 두 사람이 다녀간 뒤 리의 부모에게 편지를 보냈다.

짧은 신혼여행에서 돌아오자마자, 리 부부는 미시간가에 있는 호화로운 메트로폴 호텔에서 지냈다. 1891년에 세계 컬럼비아 박람회를 위한 호화 숙소로 지어진 메트로폴은 이후 알 카포네가 전성기에 머무른 곳으로 악명을 떨쳤다.[2] 부부는 메트로폴 호텔에서 몇 달을 지낸 뒤 인디애나가와 21번가의 교차로에 있는 아파트에 터를 잡았다. 리의 부모님이 있는 프레리가에서 네 블록 떨어진 곳이었다.

겉으로는 행복해 보였지만, 결혼생활에는 곧 마찰이 일어났다. 프랜시스와 블레잇은 성향이 사뭇 달랐다. 블레잇은 종파에는 별로 개의치 않아도 계속 교회에 다닌 기독교인이었지만, 프랜시스는 평생 종교가 없었다. 프랜시스는 등산이나 야외 활동을 즐겼지만, 블레잇은 독서를 비롯한 실내에서 하는 지적 활동을 좋아했다. 프랜시스는 진보적이고 교양 있는 가문에서 자라난 북부 출신이었으나 블레잇은 백인 남성이 누구보다 우월하다는 믿음을 가진 존경받는 남부 출신 유명인사의 아들이었다.[3]

블레잇은 아내가 바느질과 공예에 보이는 관심을 열정적으로 응원하는 척조차 하지 못했다. 프랜시스는 폭발적으로 터져 나오는 창의력에 휩싸일 때가 있었는데, 가끔은 어떤 아이디어에 사로잡혀 하루 종일, 밤이 깊도록 그 생각에 매달렸다. 프랜시스는 결혼생활에서 자신이 충분히 인정받지 못하고 있으며 보람도 없다고 느꼈을 가능성이 크다. 프랜시스도, 블레잇도 성공적인 결혼생활에 필요한 매일의 적응과 양보에 익숙하지 않았다. 블레잇은 외아들이었고, 프랜시스는 학교생활을 통한 사회화를 거치지 못한 외동딸이었다. 둘 다 자기 방식을 고집하며 자랐다.

프랜시스는 글레스너 가문 사람으로서 특정한 생활 방식에 익숙해져 있었다. 그건 부모가 딸에게 기대한 것이기도 했다. 블레잇의 월급으로는 프랜시스가 요구하는 생활을 감당할 수 없었으므로 부부는 계속 프랜시스의 부모에게서 재정 지원을 받을 수밖에 없었다. 부부는 글레스너 가족의 보조금을 고맙게 받았지만, 프랜시스와 블레잇은 서로 다른 이유로 보조금에 괴로워했을 것이다. 처가의 보조금에 의존해 살다 보니 블레잇은 남성성과 가장으로서의 자신감이 약해졌을 가능성이 크다. 프랜시스는 부모님의 돈이 암암리에 인형을 조종하는 실처럼 작용한다는 것을 알고 분노했다. 그 돈은 부모님이 그녀의 인생에 존재하며 여전히 그녀의 삶을 통제하고 있다는 암시였다. 누구나 부모의 사랑이 꼭 필요하지만 가끔은 부담스럽고 숨 막히게 느껴진다는 점을 알 것이다. 프랜시스는 성인이 되면 따라오리라 생각했던 독립성과 자율성을 누리지 못해 답답했다.

결혼한 지 열 달도 채 되지 않은 1898년 12월 5일, 부부의 첫 아이인 존 글레스너 리가 태어났다. 맥베스 부인은 일기장에 이렇게 적었다. "프랜시스는 의사가 이렇게까지 용감하고 참을성이 강한 여성은 본 적이 없다고 여러 차례 말했던 모습을 하루 종일 보여주었다. 한 번도 비명을 지르거나 불평하지 않았다."[4]

프랜시스는 존이 태어난 이후 편안한 시간을 보내지 못했다. 어머니는 일기에 이렇게 적었다. "프랜시스는 무척 초조해했다. 토요일에 나는 세 차례 프랜시스의 집에 들렀다. 프랜시스가 울고 있는 모습을 몇 번이나 보았다. 어제는 프랜시스가 유모가 마음에 들지 않는다고, 그 여자가 고분고분하지도 않고 상냥하지도 않으며 잘 공감해주지도 않고 순하지도 않다고 말했다. 나는 유모와 이야기해 상황을 나아지게 하려고 노력했다."[5]

부부의 둘째 아이가 태어난 1903년에는 존 제이컵 글레스너가 자기 집에서 한 블록 떨어진 프레리가 1700번지와 1706번지에 자식들을 위한 저택을 지어주었다. 위풍당당한 3층짜리 저택 두 채는 대칭을 이루고 있었다. 조지와 그의 아내 앨리스가 아이들과 사는 집은 프랜시스의 저택을 거울로 비춘 듯한 모습이었다.

딸이 태어난 지 얼마 되지 않아 블레잇은 이 저택을 떠났다. 어떤 문제가 별거로 이어졌는지는 구체적으로 기록되지 않았으나 뿌리 깊은 기질적·문화적 차이가 블레잇과 프랜시스의 사이를 벌려놓았을 가능성이 크다. 별거 중에도 블레잇은 처가와 좋은 관계를 유지했다. 글레스너 가족은 블레잇에 대한 애정을 거두지 않았으며, 고집 세고 남을 업신여기는 여자를 상대하는 어려움에 공감해주었다.

블레잇은 프레리가와 22번가 사이의 아파트를 임대했다. 프랜시스의 이모인 헬렌과 애나가 사는 아파트 바로 위층이었다. 또 블레잇은 자식들을 보러 매일 왔다. 하루 일과가 끝나면 블레잇은 오후 5시 정각에 저택에 도착해 성경이나 엉클 리머스(조엘 챈들러 해리스의 이야기에 나오는 늙은 흑인으로 아이들에게 동물 이야기를 들려준다—옮긴이) 이야기를 읽어주고 40분 뒤에 떠났다(아이들은 질질 끄는 남부 억양으로 읽어주는 브레어 폭스와 브레어 래빗 이야기를 좋아했다). 그는 자주 헬렌과 애나를 방문해 함께 식사하곤 했다.

부부는 1905년에 잠시 화해했는데, 이 기간에 프랜시스는 셋째인 마사를 임신했다. 1906년 가을에 마사가 태어나고 얼마 지나지 않아 블레잇은 영영 집을 떠났다. 그들의 아들 존 글레스너 리가 나중에 회상한 바에 따르면, 블레잇은 별거로 상처를 받았지만 자식들의 어머니에 대해 나쁜 말을 한 적이 한 번도 없었던 반면 프랜시스는 블레잇에 대해 "전혀 말을 아끼지 않았으며 편파적이었다."[6]

———

한편, 뉴햄프셔주에서 가족의 사업을 돌보던 조지 글레스너는 점점 더 많은 시간을 사업에 쏟을 수밖에 없었다. 부모님이 나이 들어가면서 특히 그랬다. 그런 조지에게 더 록의 신선한 공기는 시카고 거리를 감싼 악취 나는 스모그 때문에 악화된 꽃가루 알레르기를 피할 수 있는 반가운 휴식처가 되어주었다.

조지는 더 록에서 시간을 보내면서 자기가 좋아하는 토목 프로젝트를 진행할 수 있었다. 이런 프로젝트에는 아버지가 깐 도로를 개선하고, 버려진 베들레헴 상수도에서 물을 끌어와 가족의 부지에 있는 저수지를 채우는 일 등이 포함돼 있었다. 조지는 더 록에 전기를 공급하는 발전소도 지었다.

더 록에는 금속을 갈고 주조할 수 있는 장치를 비롯해 조지에게 필요한 모든 도구가 완벽하게 갖추어진 목공소가 있었다. 그는 80명의 직원을 마음대로 부릴 수 있었는데, 이 중 다수는 부지 전체에 흩어져 있는 20채의 건물 중 한 곳에 살았다. 조지는 부지에 자기 집도 지었는데, 그 집의 이름은 더 레지Ledge였다. 1907년, 조지와 앨리스 부부는 세 아이와 함께 시카고에서 더 레지로 이사했다. 조지는 이 지역에 전력을 공급하는 베들레헴 전기 회사의 대주주가 되었으며, 리스본 조명 전력 회사라는 관련 시설의 상무이사가 되었다.

조지는 베들레헴 마을의 회계 감사관으로 3년간 활동했고, 1912년에는 주 하원의원으로 선출되어 재선까지 했다. 조지는 시민 사회에서 리틀턴 저축은행 이사나 리틀턴 병원 협회의 회장 등 다양한 역할을 맡았다. 리틀턴 병원 협회는 조지의 아버지가 설립한 단체로, 이 단체는 병상 15개짜리 현대적 지역 병원을 지어 1907년에 개원했다.

막 크리스마스를 지난 1903년 12월 27일, 존 제이컵 글레스너는 인터내셔널 하베스터 주식 12만 5000달러어치를 프랜시스에게 주었고, 10만 달러어치를 조지에게 주었다. 조지는 하버드대를 졸업하면서 2만 5000달러어치의 주식을 이미 받은 터였다. 이 주식에서 나오는 배당금만으로 글레스너 집안의 자녀들은 남은 평생 안락한 삶을 살 수 있었다.[7]

사흘 뒤, 리의 친구 몇 명과 그들의 자녀들은 댄 매커보이와 에디 포이가 출연하는 뮤지컬 〈푸른 수염〉을 보려고 이로쿼이 극장에 갔다. 2000명이 넘는 사람이 모여들었다. 스테이트가와 디어본가 사이에 있는 웨스트랜돌프가에 새로 세워진 이로쿼이 극장은 "완전한 화재 방지 장치"를 갖추고 있다고 홍보했다. 3층으로 된 객석에 1600명이 들어갈 수 있도록 설계된 이 극장의 12월 30일 공연 표는 매진되었다. 극장 뒤쪽의 입석에서 수백 명이 더 관람했다. 여기에 더해 300명이 그날 공연의 공연자나 스태프로 일했다.[8]

2막이 시작될 때, 아크등에서 불꽃이 튀어 근처의 모슬린 커튼에 불이 붙었다. 불이 빠르게 번지면서 극장은 짙은 연기로 가득 찼고 대혼란이 시작됐다. 600명 이상이 사망했는데 그중 다수가 여성이나 어린이였다. 그날 저녁, 프랜시스는 아이들을 데리고 부모님의 집을 방문했다. 비극적인 소식이 지역 공동체에 번지고 있었다. 사망한 것으로 여겨지는 실종자 중에는 가츠 부인의 두 자녀와 자이슬러 박사의 아들, 호이트 부인의 딸, 폭스 부인과 세 자녀, 조지 히긴슨의 누이와 아들이 있었다. 프랜시스는 이렇게 말했다. "대단히 끔찍하고 역겨운 일이자 문명화된 도시에서 일어날 수 있는 가장 참혹한 불명예였다."9

일부 피해자가 현장에서 이송되어 집계되지 않았으므로 사상자의 정확한 수는 알려지지 않았다. 사망자 중 다수는 알아볼 수 없을만큼 타버려서 보석류와 의복 등 개인 소지품으로 신원을 확인해야했다. 이로쿼이 극장의 화재는 미국 역사에서 지금까지도 단일 건물 화재로서 가장 많은 사상자를 낳은 사건으로 남아 있다.

화재가 일어난 날 저녁에 조지 글레스너는 시신 수습을 도우러 이로쿼이 극장에 갔다.10

프랜시스는 부모님의 집에서 아이들을 꼭 끌어안고 있었다. 정말이지 가슴이 미어지는 비극이었다. 프랜시스는 이런 일이 누구에게든 일어날 수 있다고 생각했다. 아이 혹은 부모나 형제자매를 잃어서 다시는 볼 수 없게 된다니 얼마나 끔찍한 일인가. 심지어 관 속에 누운 모습조차 볼 수 없다니. 신원을 확인할 수 없는 시신이야말로 가장 비통한 존재였다.

———

1911년 여름, 프랜시스는 루브르 박물관에서 파렴치한 그림 절도가 일어났다는 신문 기사를 읽었고 1890년 유럽을 여행하던 중 파리의 상징이라 할 수 있는 그 박물관에 들렀던 기억을 떠올렸다.

누군가 아무도 눈치채지 못하게 1500년대 초에 레오나르도 다빈치가 그린 초상화 〈라 조콘다〉를 가지고 박물관을 나선 것이다. 〈라 조콘다〉는 흰 포플러 목판에 유화로 어느 상인의 아내를 그린 평범한 작품이었다. 예술품으로서 보기에는 좋았지만, 특별히 주목할 만한 그림은 아니었다. 이튿날, 박물관에 들른 어느 미술가가 〈라 조콘다〉가 평소 전시되어 있던 자리에 네 개의 그림 거는 못만 남아 있는 걸 발견할 때까지 이 절도는 발각되지 않았다. 오늘날 이 그림은 〈모나리자〉로 더 잘 알려져 있다.

세계 언론이 이 절도를 대대적으로 보도하면서 〈모나리자〉는 즉시 명성을 얻었다. 경찰은 이 사건을 해결하려고 수선을 떨었다. 한번은 파블로 피카소를 용의자로 보고 구류해 취조하기도 했다. 범인은 빈첸초 페루자라는 전직 박물관 정비공이었는데, 그가 2년 뒤 미술상에게 그림을 판매하려 하기 전까지 체포되지 않았다. 이 사건은 무명 작품이던 〈모나리자〉에 명성이라는 후광을 덧씌워 이 그림을 세계에서 가장 유명하고 가장 많이 논의되는 작품으로 끌어올렸다.

〈모나리자〉 절도 사건은 발생 초기에 해결될 수도 있었다. 〈모나리자〉가 들어 있던 액자에 지문이 하나 찍혀 있었던 것이다. 경찰은 이전에 경범죄를 저질렀던 페루자의 지문을 확보하고 있었다. 그러나 파리 경찰은 베르티용의 범인 감식법에 기초해 범죄 기록을 분류했다. 지문의 주인을 추적하기란 불가능했다.

〈모나리자〉 절도 사건에 대해 들었을 때까지만 해도 프랜시스는 언젠가 자신이 범죄 현장 수사의 권위자가 되리라고는 꿈도 꾸지 못했다.

같은 시기에 열세 살이던 프랜시스의 아들 존은 결핵선이 있다는 진단을 받았다. 오늘날에는 목의 림프샘에 발생하는 이 감염병을 항생제를 써서 치료할 수 있지만 당시는 해변 리조트의 공기가 이 질병에 가장 좋은 위생적 환경이라고 여겨지던 시절이었다. 존은 손상된 림프샘을 제거하는 수술을 받았고, 캘리포니아에서 겨울을 보내라는 조언을 들었다. 프랜시스와 아이들은 캘리포니아주 샌타바버라에서 2년 동안 겨울을 났다.[11]

그렇게 겨울 요양을 떠난 어느 해에는 가족이 샌디에이고로 관광여행을 떠났다. 더 록의 운전기사였다가 글렌 커티스 비행학교로 비행기 조종을 배우러 떠난 찰리 위트머를 만나기 위해서였다. 프랜시스와 아이들, 가정교사, 운전기사는 램블러라는 자동차를 타고 해변을 천천히 나아갔다. 이 자동차는 광폭 타이어가 달린 4기통 여행용 자동차로서 당시 가장 호화로운 차로 여겨졌다.

샌타바버라에서 샌디에이고까지 갔다가 돌아오는 350킬로미터의 여행에는 일주일이 걸렸다. 고속도로가 없었으므로 그렇게 오래 걸리는 여행에는 모험이 벌어지기 마련이었다. 운전기사는 미끄러운 진흙 언덕길을 오르기 위해 타이어에 밧줄을 감아야 했다. 존의 기억에 따르면, 하루는 앞바퀴 볼 베어링이 빠졌다. 홍수로 길이 없어진 적도 있었다. 이때 램블러는 장애물을 피하기 위해 무개화차에 실려 갔다. 조지는 이렇게 말했다. "운전기사가 우리를 끌어내줄 말을 구하러 가 있는 동안 강 한가운데에서 점심을 먹었던 기억이 난다."[12]

뉴햄프셔주로 돌아온 프랜시스는 더 록에서 자동차로 한 시간 정도 거리에 있는 산림 호수에 소박한 사냥꾼용 오두막이 딸린 대지를 매입했다. 프랜시스는 이 땅을 '캠프 리'라고 부르며 부모님에게서 벗어나 지낼 은신처로 삼았다. 여름이면 프랜시스와 아이들은 캠프 리에서 사나흘쯤 불편하게 지냈다. 프랜시스는 불을 피워 요리했고, 아이들은 낚시나 수영을 하러 갔다.

존은 이 야영지에서 보낸 시간이 "어린 시절 가운데 가장 행복했던 시간"이었다고 말했다. 가족은 서로에게 들려줄 모험담을 지어내고 그들만의 게임을 발명했다. 프랜시스는 더 록을 떠나서 머무는 이 시간을 즐겼으며, 긴장하지 않았을 때는 함께하기 즐거운 사람이었다. 존은 이렇게 말했다. "한번은 엄마가 오페라의 모든 악장을 손짓까지 해가며 불렀다. 나와 동생은 웃다가 죽을 뻔했다."[13]

더 이상 블레잇의 제약을 받지 않았기에 프랜시스의 창의력은 꽃을 피웠다. 프랜시스는 자수를 놓았고, 자신과 세 아이가 입을 옷을 만들었으며, 식탁으로 쓸 정교한 중앙부 장식을 고안했다. 1912년에 리는 어머니에게 줄 선물로 시카고 교향악단을 미니어처로 만드는 야심 찬 프로젝트에 착수했다.

글레스너 가족은 시카고 교향악단과 가까운 관계를 유지했다. 글레스너 부부는 공연을 놓치는 경우가 거의 없었으며 지휘자 프레더릭 스톡을 비롯한 많은 교향악단 단원과 계속 가까운 관계를 맺었다. 시카고 교향악단 단원들은 글레스너 저택에 자주 초대받아 가족을 위해 연주했다. 프레리가 저택의 넓은 뜰에서 교향악단 전원이 공연한 적도 여러 번이었다.

맥베스 부인은 음악을 무척 좋아해, 집으로 매일 교향악단을 부르고 싶다는 비현실적인 소망을 표현하기도 했다. 프랜시스는 어머니의 소원을 이뤄주겠다는 생각을 품기 시작했다. 프랜시스는 미니어처 오케스트라를 꿈꿨다. 공연을 위해 정장을 차려입은 음악가 90명 모두와 그들의 악기를 만들기로 한 것이다. 작디작은 남자들(교향악단 전원이 남자였다)과 작디작은 악기만으로는 세부 사항에 관한 프랜시스의 집착을 만족시킬 수 없었다. 오케스트라 단원 모두가 실물과 최대한 가까운 모습으로 완성되어야 했다.[14]

프랜시스는 익숙한 1 대 12 축척을 활용하기로 했다. 1인치가 1피트를 나타내는, 미니어처 인형의 집에 표준적으로 쓰이는 크기였다. 프랜시스는 교향악단이 예행 연습을 하는 동안 교향악 공연장에 있는 부모님의 박스석에 앉아, 비스크 도자기로 된 인형 머리에 연필로 헤어라인과 수염, 눈썹의 숱 등 각 음악가의 세세한 모습을 스케치했다. 많은 오케스트라 단원이 프랜시스가 스케치할 수 있도록 포즈를 취했고 미니어처를 만드는 데 협조했다. 프랜시스는 집에 있는 공작소에서 슬립이라 불리는 무른 진흙을 인형 머리에 바르고 가마에 다시 구워 머리카락, 콧수염, 턱수염을 복제해냈다. 색깔에 맞춰 에나멜을 칠하면 변신이 마무리됐다.

프랜시스는 90개의 똑같은 인형용 나무 의자를 샀고, 완전한 미니어처 악기 세트도 구했다. 진짜처럼 보이고 치수가 정확한 일부 악기는 판매상과 전문 상점에서 구매했다. 프랜시스는 치수가 맞지 않는 악기를 인정하지 않았다. 그녀는 공예가를 고용해 금속 악기를 만들게 했고, 관악기는 직접 조각했다. 관악기는 현악기에 사용된 활 등과 마찬가지로 나무 사탕 통 등 가재도구를 영리하게 재활용해서 만들었다. 하프 연주자인 엔리코 트라몬티가 프랜시스에게 소개해준 회사에서는 운반용 가방까지 갖춰진 6인치 높이의 하프를 만들어주었다.

시카고 교향악단의 지휘자 프레더릭 스톡은 글레스너 가족의 후원에 감사하는 마음으로 돋보기를 쓰고 우표 크기의 종이에 맥베스 부인이 가장 좋아하는 작품인 아서 J. 먼디의 《슈나이더 밴드의 드럼 메이저》 한 페이지를 손으로 직접 옮겼다. 모든 음악가의 보면대에는 자기 악기에 맞는 정확한 악보가 올려져 있었다.

프랜시스는 모든 이에게 공식적인 야회복을 만들어주었다. 음악가들에게는 진주 단추가 달린 흰 셔츠와 검은색 외줄 단추가 달린 조끼, 그와 어울리는 재킷을 입혔다. 떼었다 붙였다 할 수 있는 종이

날개 옷깃도 달았다. 공연 전, 오케스트라 단원에게 옷에 꽃을 수 있는 꽃을 보내던 어머니의 관행을 인정하는 의미로 모든 인물은 완벽하게 만들어진 천 카네이션을 오른쪽 옷깃에 달았다. 이 카네이션은 지름이 약 0.4센티미터였다.

프랜시스는 무대 제작자에게 2.5미터 길이에 이르는 층층대를 만들어달라고 했다. 스톡을 표현한 미니어처 인형은 최대 5층으로 이루어진 단상에 올라간 음악가들로 둘러싸였다. 오케스트라 뒤로는 야자수 화분이 이 전시물을 장식했고, 스톡의 양옆에 놓인 고급스러운 취향의 분홍색 화병도 한몫했다.

이 미니어처 교향악단은 1913년 1월 1일, 맥베스 부인의 65번째 생일 선물이 되었다. 존 제이컵 글레스너는 일기에 이 행사를 다음과 같이 묘사했다.

새해 첫날이 아내의 생일이었는데, 그날 오후 프랜시스가 아내에게 멋진 '작은 오케스트라'를 선물했다. 오케스트라 무대와 90명의 사람, 그들의 악기가 인형 크기로 완전히 갖추어져 있었다. 모두가 절묘하고 세세하게 만들어졌으며, 대부분은 프랜시스가 직접 손으로 만든 것이었다. (…) 이보다 완전하고 완벽한 것, 혹은 흥미로운 것은 없었다.[15]

프랜시스는커녕 가족 중 누구도 그녀 필생의 작업이 수십 년 후에 완전히 다른 종류의 미니어처 제작에서 정점을 맞을 줄은 몰랐다. 며칠 뒤, 저녁 식사 초대를 받아 글레스너 저택에 온 오케스트라 전원이 완성된 작품을 보았다. 집 안에서 벌어지는 일상적 행사에 대해 늘 그랬듯, 존 제이컵 글레스너는 이번에도 이 상황을 글로 남겼다.

오케스트라 단원 중 세 명을 제외한 모두가 참여했다. 여기에 15~16명의 손님이 더 있었으므로 저택에서 준비된 저녁 식사에는 105~106명이 참석한 셈이다. (…) 건배하고 노래하며 음악을 연주한 끝에 모두 기분 좋고 즐거운 상태가 됐다. 사람들은 '작은 오케스트라'를 통해 다른 사람들에게 보이는 자신의 모습을 볼 수 있다는 데 관심을 가졌고, 그 오케스트라가 놓인 거실 뒤쪽 방을 계속 다시 찾았다. 프랜시스는 그들이 감상하는 모습을 보고 무척 만족스러워했다.[16]

프랜시스가 기울인 또 다른 예술적 노력은 유명한 플론잘리 사중주단을 오마주한 것이었다. 1903년 뉴욕에서 결성된 이 사중주단은 스위스계 미국인 은행가인 에드워드 J. 드 코핏이 아마추어 피아니스트인 아내의 연주를 뒷받침해줄 합주단으로 설립한 것이다. 사중주단의 이름은 스위스 로잔 근처에 있는 코핏의 여름 별장 이름에서 따왔다. 플론잘리 사중주단의 단원인 제2바이올린의 알프레트 포촌, 제1바이올린의 아돌포 베티, 비올라의 우고 아라, 첼로의 이완 다르샹보는 다른 작업을 하러 투어를 다닐 필요가 없을 만큼 후원을

받았으며, 하루 종일 함께 연주에만 전념할 수 있었다.[17]

플론잘리 사중주단은 1905년에 첫 공개 콘서트를 연 후 명성을 얻었다. 이 공연은 유럽과 미국 주요 도시에서의 공연으로 이어졌다. 플론잘리 사중주단은 당대에 가장 뛰어나고 유명한 현악 사중주단이었으며, 평단에서나 상업적으로나 성공을 거두었다. 플론잘리 사중주단은 음반을 녹음해 자신의 이름으로 펴낸 최초의 현악 합주단으로 팬덤까지 있었다.

프랜시스의 플론잘리 사중주단 모형은 미니어처 오케스트라가 그랬듯 1 대 12 축척으로 만들어졌으며, 똑같은 비스크 도자기 인형 머리를 사용했다. 프랜시스는 미니어처 오케스트라를 만들 때의 교훈을 발판 삼아 기술을 향상시켰다. 프랜시스에게 필요한 것이라고는 사중주단 음악가 한 명 한 명의 외모와 특징을 제대로, 자세히 관찰하는 것뿐이었다.

프랜시스의 열다섯 살짜리 아들 존이 그녀와 함께 플론잘리 사중주단의 공연을 보러 갔다. 존 리는 이렇게 말했다. "우리는 함께 콘서트를 보러 가서 공연장의 반대쪽 끝에 앉은 다음 사람들이 어떻게 앉는지, 무엇을 입는지 자세히 기록했다. 베티 씨의 조끼, 포촌 씨가 발을 두는 방식, 다르샹보의 금 시곗줄과 그 시곗줄이 늘어진 모습. (…) 마지막으로 중요했던 건 비올라 연주자인 우고 아라였다. 그는 훌륭한 아시리아식 턱수염을 기른 왜소한 이탈리아인으로, 우리는 그렇게 북슬북슬한 수염이 있는 사람이 어떻게 비올라를 그토록 잘 다루는지 꼼꼼히 살펴보았다."

베티와 포촌은 짙은 색 야회복에 가는 세로 줄무늬 바지를 입은 모습으로 묘사되었다. 다르샹보는 회색 플란넬 바지와 조끼에 나비 넥타이를 맸고 금 시곗줄은 몸 중간에 느슨하게 걸쳐졌다. 모두가 떼었다 붙였다 할 수 있는 종이 칼라가 달린 흰 셔츠를 입고 검은 신발을 신었다. 옷 아래 들어가 있는 철사가 팔다리를 제자리에 고정했다.

악기는 완벽한 미니어처 복제품이었으며, 아주 작은 10센티미터짜리 첼로는 소리까지 났다. 존 리는 이렇게 말했다. "첼로는 실제로 연주할 수 있었다. 희미하게 끽끽거리는 소리가 났다. 하지만 브리지와 현을 비롯한 부분을 꽤 신경 써서 만들었는데도 더 작은 악기에서는 소리가 나지 않았다."

프랜시스는 이 모형을 1914년 미국 순회공연 중이던 사중주단에게 선물로 주었다. 프랜시스는 플론잘리 사중주단을 집으로 불러 저녁을 대접했다. 그녀는 길고 좁은 테이블 한쪽 끝에 앉았고, 맞은편에는 프랜시스의 아버지가 앉았으며, 프랜시스의 양옆에는 포촌과 다르샹보가 앉았다. 존 제이컵 글레스너의 자리는 베티와 아라의 사이였다. 프랜시스의 아이들 외에도 이 저녁 식사 자리에는 스톡 부부, 하프 연주자인 엔리코 트라몬티 부부, 시카고 교향악단 부단장 겸 회계 담당자인 헨리 뵈겔리 부부가 참석했다.

모형은 테이블 한가운데에 놓인 커다란 꽃무늬 중앙 장식 안에 숨겨져 있었다. 존 리는 이렇게 회상했다. "저녁을 다 먹은 다음, 꽃장식이 화려하게 벗겨졌다. 손님들의 코앞에서 60센티미터도 떨어지지 않은 곳에, 그들 자신이 연주하는 모습이 담긴 모형이 있었다! 효과는 굉장했다. 아주 잠깐 아무도 입을 열지 않더니, 사중주단 단원 네 사람 모두가 시끌벅적하게 떠들어댔다. 아무도 남의 말을 듣지 않았다. 저마다 기뻐하며 다른 세 사람의 특이한 모습을 지적하면서 즐거워했다. 나는 지금도 베티 씨가 돋보기로 자기 미니어처의 어깨 너머를 보며, 보면대에 놓여 있는 악보를 읽으려 했던 게 기억난다."

이번에도 악보는 시카고 교향악단의 지휘자인 스톡이 3센티미터도 안 되는 종이에 공들여서 직접 그렸다. 스톡은 오스트리아의 표현주의 작곡가 아널드 쇤베르크의 스타일을 흉내 내 직접 음악을 작곡했다. 스톡이 교묘하게 음악적 장난을 부렸기에, 이 곡은 인간으로서는 연주할 수 없는 음악이었다. 사중주단은 프랜시스에게 이 행사를 기념하기 위한 사진 촬영을 부탁했다. 프랜시스는 사중주단에게 모형을 선물로 주었다.

정교한 미니어처를 만드는 일은 계속해서 악화되어가던 프랜시스의 결혼생활과 떼어놓을 수 없었다. 부부 사이가 극복할 수 없는 지경에 이르렀다는 점은 분명했다. 프랜시스는 이혼을 원했다. 당시에는 이혼을 용납할 수 있는 근거가 의무 불이행밖에 없었다. 집으로 돌아오겠느냐는 질문을 받으면 블레잇은 긍정적으로 답할 터였다. 블레잇을 원하지 않는 사람은 프랜시스였다.

1914년 6월, 별거한 지 5년 만에 블레잇은 이혼에 동의했다. 프랜시스는 의무 불이행을 근거로 이혼을 신청했다. 이혼 재판에서 프랜시스는 자신과 세 자녀를 부양할 충분한 경제적 수단이 있다고 말했다. 아이들의 양육권은 프랜시스가 가질 터였다. 그들의 아들 존은 이혼 이후의 시간이 "모두에게 불행한 시간"이었다고 기억했다.[18] "이혼 과정에서 가족들 사이에 상당한 악감정이 생겨났다."

프랜시스는 부모님이나 오빠 가족과 다시는 편하게 지내지 못했다. 그녀는 가족이 블레잇 편을 들면서 자신의 욕구를 지지해주지 않는다고 느꼈다. 프랜시스는 결혼 실패가 자기 탓이라고 비난받는다고 생각했다. 아이들과 함께 집에 고립된 프랜시스는 느긋하게 시간을 보냈다. 그녀는 아이들의 옷을 전부 직접 지었다. 존은 이렇게 말했다. "이 곤란한 시기에, 어머니는 엄청나게 많은 바느질 작업을 했으며 끝없이 솔리테르 카드놀이를 했다." 존은 어머니의 침울한 기분이 걷힌 건 정신없는 활동을 시작하면서부터였다고 말했다. 더록에서 여러 해를 보내는 동안, 여름이면 프랜시스는 아이들과 함께 미친 듯이 사탕을 만들었다.[19]

존은 이렇게 말했다. "사탕 만들기 잔치가 벌어지면, 가구는 전부 벽 쪽으로 밀어놓고 다락에서 알코올 압력식 스토브 두 개를 가져왔다. 다른 곳에서는 흰색 에나멜 주전자와 긴 사탕 온도계, 나무 젓개, 전문 사탕 제작자의 비법 책을 비롯한 잡다한 도구 여러 개가 나타났다." 프랜시스와 아이들은 초콜릿 크림, 캐러멜, 퍼지, 땅콩 브리틀, 태피를 만들었다. 프랜시스의 사탕 제작용 도구에는 사탕 제작자가 태피를 늘릴 때 쓰는 갈고리와 프랜시스가 묘비 제작자에게서 얻어온 대리석 판도 있었다.

프랜시스는 어떤 일을 하든 완전히 몰입했다. 하루 종일, 밤이 깊

아주 작은 죽음들

을 때까지 한 번에 몇 주씩 하는 경우도 많았다. 이런 일은 그녀의 정신을 온통 사로잡았다.

이혼 1년 뒤, 블레잇 리는 전직 교사이자 애틀랜타 도서관 관리자였던 델리아 포어에이커 스니드와 결혼했다. 블레잇은 애틀랜타주의 젊은 변호사였던 시절부터 당시 유부녀였던 스니드를 알고 지냈다. 이즈음 과부로 지내던 스니드는 블레잇과 공통점이 많았다. 스니드의 아버지는 그린베리 존스 포어에이커 대령으로, 애틀랜타주 남부 연합 의용군을 이끌다가 머내서스 제1차 전투에서 중상을 입은 인물이었다.

블레잇과 델리아는 1915년 7월 20일, 애틀랜타주에서 짧고 간결하기로 유명한 2분짜리 결혼식을 치르고 결혼했다. 이 결혼식의 가장 놀라운 점 중 하나는 신부의 맹세에 '순종'이라는 단어가 빠져 있다는 점이다. 이는 짧은 신문 기사에 실릴 만큼 전에 없던 일이었다. 어느 기자의 말에 따르면, 이 단어가 빠져 있다는 점이 "특히 놀라운 이유는 남부에서 처음 있는 일"이었기 때문이다.[20]

블레잇 부부는 뉴욕에 자리 잡았고, 이곳에서 블레잇은 변호사로 승승장구했다. 개업 초기에 코카콜라에 투자할 기회를 놓쳤을지는 몰라도, 그는 오빌과 윌버 라이트 형제가 도입한 새로운 비행 기술이 전에는 생각한 적도 없는 법적 함의를 띠고 있다는 사실을 처음으로 알아챈 변호사 중 한 명이었다. 블레잇은 해사법의 선례를 참조해 항공법 분야를 개척했다.

이혼 이후 프랜시스는 블레잇과 함께 찍은 사진을 모두 없애버렸다. 프랜시스와 블레잇이 함께 있는 사진은 한 장도 남아 있지 않다.

미국이 1917년 제1차 세계대전에 참전하면서, 프랜시스는 노스 시카고 근처에 있는 미국 해군 신병훈련소인 오대호 해군 기지에 관심을 가졌다. 전쟁 기간에 12만 5000명의 선원이 이 기지에서 훈련받았다. 프랜시스는 오대호 기지의 선원들을 프레리가의 저택으로 초대했다. 특히 프랜시스는 장병이든 장교든 음악가들을 초대하고 싶어했다. 일요일 저녁이면 프랜시스는 저녁 식사와 오락거리, 사교 활동을 즐길 수 있도록 선원들을 초대했다. 시카고 교향악단 단원들이 그들의 말벗이 되어주고 연주도 해주었다.

프랜시스는 모든 손님에 관해 방문한 날짜, 생김새, 고향, 가족 관계, 좋아하는 음료, 선물이나 편지를 주고받았는지 여부 등 자세한 기록을 남겼다. 그녀는 품행이 방정하고 품위 있는 선원들을 가장 좋아했는데, 이들의 이름 옆에는 금색 별을 그려놓았다.[21]

프랜시스가 가장 좋아하던 선원인 찰스 영과 탤머지 윌슨은 존 필립 수사의 악단에 속한 음악가였다. 미국이 참전했을 때, 수사는 군악대장이자 주요 작곡가로 잘 알려져 있었으며, 62세로 해군에서 퇴역할 나이였다. 그런데도 수사는 미 해군 예비역 중위 역할을 맡아 오대호 해군 악단을 이끌었다. 이 시기에 상당한 자산을 마련한 수사는 매달 월급을 1달러만 남기고 선원 및 해병 구제 기금에 기부했다.

프랜시스는 군인들이 다른 곳으로 가더라도 계속 연락할 수 있도록 그들에게 우체국 소인이 찍혀 있고 주소가 적힌 봉투를 나눠주었다. 많은 사람이 프랜시스에게 편지를 쓰고 사진을 부쳤다. 프랜시스는 배려심을 발휘해 편지를 보낸 사람들에게 답례로 쿠키를 한 상자씩 보냈다.

이렇게 편지를 주고받은 사람 중에는 캔자스주의 작은 마을 출신으로 전함을 타던 해군 음악가 조지 와이즈가 있었다. 그의 편지는 "사랑하는 어머니, 프랜시스에게"라고 시작됐다. 편지의 마지막에서 그는 이런 식의 애정 어린 단어를 쓴 이유를 설명했다. "제 인사로 불쾌해하지는 않으셨으면 좋겠네요. 당신은 제게 무척 상냥하게 대해주셨고, 저는 당신을 어머니처럼 생각하니까요."[22]

1918년 3월, 시카고 신문의 사회면에는 시카고 미술연구소에서 손가락 극장이라는 이름의 평범하지 않은 공연이 열린다는 기사가 실렸다. 기사에 따르면, 전 세계의 창작 무용과 서커스 공연, 곡예, 훈련받은 동물의 묘기를 선보일 터였다.[23] "공연은 19인치 높이의 무대 앞 아치가 갖추어진 2×3피트의 무대에서 벌어집니다. 인형을 쓰지 않고, 실제 공연만 합니다." 손가락 극장은 2주에 걸쳐 매일 오후 3시에 10번의 공연을 할 예정이었다. 공연 수익금은 전쟁으로 사망한 군인의 아이들을 돕기 위해 '아버지 없는 프랑스 아이들' 재단에 기부된다고 했다.

어떻게 실제 공연자들이 그토록 작은 무대에 오를 수 있느냐는 호기심이 일었다. 《시카고 데일리 트리뷴》의 사회면 칼럼니스트는 "강당은 50명이 앉을 수 있는 규모이고, 무대는 너무 작으므로 다들 광고된 실제 공연자가 누구인지 궁금해하고 있다. 난쟁이인지, 훈련시

킨 벼룩인지, 흰 쥐인지 알 수가 없다"고 썼다.[24]

손가락 극장은 3월 19일 오후에 초연했다. 표를 매진시킨 관객 중에는 철도업계의 거물 조지 풀먼의 아내 해티 풀먼과 아머 육가공회사 사장의 아내인 그레이스 머리 미커, 제이컵과 프랜시스 맥베스 글레스너 부부 등 시카고의 수많은 엘리트도 포함돼 있었다.

무대는 미술연구소의 두 회랑 사이 문틀에 설치되었다. 검은 모슬린 천이 무대 앞 아치에 걸려 있어 관객은 장막 뒤에 무엇이 있는지 전혀 짐작할 수 없었다. 무대 양옆에 자리 잡은 엄지기둥 위에는 청동으로 만든 사냥꾼 여신과 사냥감 모형이 있었다. 《시카고 헤럴드》의 평론가에 따르면, 공연이 시작되자 관객들은 공연자가 "다름 아닌 프랜시스 글레스너 리 부인의 교묘한 검지와 중지"라는 사실을 알고 즐거워했다. "프랜시스는 새로운 예술을 창안했다."[25]

리는 손가락에 입힐 의상과 무도복을 만들었다. 손가락 끝에 신길 작은 토슈즈와 손마디에 두를 주름 깃도 달려 있는 옷이었다. 모든 막에는 정교하고 상세한 무대와 장식이 포함되어 있었다. "모두가 계속 줄어들고 또 줄어든다고 상상해보면(다들 틀림없이 이런 상상을 한 번쯤 해보았을 것이다), 이 미니어처 무대에서 꿈꿀 수 있는 가장 완전한 파노라마와 짜릿한 춤을 보게 된다."

공연은 다음과 같았다. 마담 카르사노마라는 인물이 '스크루지 드 디아길레프 발레 뤼스'를 시적으로 표현하며 시작했다. 독보적인 아이스 스케이팅 세계 챔피언 샬럿 루스는 고인이 된 스칸디나비아 왕의 수석 스케이트 선수 악셀 에릭슨으로부터 도움을 받았다. 공연

프로그램에는 현란한 댄서 루시올라, 마드무아젤 솔포프스카와 그녀의 아라비아 말인 퍼페툼 모바일이 등장했고, 세계에서 가장 작은 공연인 칼라마주와 오시코시의 융합 서커스도 나왔다. 이 서커스에는 훈련된 동물 중 가장 작은 동물인 엘머와 가운뎃손가락이라는 놀라운 줄 곡예사도 있었다.

"프랜시스의 독창성과 다재다능함과 작디작은 장면들에는 한계가 없는 것 같았다. 장면들은 아주 작은 세부 사항 하나까지도 완벽했다."《시카고 트리뷴》의 사회 및 연예면 기자는 이렇게 썼다.[26]

손가락 극장에서는 아버지 없는 프랑스 아이들 재단에 기부할 1000달러가 모금되었다. 현재 가치로는 1만 6000달러가 넘는 돈이다. 3월 30일《시카고 트리뷴》은 공간을 내주고 조명을 비롯한 손가락 극장의 비용을 대줌으로써 모든 수익을 재단에 기부할 수 있게 해준 시카고 미술연구소의 너그러움에 감사하는 프랜시스의 편지를 실었다. "내 작은 노력을 좋은 일에 쓸 수 있어서 다행입니다. 친절한 관심에 감사합니다."[27]

프랜시스는 선원들에게 저녁과 오락거리를 제공해주거나 후원회를 열어 가치 있는 일을 하는 것으로 만족하지 않았다. 그녀는 손가락 극장 작업을 하며 더 높은 소명이 자신을 이끈다고 느꼈다. 살면서 더욱 의미 있고 영원한 일, 다른 사람들을 돕는 일, 삶을 더 나아지게 할 수 있는 일을 하고 싶었다.

프랜시스는 기자에게 이렇게 말한 적이 있다. "저는 지금 가진 것을 누릴 만한 일을 하나도 하지 않았습니다. 그러므로 모든 사람에게 도움이 될 만한 무언가를 해야 한다고 느낍니다. 제가 여기에 존재하는 이유를 정당화해야 할 것만 같아요."[28]

여러 해가 흘렀지만, 오빠가 보스턴에 자주 방문했기 때문에 프랜시스는 옛 친구 매그래스의 소식을 계속 들을 수 있었다. 프랜시스는 미출간 회고록에 이렇게 적었다. "그 어떤 시기에도 의학에 대한 관심은 줄어들지 않았다. 조지 글레스너는 조지 매그래스가 맡은 사건 현장에 따라다니며, 살아 있는 탐정 이야기를 가지고 집에 돌아왔다. 실제 사건이기 때문에 더욱 매력적인 이야기였다."[29]

1918년 11월, 전쟁이 끝나면서 군인들이 떼지어 귀향했다. 수천명의 젊은이가 해외에서 돌아왔는데, 그중 다수는 여전히 전쟁 신경증을 앓고 있었다. 그들은 고향을 멀게만 느꼈다. 나이도 어리고 경험도 일천했던 시절에 떠나온 시골 지방의 농장과 마을로 돌아가야할지, 아니면 앞으로 다른 일을 해야 할지 확신하지 못했다. 병사들의 고향은 별안간 대도시가 되었다. 대도시는 귀환병들에게 흩어졌다가 사회로 재통합될 공간을 제공했다. 보스턴에서는 미국 전비를위한 여성 특수 원조회 매사추세츠 지부가 웬들 하우스라는 이름으로 비컨힐에 병사들을 위한 쉼터를 열었다.

웬들 하우스는 매사추세츠 지부의 지부장이었던 배럿 웬들 여사의 이름을 딴 건물로, 웬들 여사의 남편은 하버드대 영문학부 교수회 회장이었다. 웬들 하우스는 마운트버넌가에 서로 붙어 있는 건물두 채를 차지하고 있었다. 보스턴 코먼(보스턴에 있는 공원으로 미국에서 가장 오래된 공원―옮긴이)과 몇 블록 떨어지지 않은 장소였다.

40세 나이에 프랜시스는 처음으로 취직을 했다. 그녀는 웬들 하우스의 상주 지배인으로 고용되었다. 프랜시스는 당시 열다섯 살과 열두 살이던 두 딸을 시카고에 있는 가정교사의 손에 맡기고 스무 살이던 존이 MIT를 다니던 보스턴으로 이사했다. 시카고 지역 신문 사회면에 프랜시스가 전후 봉사를 위해 보스턴으로 떠난다는 소식이 실렸다. 프랜시스는 시카고 교향악단 콘서트에 참석해 "그곳에 온 모든 친구에게 '마지막 한 명이 군복을 벗을 때까지' 작별 인사를 고했다."[30]

프랜시스는 관리인으로서 웬들 하우스에 상주하면서 접대원을 비롯한 직원들을 감독했다. 다른 군인 쉼터와는 달리, 웬들 하우스는 기숙사나 동호회보다는 가정집의 느낌을 줄 목적으로 만들어졌다. 프랜시스는 신중하게 고른 중고 가구로 공간을 채워 사람이 사는 집 같은 느낌을 주었다. 이로써 군인들은 편안하고 익숙한 가정집 같은 환경에 발을 들일 수 있었다.

웬들 하우스에는 100명 정도가 거주할 수 있었다. 다만 필요할 때면 사람들은 간이침대나 소파에서 자기도 했다. 개인실은 하루에 50센트였고, 35센트에 기숙사식 방을 함께 쓸 수도 있었다. 샤워 시설, 세탁 서비스, 서재, 독서실, 체육실을 이용할 수 있었고 아침 식사도 저렴한 가격에 제공됐다. 프랜시스는 시카고의 월요 아침 독서회에 보낸 편지에서 군인들이 자신의 노력에 고마워한다고 말했다. "녀석들은 늘 '정말이지, 부인. 여기만큼 집처럼 느껴지는 곳은 없었어요'라고 말한답니다. 꼭 고양이처럼 여기에 정착하죠."[31] 5개월 동안 웬들 하우스에는 1212명의 군인이 묵고 갔다. 웬들 하우스는 이들이 집으로 돌아가 일자리를 찾거나 삶의 다음 단계를 고민할 수 있도록 도와주었다.

전쟁이 끝나고 군대가 민간 사회로 돌아오던 그 시절, 프랜시스도 삶의 다음 단계를 고민해야 했다.

4장

—

범죄를 해결하는 의사

1922년 2월 1일

조지 매그래스는 몹시 화가 났다. 영연방 시절에 제정된 법에 따라 매사추세츠의 검시관에게는 사망 사건을 독자적으로 조사할 권한이 없었다. 검시관은 지방 검사의 처분이나 시장 혹은 선출직 관료인 지방 행정 위원의 명령에 따라 부검을 수행했다.

검시관은 "폭력으로 인해 죽음을 맞이한 것으로 보이는 사람들의 시신"만을 조사할 수 있었다.[1] 달리 말해, 검시관은 경찰이나 지방 검사가 사망 사건에 폭력이 개입돼 있으리라고 생각할 때만 자문했다. 법에서도, 법원에서도 "폭력"이나 폭력으로 "보인다"라는 말이 무슨 뜻인지 정의하지 않았다.

문제는, 피해자가 폭력으로 사망한 것처럼 보이는지 알아보는 경찰과 검찰의 능력에 검시관들이 의존했다는 점이다. 폭력이라는 게 무슨 뜻일까? 독극물 사용도 폭력의 일종인가? 익사는 폭력인가? 요람에 있다가 질식한 신생아도 폭력으로 사망한 것인가?

폭력의 흔적이 인정될 즈음에는 사망자가 이미 장례식장에 있는 경우가 많았다. 폭력의 흔적은 피하 주사기의 바늘구멍이나 눈꺼풀 안쪽의 붉은 일혈점처럼 미세한 것이어서 육안으로는 보이지 않을 때도 있었다.

범인들이 자기가 저지른 짓을 은폐하고, 자신에게 의심이 향하지 않도록 사실관계를 바꿔놓으려 드는 것은 살인이라는 범죄에서 당연한 일이다. 살인사건 현장은 사고사나 자살 현장처럼 보이도록 꾸며질 수 있다. 폭력의 흔적은 시신을 철길에 놓아 기차에 손상되도록 하거나 시신이 있는 건물에 불을 지르거나 시신을 숲속에 묻어두어 백골화되도록 하는 방법 등으로 숨길 수 있다.

경찰과 코로너는 물론 상당수의 검시관들도 부패가 상당히 진행된 시신이나 알아볼 수 없을 정도로 타버린 시신은 살펴보지 않으려 했다. 의미 있는 증거는 전부 사라졌으리라는 잘못된 생각 때문이었다. 이런 사건들이야말로 가장 불쾌한 사건이라는 점 또한 사건과 거리를 두고 일을 빨리 해치워버리려는 동기가 되었다. 경찰과 지방 검찰은 잘못된 추론을 하는 경우가 많았다. 그 바람에 수를 알 수 없는 수상한 사건들이 수사망에 걸리지 않고 검시관도 호출되지 않은 채, 대부분의 중요한 증거가 이미 조작되거나 파괴된 상태로 종결되었다.

아주 작은 죽음들

매그래스는 매사추세츠 법의학회 회원들에게 이렇게 말했다. "우리가 직접 추론을 해야 합니다. 자연사가 아닌 사망 사건이 발생했을 때, 추정되는 사망의 방식과 무관한 부상의 외적 증거가 나타나기만을 기다리거나 시신에서 총을 맞았거나 칼에 찔렸거나 차에 치였다는 증거가 나타나기만을 기다린다면 해야만 하는 수많은 수사를 놓칠 것이 틀림없습니다."[2]

매그래스는 일상적인 임상 의학에 전혀 관심이 없었다. 그는 공중 보건이라는 더 넓은 분야에 관심을 갖고, 보건부 장관의 보좌관으로서 영연방 매사추세츠에서 전염병학과 인구 통계 작성을 담당했다. 1907년에는 주지사 커티스 길드 주니어가 매그래스를 2년 임기의 서퍽 카운티 검시관으로 임명했는데, 서퍽 카운티의 관할 지역에는 보스턴도 포함됐다.

미국 최초의 검시관실인 보스턴 검시관실은 1877년에 설립되었다. 매그래스는 프랜시스 A. 해리스의 뒤를 이어 두 번째로 검시관 자리를 맡았다. 매그래스는 병리학 수련을 받은 미국 최초의 검시관으로서, 질병의 원인과 결과에 관한 전문가였다. 대단히 현실적인 의미에서, 그는 미국 최초의 법의병리학자였다. 매그래스는 하버드 의대의 강사로도 임용되어 3학년 학생들에게 선택 과정으로서 법의학에 관한 강의를 매주 한 시간씩 하기도 했다.

검시관이라는 일자리를 수락했을 때, 매그래스는 아수라장이 된 사무실을 물려받았다. 오래된 사건 파일이 보관되어 있지도 않았고, 기록이 체계적으로 정리되어 있지도 않았으며, 관례나 절차에 관한 문서도 없었다. 매그래스에게 제공된 공식 차량은 전임자가 타고 다니던 마차였다. 매그래스는 시신을 운반할 수 있도록 모터가 달린 구급차를 달라고 요구해 결국 받아냈다. 찰스가 교도소 뒤쪽, 노스 그로브가에 있는 서퍽 카운티의 시체 안치소는 환경이 열악했다. 매그래스의 건의로 개선이 이루어졌는데도 시설은 매우 낙후되어 있었다.

가장 심각한 건, 매그래스의 검시관실에 기초적인 비품을 구매하기 위한 자금조차 부족했다는 점이다. 매그래스가 임명되고 첫 15개월 동안은 주의 법령에 검시관실 예산이 책정되지 못했다. 주의회 의원들은 1908년이 되어서야 전화기, 검시관실 로고가 인쇄된 문구류, 사무보조원의 월급을 위한 예산을 제공했다. 매그래스의 연봉은 3000달러였다.

서퍽 카운티에는 총 네 명의 검시관이 있었다. 티머시 리리 박사는 터프츠 의대의 병리학자로, 1908년에 검시관으로 임명됐다. 합의하에 매그래스와 리리는 관할 구역을 반으로 나누고 매그래스가 북부를, 리리가 남부를 맡았다. 두 검시관은 사건에 따라 협력하는 경우가 많았다. 보조 검시관 두 명이 매그래스와 리리를 도왔다. 매그래스는 검시관으로 임명됐을 때 법의학에 관한 자료가 거의 없다는 걸 알게 되었다. 교과서와 논문은 조금 있었지만, 법의학이라는 분야가 훨씬 더 발달한 유럽의 학문 같은 것은 없었다.

미국에서는 어떤 의대에서도 매그래스가 검시관의 임무를 대비하는 데 꼭 필요하다고 생각하는 수련 과정을 가르치지 않았다. 매그래스는 의대에서 질병과 비정상 상태에 관한 연구인 병리학 수련을 받았다. 나중에 법의학이라고 불리게 된 법과학은 치명상의 패턴, 중독사, 사망 이후의 변화 등 의학에서 일반적으로 가르치는 문제 이외의 분야에 초점을 맞출 뿐이었다.

매그래스는 검시관 자리를 맡기 전에 유럽에서 1년 이상을 보내며 법과학에 몰두했다. 그는 런던과 파리에 체류하며 세계에서 가장 선진적이라는 그들의 사망 사건 조사 체계를 관찰했다. 그는 귀국하자마자 유럽 최고의 법과학자들에게서 배운 원칙과 관례를 검시관으로서의 작업에 도입했고, 하버드 의대 교육과정에도 통합시켰다. 그는 앞으로의 책임에 관한 의견을 다음과 같이 표현했다.

이 공직의 주된 임무는 갑작스럽거나 불명확한 부상으로 인한 모든 사망 사건을 조사하는 것이다. 여기에는 종종 법원에 출석할 의무가 포함된다. (…) 이러한 작업을 할 때, 나는 그동안 운 좋게 받은 의과학 교육이라는 너그러운 혜택을 이 공직이 대표하는 국가적 의학의 한 분야에 적용하고자 했다. (…) 미국에서 의학 사법의 일반적 기준은 그리 높지 않으며, 내 목표는 현대 의과학의 원칙과 기법을 내 작업에 적용하고 학생들에게 의학이 법을 위해 쓰일 때 발생하는 모든 문제에서 의사가 지는 책임의 중요성을 전달하여 그 수준을 높이는 데 기여하는 것이다.[3]

매그래스는 서퍽 카운티 검시관으로서 조사한 사건들을 기록하고자 가죽으로 장정된, 한 장씩 떼어낼 수 있는 현장용 수첩을 들고 다녔다. 그는 자신과 비서만이 이해할 수 있는 암호로 모든 사건에 관한 기록을 남겼다. 행여 현장 수첩이 엉뚱한 사람의 손에 들어가더라도 사망자에 관한 모멸적인 정보가 공개되지 않게 하려는 의도였다.

매그래스는 현장 수첩 표지 안쪽에 프랑스 법의학에서 선구적인 위치를 차지하고 있는 프랑스 국립의학아카데미 회원이자 병리학자인 폴 브루아르델의 인용문을 적어두었다. 브루아르델의 말은 매그래스의 핵심 좌우명이 되었다.

법에 따라 증인이 되었다면, 과학자로서의 입장을 고수하라. 원수를 갚아줘야 할 피해자도, 유죄를 선고해야 할 죄인도, 구해야 할 결백한 사람도 없다. 과학이라는 한계 내에서 증언해야 한다.[4]

24시간 근무했던 매그래스는 임기 내내 운송 수단으로 썼던, 덜그럭거리는 1907년 모델 T를 타고 돌아다니며 보스턴 시내에서 유명해졌다. 매그래스가 '서퍽 수'라는 이름을 붙여준 모델 T에는 길을 틔우기 위한 소방차용 종이 달려 있었고, 그릴에는 작고 둥근 **검시관** 메달이 붙어 있었다.

매그래스는 태도가 온순하고 침착한 사람으로서, 한 번도 인내심을 잃은 모습을 보이지 않았다. 프랜시스는 이렇게 말했다. "매그래스는 늘 쾌활하고 상냥했으며 다정하고 인내심이 깊었다. 그는 누구도 함부로 평가하지 않았다. 나는 한 번도 그가 화를 내거나 조바심 내는 모습을 보지 못했다." 매그래스는 서퍽 수의 차량 번호인 181처럼, 앞으로 읽으나 뒤로 읽으나 뒤집어 보나 똑같은 사람이었다. 프랜시스는 그가 "차량 번호처럼 '늘 한결같은' 사람"이었다고 말했다.[5]

신체적으로 매그래스는 위압적인 인물이었다. 키가 크고, 찰스강에서 몇 년씩 노 젓기를 했기 때문에 어깨가 넓고 근육질이었다. 또 불꽃처럼 제멋대로 뻗친 붉은 머리카락을 갖고 있었다. 그는 진녹색 조끼와 챙 넓은 모자를 좋아했고 매듭을 목에 한 번만 묶어 넥타이의 양 갈래가 다 드러나도록 스카프처럼 매는 것을 즐겼으며 늘 둥그스름한 담배 파이프를 물고 다녔다. 매그래스는 일부러 특이한 분위기를 냈다. 예를 들면, 밥을 충분히 먹는 건 자정에 딱 한 번뿐이라고 주변에 알리는 식이었다.

매그래스는 하버드대 동창인 독성학자 윌리엄 F. 부스에게 자신이 튀는 사람이 된 건 대체로 직업적인 성공을 거두기 위해서라고 말했다. "사람들한테 더 깊은 인상을 남겨야 해. 분명 도움이 되거든."[6]

사망 현장에서는 쇼맨십이 완전히 사라졌다. 매그래스의 조사는 꼼꼼하고 철저했다. 그는 날카로운 과학적 판단을 눈앞의 과제에 적용했다. 그는 경찰이 간과한 단서를 짚어내고 생산적인 수사 노선을 제안했다.

부검실에서 매그래스는 사망자가 바퀴 달린 들것에 실려 들어오는 순간부터 정신을 집중했다. 젊은 기자 프랭크 리언 스미스는 멜로스로 가는 막차를 놓치면 가끔 시체 안치소의 조수였던 친구와 함께 밤을 보내곤 했는데, 이때 매그래스가 일하는 모습을 종종 지켜보았다. 그의 말에 따르면, 매그래스에게는 "탐험가 특유의 절제된 광기"가 있었다. "우리 모두 겉모습 속에 수수께끼를 탐험할 기회와 천재성을 갖추고 있지만, 매그래스에게는 그런 특징이 다른 사람보다 두드러졌다. 그는 트레몬트가에서 쓰러져 죽은 지위가 높은 사람의 잘 보존된 시신만큼이나 항구에서 가져온 역겨운 '뜬 시체'에도 주의 깊게 관심을 기울였다."[7]

증언대에서 매그래스는 늘 자신감 있고 흔들리지 않았다. 그는 합창단으로 갈고닦은 바리톤의 목소리로, 간결하고 직설적으로 대답했다. 과학적 증거에 기반해 의학적으로 확실히 밝혀진 사실만을 추구했고, 추정이나 추측의 영역으로 흘러 들어가지 않았다. 부스는 "매그래스의 진술은 정확성의 모범이었다"라고 말했다.[8] 증언대에서의 매그래스는 고개를 숙인 채 눈을 감거나 안경으로 눈이 가려진 모습으로 스케치되어 있다. 언뜻 자는 것처럼 보였지만, 실제로는 질문을 경청하거나 답변을 구성하느라 깊이 생각에 빠져 있었다. 머리를 산발하고 증언석에 선 매그래스는 "쉬고 있는 사자" 같았다는 것이 어느 관찰자의 말이다.[9]

법원을 나서면, 매그래스는 미해결 사건이나 수사 중인 사건에 관해 기자들에게 절대 이야기하지 않았다. 그는 법과학적 문제에 적절한 장소는 법원이지 언론이 아니라고 생각했다. 매그래스는 사건이

해결되고 나서 몇 년이 지나서야 그 사건에 관해 이야기하며, 악명 높은 수사 이야기를 짜내 범죄 전문 기자들에게 들려주기도 했다. 그러나 유죄 혹은 무죄 판결로 사건이 종결되기 전에 그런 적은 단 한 번도 없었다.

매그래스에게 치명적인 단점이 있다면, 그건 알코올에 취약했다는 것이다. 매그래스는 증류주의 약물 효과에 의존했다. 만취해 폭력성을 보이는 수준까지 술을 마신 적은 없었으나 일정한 수준의 취기를 유지하려고 매일 술을 마셨다. 그는 하루가 끝날 때 긴장을 가라앉히느라고 술을 마셨고, 직업 때문에 어쩔 수 없이 목격해야만 하는 입에 담을 수도 없는 끔찍한 장면들을 지우기 위해 술을 마셨으며, 머릿속 한 귀퉁이에 도사린 악마들을 쫓기 위해 술을 마셨다.

매그래스는 시신을 해부하는 것을 업으로 삼았으면서도 그와 동시대를 살았던 한 사람의 말에 따르면 "가까운 사람들의 죽음을 겪을 때마다 모든 빛을 잃은 것과 비슷한 상태가 되었다."[10] 죽음은 완전히 익숙해질 수 없는 일이다. 사망자가 개인적으로 친분이 두터운 사람이거나 유명인사여서 잘 아는 사람일 때는 특히 그렇다.

매그래스가 맡은 몇 가지 임무는 대단히 불쾌한 것이었다. 예컨대, 그는 사형 판결을 받은 죄수의 처형을 지켜보고 그들의 사망을 선고해야 했다. 친구들은 처형이 이루어지고 나면 주립 교도소 앞에서 매그래스를 만나 "빠르게 술 석 잔을 먹였다."[11]

매그래스를 아는 사람들은 그가 법과학에 유독 잘 어울리는 이유에 대해 우월한 지성과 품위, 세부 사항에 대한 꼼꼼한 안목 때문이라고 했다. 그는 무엇을 측정하든 두 번씩 했다. 잘못된 직감으로 수사에 영향을 미치지 않기 위해 모든 사실을 파악하고 모든 상황을 고려하기 전까지 열린 마음을 유지했다. 그런 다음에야 판단력과 상식을 활용해 맹렬히 진실을 좇았다.

프랜시스는 친구에게 이렇게 말했다. "검시관으로서 매그래스는 탁월한 사람이었어요. 검시관이라는 직업의 틈새를 보고 자신이 그 자리에 꼭 들어맞으리라는 걸 알았죠. 꼼꼼하고 정확한 태도, 철저하게 진실만을 지키는 모습, 무엇이 진실인지 알아낼 때 발휘하는 끝 모를 인내심과 솜씨 덕분에 사람들이 매그래스의 조언과 판단을 많이 찾게 됐습니다."[12]

검시관으로 임명되었을 때쯤 매그래스는 보일스턴가 274번지의 개조된 주택에서 살았다. 이 집에서는 보스턴 공립 공원의 오리배들이 내려다보였다. 달리 적당한 사무실이 없었으므로, 매그래스는 검시관실을 보일스턴가에 두었다. 이곳이 향후 30년간 검시관실의 공식 주소가 되었다. 검시관실 뒤쪽은 매그래스의 생활 공간이었다. 책이 너무 많아서 삐걱거리는 책장들이 벽을 따라 죽 늘어서 있었다. 한쪽 끝에 독서등이 달린 21미터 길이의 선박용 이층 침대와 난롯가에 놓은 접이식 의자, 비상시에 빨리 응답할 수 있도록 침대 옆에는 전화기가 있었다. 이 방의 뒤쪽에는 욕실과 작은 주방이 합쳐진 공간이 있었으며, 그곳에는 찬장과 가스레인지가 갖춰져 있었다.

매그래스는 세인트 보톨프 클럽이라는 남성 전용 사교 클럽에서 주로 식사했다. 이 클럽은 공립 공원 서쪽 뉴베리가 7번지에 있는 대

저택 모퉁이에 자리 잡고 있었다. 세인트 보톨프 클럽은 미술, 과학, 인류학을 즐길 줄 아는 사람들이 모이는 공간이었다. 매그래스의 옛 학교 친구인 조지 글레스너도 세인트 보톨프의 회원이었고, H. H. 리처드슨 등 하버드대 출신의 수많은 재력가도 마찬가지였다. 매그래스는 세인트 보톨프에 너무 자주 들러서, 개인적인 편지를 클럽 주소로 받을 정도였다.

매그래스는 일주일에 7일, 하루 24시간씩 일했다. 휴일은 1년에 60일뿐이었다. 가끔이지만 휴가를 가고 싶으면, 매그래스가 직접 돈을 주고 자기 대신 일할 검시관을 고용해야 했다. 그는 전화기와 멀리 떨어져 있는 적이 없었으며, 비서와 연락이 닿지 않는 일도 없었다. 그는 언제나 사망 현장에 즉시 출동했다. 그의 생활은 어쩔 수 없이 불규칙해졌다. 한번은 48시간 동안 잠을 자지 않은 상태에서 8인조 조정 경기에 참여해 승리를 거둔 적도 있었다.

평범한 날이면, 매그래스는 시체 안치소나 사망 현장에서의 작업을 마친 늦은 저녁에 막 문을 닫으려던 세인트 보톨프의 요리사에게 전화를 걸어 조개 스파게티나 피가 뚝뚝 떨어질 정도로 살짝만 그을려 나오는 소고기 스테이크를 저녁으로 주문했다. 매그래스는 한밤중에 나타나 식사하고 사람을 사귀고 잠시 이야기를 나눈 뒤, 집으로 돌아와 꼭두새벽까지 책을 읽었다.

매그래스는 사망 사건 조사에 엄격한 의과학적 방법을 적용함으로써 명성을 쌓았다. 매그래스가 맡은 유명한 사건에 대해 기사가 나면서, 그는 셜록 홈스처럼 "범죄를 해결하는 의사"로 더욱 유명해졌다. 얼마 뒤 그는 매사추세츠 전역과 근처의 뉴잉글랜드 여러 주에서 사건에 관한 자문을 부탁받았다.

낮이고 밤이고 맡은 일을 할 때면 늘 그랬듯, 매그래스는 사망 사건에 관해 알아낼 수 있는 가능한 많은 사실을 밝혀내는 데 과학을 활용했다. 그는 사망 사건이란 가장 엄격하고 비판적으로 분석해야 하는 대상이며, 낡아빠진 코로너 제도를 폐지하고 사인을 판명하는 합리적 기준을 적용할 수 있는 다른 제도를 만들어야 한다고 생각했다.

검시관 제도의 가치가 굳건히 드러난 유명한 사건 중 하나는 에이비스 린넬 사망 사건이었다. 린넬은 19세의 하이애니스 출신 성가대 가수로 보스턴 YWCA에 살았다. 1911년 10월 14일 저녁 7시가 조금 지난 시각, YWCA 거주자들은 공용 욕실에서 괴로워하는 소리를 들었다. 욕실은 안에서 잠겨 있었다. 욕실 문을 억지로 열자 린넬이 따뜻한 물로 반쯤 차 있는 욕조에 발을 담근 채 의자에 앉아 숨을 헐떡이며 괴로운 듯 신음하고 있었다. YWCA 사감은 즉시 여성 의사를 불러오라고 사람을 보냈다. 린넬은 침대로 옮겨졌지만, 의사가 도착했을 때쯤에는 이미 사망했다.

YWCA 사감은 경찰과 검시관인 리리가 현장에 도착할 때까지 욕실 문을 닫고 상태를 그대로 유지해야 한다는 생각을 했을 정도로 지각이 있는 사람이었다. 매그래스가 드물게 휴가를 떠나 있었으므로, 리리가 호출에 응해 현장으로 와서 욕실과 린넬의 시신을 살펴보았다. 린넬은 부검을 위해 시체 안치소로 운반되었다.

죽기 몇 분 전, 린넬은 YWCA의 목격자들에게 그날 약혼자인 클래런스 리치슨과 점심을 먹었다고 말했다. 리치슨은 케임브리지의 목사였다. 사감은 YWCA의 소녀 중 한 명에게 리치슨에게 전화를 걸어 린넬이 죽었다고 알리도록 했다. 처음에 그는 린넬을 모른다고 하더니, "왜 나한테 이런 말을 하는 겁니까?"라고 했다.

리리가 부검을 해보니 린넬은 임신한 상태였으며, 3개월 정도 돼 보였다. 린넬의 위 안쪽이 짙은 붉은색을 띠었고, 위점막에 붉은 선이 나타나 있었다. 청산가리 중독을 나타내는 흔적이었다. 리리는 매그래스가 돌아와서 살펴볼 수 있도록 린넬의 장기를 보존했다. 매그래스는 리리의 진단에 동의했다. 그는 현미경 관찰과 청산가리 검출 실험을 해볼 수 있도록 린넬의 위점막 표본을 준비했다. 검사 결과, 둘의 생각이 맞았다.

경찰은 사건을 자살로 성급히 마무리하려 했다. 린넬이 직접 청산가리를 먹은 것이 틀림없다는 것이었다. 린넬과 함께 욕실에 있었던 사람은 없었고, 문은 안쪽에서 잠겨 있었다. 린넬은 미묘한 상황에서 느낀 수치심 때문에 목숨을 끊은 것으로 보였다.

리리의 의견은 달랐다. 일단, 린넬은 목욕을 마치고 갈아입을 옷을 욕실에 준비해두었다. 또 임신해서 몇 달째 월경을 하지 않았는데도 생리대와 휴지를 갖고 있었다. 꼭 월경을 시작할 거라고 생각한 것 같았다. 어쩌면 낙태를 시도한 것일지도 몰랐다. 리리는 린넬이 살아서 그 욕실을 나갈 생각이었다고 확신했고, 계속 사건을 파헤쳐야 한다고 주장했다.

경찰은 리치슨을 면담했으나 린넬을 죽인 청산가리와 그를 연결 지을 수 없었다. 35세의 리치슨은 보스턴에서 캔자스시까지 멀고도 먼 길을 가로지르며 수많은 사람에게 사기를 치고 연인들에게 실연의 상처를 남긴 바람둥이였다. 비열한 인간일지는 모르지만, 살인자라고 단정 지을 수는 없었다.

언론은 젊은 합창단원의 비극적 죽음에 들러붙었다. 이 사건에 관한 기사를 읽은 뉴턴 센터의 약국 주인 윌리엄 한은 경찰에게 연락해 린넬이 죽기 나흘 전에 리치슨이 자기 가게에 왔다고 알렸다. 한은 단골인 리치슨을 잘 알고 있었다. 한에 따르면, 리치슨은 10월 10일에 한에게 집에 새끼를 낳으려는 개가 있다고 말했다. "집 안을 낑낑대며 돌아다녀서 짜증이 나요. 치워버리고 싶어요"라고 했다는 것이다.[13]

한은 리치슨에게 청산가리를 팔았다. 사람 열 명을 죽일 수 있는 양이었다. 한은 리치슨에게 그 약이 "번개처럼 빠르지만 매우 위험하다"고 경고했다.[14]

리치슨에게는 개가 없었다.

한의 진술을 들려주자, 리치슨은 린넬을 독살했다고 자백했다. 그는 린넬을 떠나 부유한 사교계 명사와 결혼하고 싶었지만, 린넬이 임신하는 바람에 계획이 망가졌다고 했다. 리치슨은 린넬에게 청산가리를 주며 낙태할 수 있는 약이라고 말했다.

린넬 살인 혐의로 재판정에 서기 2주 전, 리치슨은 판사 앞에서 자신이 고의로 린넬을 살해했다고 시인했다. 그는 사형 판결을 받았다. 1912년 5월 21일 리치슨이 처형되었을 때 증인은 매그래스였다. 리리의 고집이 아니었다면 리치슨은 살인을 저지르고도 유유히 빠져나갔을지 모른다.

매그래스는 이렇게 지적했다. "위법행위가 있었다는 의혹이 두드러진 건 아니었다. 자연사가 아닌 가능성이 제시된 것은 부검을 통해 위에서 청산가리 중독을 나타내는 증상이 발견된 뒤의 일이었다."[15] 그는 이렇게 말했다. "이후에 밝혀진 신체적 상태는 자살이라는 동기를 강하게 시사했다. 이 사건을 맡은 검시관 리리의 주의력과 성실함이 경찰의 추가 수사로 이어져 리치슨의 유죄 판결을 이끌어낼 수 있었다." 매그래스가 잘 알았듯, 보스턴이 부검과 같은 표준화된 절차를 활용하지 않고 코로너 제도를 운영했다면 리치슨은 살인을 저지르고도 빠져나갔을 가능성이 매우 높다.

언론사 기자들은 한 해 뒤, 또 다른 젊은 여성이 수상한 상황에서 사망한 채로 발견되자 역사가 반복된 것일지도 모른다고 생각했다. 28세의 속기사 마저리 파워스는 1912년 11월 15일, 웨스트엔드 호텔의 반쯤 채워진 욕조에 얼굴이 아래로 처박힌 채 발견되었다. 경찰은 욕실에서 진이 담긴 텀블러와 욕조 물에 뿌려진 겨잣가루처럼 보이는 뭔가를 발견했다.[16]

24시간 전, 파워스는 고용주인 앨버트 커밍스와 함께 호텔에 체크인했다. 앨버트 커밍스는 패늘 회관(보스턴의 공회당. 독립 전쟁 직전에 유지들이 이곳에 모였기에 '자유의 요람'이라고도 불린다―옮긴이)의 유명한 곡물상이었다. 두 사람은 숙박부에 "O. P. 데이비스와 그의 아내 린"이라고 적었다. 커밍스는 파워스의 시신이 발견된 직후 호텔을 나서다가 목격되었다. 경찰은 패늘 회관으로 가서 커밍스를 체포해 매그래스의 부검이 끝날 때까지 구류했다.

기자들은 여유를 두지 않고 이 사건을 또 한 건의 살인으로 보았다. 어느 신문은 "보스턴 여성, 또다시 남성에게 살해당했나—에이비스 린넬과 비슷한 속기사 사망 사건으로 경찰 수사 중"이라고 헤드라인을 내보냈다. 미국 합동 통신사의 기사 부제목은 "경찰, 두 번째 에이비스 린넬 비극을 의심하다"였다.

커밍스는 경찰 심문에서 약 네 시간가량 파워스와 함께 있었다고 인정했다. 그런 다음, 그는 파워스를 두고 집으로 갔다. 이튿날 아침, 파워스가 출근하지 않자 커밍스는 호텔에 전화를 걸었고 투숙객이 일어나지 않는다는 얘기를 들었다. 그는 호텔로 가서 사망한 파워스를 발견했고, 당황해 현장에서 도망쳤다. 커밍스는 파워스의 죽음에 대한 모든 책임을 부정했다. 경찰은 커밍스가 심문 도중 실신 직전에 내몰렸다고 알렸다.

파워스의 가족과 이야기해본 매그래스는 그녀의 건강이 그리 좋지 않았다는 걸 알게 되었다. 그녀는 최근 잠깐씩 기절하곤 했지만, 다른 특별한 병력은 없었다. 부검에서 폭력의 흔적은 관찰되지 않았고, 질식이나 중독사를 나타낼 만한 것도 없었다. 부검 도중 매그래스는 파워스의 심장이 심각하게 팽창해 있다는 것을 알게 되었다. 파워스의 죽음은 전적으로 자연사였다.

커밍스는 파워스의 죽음에 아무 용의점이 없었으나, 우연히 당혹

아주 작은 죽음들

스러운 상황을 맞닥뜨린 것이었다. 경찰은 커밍스를 풀어주었고, 커밍스는 아내가 있는 집으로 돌아갔다. 커밍스 부부가 다시 만났을 때 어떤 일이 벌어졌는지에 관해서는 자세히 전해지지 않는다.

그로부터 얼마 지나지 않아 비슷한 사건이 두 건 더 일어났다. 하나는 거의 자살로 오인될 뻔하다가 한 남자를 전기의자로 보내는 결과로 이어졌다. 다른 사건은 대단히 수상해 보였지만, 매그래스의 수사 덕분에 잘못된 것이 없다는 사실이 드러났다. 두 사건 모두 아주 쉽게 매우 다른 결말을 맞을 수 있었다. 다른 시대, 다른 장소였다면, 한편으로는 저지르지도 않은 죄로 기소당하는 사람이 생기고 한편으로는 살인을 저지르고도 빠져나가는 사람이 생겼을 것이다. 모든 사례에서 과학수사는 결백한 자의 누명을 벗기고 죄인에게 유죄 판결을 내리는 데 도움이 되었다.

———

본성상 정치와는 관계가 멀었던 매그래스는 꾸벅꾸벅 일만 하며 입을 다물고 살았다. 타협을 싫어하고, 과학이라는 경계선 안에서 확립된 사실관계에만 외곬으로 매달리는 그의 성향은 때때로 사람들을 난처하게 했다. 이 과정에서 매그래스에게 적이 생긴 건 놀랍지 않다. 경찰은 매그래스가 자기들 의견에 동의해주리라고 마음 놓고 있을 수 없었다. 변호사들도 법원에서 매그래스에게 자신들이 원하는 말을 시킬 수 없었다. 매그래스는 어느 팀에도 속하지 않았다. 그는 자기 사무실을 거쳐가는 사망자들에게만 신의를 지켰다.

그런 매그래스에게도 핵심적인 동맹이 한 명은 있었다. 서퍽 카운티 지방 검사인 조지프 C. 펠티어였다. 그는 1906년에 선출되어 1922년까지 재직했다. 펠티어는 매그래스의 판단력을 신뢰했으며, 그가 배심원이 이해하기 쉬운 단순한 용어로 진실을 이야기하리라 믿었다.

보스턴 정계의 일부 당파는 매그래스를 자기들 이해관계에 고분고분하게 따를 만한 검시관으로 교체하고 싶어했다. 매그래스의 첫 임기 7년은 1914년 1월에 끝날 예정이었다. 임기가 끝날 때가 다가오자, 매그래스가 주지사에게 다시 임명되지 못하도록 하려던 자들이 합심해 그의 업적과 성격을 공격했다. 매그래스의 적들은 지역 정치인에게 기꺼이 협조할 만한 오래된 친구를 그 자리에 앉히고 싶어했다.

1913년 2월, 정치적 연줄이 있는 변호사가 한 여성을 대리해 소송을 제기했다. 그 여성은 검시관이 자기 허락도 받지 않고 남편을 부검해서 남편의 몸을 훼손했다고 주장했다. 존 A. 브림필드는 1월 7일 사망했을 당시 상세 불명의 뇌 질환으로 보스턴 주립 병원 정신과 병동에 입원해 있었다. 아내인 베러니스 브림필드가 피해 보상액으로 1만 달러를 요구한 소송에 따르면, 남편은 자연사한 것이었다. 브림필드 부인은 부검 요청을 받았을 때 동의하지 않았다.

브림필드 부인은 시신이 자기 동의도 없이 검시관에게 전달되었다고 주장했다. 매그래스가 브림필드 씨의 뇌를 꺼내 보관하고 죽은

아주 작은 죽음들

이의 혀를 배 속에 넣어두는 식으로 그의 "시신을 신성모독적으로 베고, 난도질하고, 자르고, 훼손했다"고 주장했다. 어느 신문 기사에 따르면, "브림필드 부인은 고통과 슬픔에 빠진 아내는 물론 낯모르는 사람에게도 시신의 상태가 불쾌하게 느껴질 것이라고 주장했다."

몇 달 뒤, 소송이 조금씩 진행되던 중 어리석게도 시체 안치소 직원들이 매그래스에게 절도죄를 적용할 음모를 꾸미면서 상황은 더욱 심각해졌다.[17] 1913년 7월 17일, 토머스 오브라이언이 베이스테이트 신탁회사 건물을 도색하던 중 떨어져 죽었다. 그의 시신은 노스그로브가의 시체 안치소로 운반되었는데, 그곳에서 부감독관 조지 밀러와 검시관 보조원 프레더릭 그린이 오브라이언의 조끼 주머니에서 350달러가 넘는 돈을 발견했다. 다른 직원인 토머스 킹스턴과 시신을 시체 안치소로 운반해 온 장의사의 조수도 그 돈을 보았다.[18]

당시에 350달러는 상당한 금액으로, 썩 괜찮은 수준의 한 달 월급이었다. 밀러와 그린은 230달러 정도를 갖고 나머지 돈을 비롯한 오브라이언의 소지품을 누런 공용 종이봉투에 넣었다. 그 봉투는 물건이 누구의 손을 거쳤는지 증명하는 영수증 역할도 했다. 그린과 밀러, 킹스턴은 매그래스에게 절도 혐의를 돌리기로 했다. 어쨌거나 한 사람 대 세 사람의 증언이 갈리는 상황이니, 어떻게 작전이 실패할 수 있겠는가?

이틀 뒤, 오브라이언의 조카인 경찰관은 시신의 신원을 확인하러 시체 안치소에 가서 삼촌의 개인 소지품을 수거했다. 그는 얼마 지나지 않아 봉투에 들어 있는 돈의 액수와 장의사의 조수가 시신에서 수거했다는 금액이 일치하지 않는다는 걸 알아차렸다. 돈이 빈다는 통지를 받자, 매그래스는 경찰에 전화를 걸어 이 문제를 지방 검사실로 돌리도록 했다.

이즈음 우연히 데이비드 I. 월시 주지사가 노스그로브가의 시체 안치소에서 벌어지는 충격적인 일들에 관한 민원 편지를 받기 시작했다. 여기에는 사망자의 물건 절도, 검시관의 시체 훼손 등 온갖 끔찍한 일이 포함되어 있었다. 월시는 이런 문제가 검시관실에 수상한 그림자를 드리우는 한 매그래스를 다시 임명하거나 그의 후임자를 지명하지 않겠다고 선언했다.[19]

보스턴의 모든 언론사 경찰 기자들은 월시에게 매그래스를 다시 임명하라고 촉구했다. 이들은 자발적으로 의견을 모았고, 매그래스를 다시 임명하지 않으면 매사추세츠 사람들의 이익을 해치는 것이라고 주지사에게 경고하는 것이 의무라고 생각하기에 이런 활동을 하는 거라고 말했다.

1914년 1월, 임기가 끝난 뒤 매그래스의 위치는 어중간해졌다. 공식적으로 검시관직을 맡고 있지는 않았으나, 그는 다시 임명되거나 다른 사람으로 교체되기 전까지 검시관으로 계속 일할 작정이었으며 평소처럼 업무를 해나갔다.

브림필드 소송에서 매그래스의 대리인은 지방 검사인 펠티어였다. 매그래스는 자신을 변호하며 브림필드에게 실시한 부검은 표준적인 절차에 따른 것이었다고 설명했다. 모든 부검에는 동일한 절차

아주 작은 죽음들

가 적용된다고 말이다. 매그래스는 브림필드 수사가 지방 검사의 서면 승인에 따라 법을 준수하며 이루어졌다고 주장했다.

매그래스는 브림필드가 죽거나 시설에 수용된 이유인 질환이 최근에 발생한 것이든 과거에 발생한 것이든 부상과 어떤 식으로 연관되어 있는지 판단하려면 뇌를 반드시 살펴봐야 했다고 설명했다. 시설의 환자들이 넘어지면서 머리에 손상을 입거나 다른 환자들에게 공격을 당하는 일은 그리 드물지 않았다. 뇌를 보관한 이유는 이런 사건에서 보통 그러듯 조직을 슬라이드에 고정해 현미경으로 관찰하기 위해서였다.

매그래스는 브림필드가 자연사한 것은 분명하다고 인정했다. 하지만 부검이 완료되기 전까지는 그 점을 확인할 수 없었다고 했다. 마무리 발언에서, 펠티어는 배심원단에게 매그래스가 유죄라면 자신도 유죄라고 말했다. 매그래스는 그의 지시에 따라 일한 것이니 말이다. 배심원은 매그래스의 손을 들어주었다.[20]

몇 주 뒤, 매그래스에게 절도죄를 뒤집어씌우려던 그린, 밀러, 킹스턴의 음모는 망가져 아주 멋지게 역효과를 일으켰다.[21]

알고 보니, 오브라이언이 사망한 날이자 매그래스가 오브라이언의 시신에서 돈을 훔쳤다던 7월 17일에 매그래스는 아주 바빴다. 그는 하버드 대 예일 야구 경기에 참석해 비상 상황이 발생할 경우 도움을 줄 수 있도록 앞자리에 앉아 있었다. 야구 경기가 끝나고 시체 안치소로 돌아오던 길에, 그는 이스트보스턴에서 발생한 대형 화재에 관심을 빼앗겼다. 그는 사상자가 발생해 도움을 주어야 할 경우에 대비해 화재 현장으로 차를 몰고 갔다. 이후, 그는 하버드대 동창생과의 만찬에 참석했다. 그가 노스그로브가의 시체 안치소에 도착한 시간은 새벽 3시였다.

오브라이언을 살펴보러 왔을 때, 매그래스는 누군가 이미 시신에 손을 댔으며 오브라이언의 소지품이 봉투 안에 봉인되어 있다는 걸 알았다. 이는 절차 위반이었고, 매그래스의 비서를 포함한 이들에게는 비정상적인 일로 보였다. 매그래스의 규칙은 자신이 명령을 내리기 전까지 시신을 살펴보지 말라는 것이었다. 귀중품이나 소지품을 뒤지기 전에 손대지 않은 시신을 가장 먼저 조사하는 사람은 늘 검시관이어야 했다. 그래야 어떤 식으로든 시신이 영향을 받지 않았으며, 개인 소지품 수거를 증명할 사람도 생겼다.

그린은 자신이 기록부를 작성하고 시신을 뒤졌으며 매그래스가 시체 안치소에 도착하기 전에 증거품 봉투를 봉인했다고 인정할 수밖에 없었다. 매그래스는 오브라이언의 시신에서 돈을 가져갈 수 없었다. 사실, 오브라이언의 돈에 마지막으로 손을 댄 사람은 그린 자신이었다. 그린의 손 글씨가 결정적인 증거였다. 그린, 밀러, 킹스턴은 체포되어 절도 및 무고로 기소당했다. 이들은 징역 15년형을 선고받았다.[22] 매그래스는 월시 주지사에 의해 서퍽 카운티에서 다시 7년간 복무할 검시관으로 임명되었다.

검시관으로 재임명되고 1년 후, 매그래스는 뉴욕의 악명 높은 코로
너 제도 개혁을 도와달라는 부탁을 받았다. 코로너 제도는 절망적일
정도로 부패해 있었으며 공중 보건에 대한 해악이자 형법 적용의 방
해물이었다.

특히 뉴욕의 코로너들은 세계 최악이었다. 《뉴욕 글로브》는
1914년 논평에서 "코로너는 의사가 아니므로 사인을 판별할 능력이
없다"라고 썼다. "또한 코로너는 법률가가 아니므로 증거를 수집하
고 증언을 살펴보는 법을 모른다. 코로너는 범죄 수사 경험이 전혀
없으며, 단서를 추적할 때는 도움이 되기보다 피해를 끼친다."[23]

뉴욕의 코로너 제도 개혁이 동력을 얻은 계기는 맨해튼의 회원제
고급 클럽인 센추리 협회에서 어느 노인이 갑자기 쓰러져 사망한 사
건이었다. 이 노인은 자연사한 것이 분명했다. 그러나 코로너는 자
신이 추천한 장례식장으로 시신을 운구하기 전까지는 사망 증명서
에 서명하지 않겠다고 했다(코로너는 그 장례식장에서 사례금을 받는
다고 알려졌다). 센추리 협회의 회원들은 격분해 존 퍼로이 미첼 시장
의 행동을 촉구했고, 시장은 회계 감사관인 레너드 윌스타인에게 조
사를 위임했다.[24]

매그래스는 윌스타인의 조사위원회에 최소 한 건의 사례에서 코
로너의 의사가 살인사건을 은폐했음을 확신한다고 말했다. 의도적
으로 그랬는지, 무능력해서 그랬는지는 모르지만 말이다. 유진 호셋

이라는 남자가 1913년 3월, 뉴욕 델라웨어 호텔에서 사망한 채로 발견됐다. 머리에 한 발의 총상이 남아 있었다. 코로너의 의사인 티머시 르헤인은 이 사망 사건을 자살로 확인하고, 부검 없이 이튿날 시신을 화장하도록 허가했다.[25] 벨뷰 병원 실험실 감독인 찰스 노리스와 벨뷰 의대 병리학자인 더글러스 시머스 등 두 명의 병리학자에게 호셋을 살펴볼 기회가 주어졌다. 노리스와 시머스는 호셋의 머리에 난 총상 주변에 탄약으로 인한 화상이 없음을 알아차렸다. 총이 발사되면, 탄 환약이 60~90센티미터 떨어진 사람의 피부에까지 점점이 찍힌 재를 남긴다. 이 상처는 그보다 먼 거리에서 발사된 총으로 인한 것이었으며, 사망자가 쏜 것일 리 없었다. 매그래스는 노리스와 시머스에게 동의했다. 그는 이렇게 말했다. "코로너의 의사가 한 진단에는 아무 증거가 없다고 이야기할 수밖에 없다."[26]

매그래스는 주의회 의원들에게 코로너 사무실을 폐지하고 검시관 제도로 대체하라고 촉구했다. 매그래스는 의회 의원들 앞에 나와 제대로 작성된 법안은 "사실상 완벽한 도구이며, 그 덕분에 뉴욕시는 시민들을 보호할 뿐 아니라 범죄와 범죄 피해에 적용되는 의학의 발전에도 더할 나위 없이 기여하게 될 것"이라고 증언했다.[27]

주의회 의원들은 뉴욕시에 검시관실을 설립하는 법안을 초안했다. 이 법령은 코로너실을 폐지하고 사인 심문을 금지했으며 코로너의 업무 중 사망 사건 조사의 법적·사법적 측면을 없앴다. 코로너의 업무 중 살인과 태만에 의한 과실 등을 기소할 수 있는 법적 부분은 검사가 맡게 되었고, 보석금을 정하는 사법적 업무는 치안판사가 맡게 되었다.

　새로운 법안에 따르면, 수석 검시관에게는 갑작스럽고 부자연스러우며 수상한 사망 사건에 대해 코로너나 검사의 명령을 받지 않고도 부검을 할 권한이 있었다. 검시관은 코로너 집무실이나 지방 검사, 경찰과 독립된 존재로서 과학수사에 의학적 전문성을 가지고 참여하는 동등한 위치로 격상되었다. 수석 검시관은 법의학 분야의 유능한 의학 전문가로, 공무원 시험을 거쳐 선발되었으며 어떤 정치적 절차와도 무관했다. 검시관은 오직 사망자에게만 책임을 졌다.

　1915년에 이 법이 통과됐을 당시 1918년 1월 1일부터 시행된다는 조항이 있었는데, 덕분에 기존의 코로너 임기가 만료되고 수석 검시관 선발에 필요한 시간이 생겼다. 매그래스는 뉴욕시 수석 검시관 자리에 지원해달라는 요청을 받았으나 보스턴을 떠나지 않겠다고 했다. 찰스 노리스가 첫 번째 종신직 수석 검시관으로 임명되었다. 유럽에서 병리학과 해부학을 공부했으며 별다른 수입이 없어도 독립적인 생활이 가능할 만큼 부유했던 노리스는 충분한 자격을 갖추고 있었고, 이 직책에 완벽하게 어울렸다. 노리스는 독극물과 약물 관련 검사를 할 수 있는 화학 실험실을 만든 알렉산더 게틀러 등 핵심 인물을 고용하며 뉴욕시의 법의학 수사에 바로 착수했다. 시간이 지나면서 뉴욕시 수석 검시관실은 현대적인 법의학 센터의 모범이 되어, 20세기의 가장 선풍적인 사건들에 관여했으며 미국 법의독성학의 탄생지가 되었다.[28]

1916년 11월 7일

선거날이었다. 우드로 윌슨 대통령은 공화당 후보인 연방대법관 찰스 에번스 휴를 상대로 재임을 위한 빡빡한 경쟁을 벌이고 있었다. 오후 5시 30분, 계절과 어울리지 않는 따뜻한 저녁에 보스턴 시민들은 서둘러 집이나 뉴스페이퍼 거리로 향하고 있었다. 뉴스페이퍼 거리는 워싱턴가에서 뻗어나간 길로, 이 도시 몇몇 언론사의 본부가 있는 곳이자 수많은 사람이 최신 뉴스를 듣는 곳이었다.

393호 전차는 서머가를 따라 귀환하고 있었다. 50~60명의 승객으로 차 안은 만원이었다. 전차가 거리를 쏜살같이 달려가는 도중에 전차 운전사인 제럴드 윌시는 한발 늦게 포트포인트 운하의 도개교가 내려지지 않았다는 사실을 깨달았다. 윌시는 브레이크를 당겨 바퀴를 멈추려 했다. 전차는 거리를 막고 있던 철문을 부수고 들어가 궤도를 따라 7~8미터가량 미끄러지며 운하 가장자리까지 갔고, 잠시 그곳에 매달린 것처럼 불안정하게 멈췄다. 전차의 뒤쪽이 허공으로 들리다가 결국 전차가 옆으로 곤두박질치며 10미터 깊이의 물로 가라앉았다.

이 사고를 목격한 예인선 선장 윌리엄 G. 윌리엄스는 이렇게 말했다. "전차는 뒤쪽 끝이 잠깐 가장자리에 걸린 것처럼 기울어져 거의 똑바로 섰다. 사고에 이어 죽음과도 같은 침묵이 뒤따랐다. 나는 비명과 고함이 들리리라고 생각했지만, 어떤 목소리도 들리지 않았다. 모든 것이 매우 조용했다."[29] 393호 열차의 뒤쪽에 서 있던 15명은 전차가 물로 떨어지기 전에 뛰어내렸다. 몇 명인지 알 수 없는 사람들이 운하 바닥으로 가라앉는 전차 안에 빽빽이 남아 있었다.

이 사고는 그전에 본 적 없는 재앙이었다. 규모로 보나 복잡성으로 보나 처음 있는 재난의 현장은 눈앞에 펼쳐진 비극을 지켜보러 서머가에 몰려든 엄청난 인파 때문에 더욱 혼란스러워졌다. 오후 9시에는 수천 명이 다리 진입로 쪽으로 운하를 따라 늘어서 있었다. 경찰은 군중을 물가에서 멀리 떨어뜨리려고 곤봉을 들고 계속 달려들었다.

운하에서 수습한 시신을 살펴 신원을 확인하는 일은 매그래스가 맡았다. 제임스 컬리 시장은 물에서 시신을 건져 올리는 끔찍하고도 품위 없는 장면을 구경꾼이나 언론사 사진기자들에게 보여주지 않을 작정으로, 사람들이 볼 수 없는 곳에서 시신을 수습하라고 명령했다. 시신은 여섯 명으로 이루어진 잠수부 팀이 물속에서 운구했다. 잠수부 중 넷은 민간 잠수사였고, 둘은 찰스타운 해군 공창의 잠수함 선원이었다. 잠수사들은 시신에 밧줄을 감아, 현장에서 상당히 떨어진 곳에 정박하고 있던 경찰선 가디언까지 물밑으로 끌고 갔다. 시신은 대중의 관심을 불러일으키지 않은 채 경찰선 위로 인양된 후 매그래스가 임시로 시체 안치소를 설치해둔 선실로 운반되었다. 예비 조사를 마치고, 시신은 워치맨이라는 다른 경찰선에 옮겨져 컨스티튜션 부두로 운반되었고, 거기서부터는 구급차에 실려 노스그로브가의 시체 안치소로 이동했다. 그곳에서 매그래스와 그의 보조 검시관들이 신원확인과 부검을 할 예정이었다.

첫 번째 시신을 물에서 건진 건 전차가 가라앉고 90분 뒤였다. 사망자의 주머니에는 조지 웬커스라는 이름이 적힌 영수증이 있었다. 매그래스는 현장 수첩을 한 장 넘겨, 웬커스의 시신에 8298번이라는 번호를 붙였다. 매그래스가 일을 마쳤을 때쯤에는 가라앉은 전차에서 시신 46구가 수습되었다. 보스턴 역사상 가장 많은 사상자가 난 재난이었다. 이 사고에 관한 매그래스의 생각은 기록이 남아 있지 않다. 하지만 그전에 이 정도 규모의 비극을 목격했을 가능성이 낮은 만큼 그는 충격을 받고 기진맥진했을 확률이 높다.

3년도 채 지나지 않은 1919년 1월, 보스턴에 또다시 평범하지 않은 재앙이 닥쳤다. 보스턴의 노스엔드는 찰스강이 보스턴 항구로 흘러나가는 오래된 해변 지역이었는데, 이곳에 퓨리티 증류 회사의 당밀 저장고가 있었다. 5층 높이에 폭이 30미터에 이르는 이 저장고에는 발효시켜 에탄올로 만들 당밀 870만 리터가 들어 있었다. 저장고는 커머셜가 중에서도 노스엔드 페이빙 야드 옆, 토대를 높인 철길의 회전로 근처에 자리 잡고 있었다. 길 건너에는 3층짜리 31호 소방서와 베이가 철도회사의 화물 창고가 있었다.

지역 주민들이 몰랐던 사실은 겨우 3년밖에 되지 않은 이 저장고에 결함이 있다는 점이었다. 저장고는 설계가 엉망이었고 압력 검사도 받은 적이 없었으며 표준미달의 재료로 만들어졌다. 저장고가 너무 형편없이 만들어져서, 아이들이 이음새로 스며 나오는 딱딱해진 당밀 덩어리를 핥아먹을 정도였다.

1월 15일 오후 12시 30분, 150명의 페이빙 야드 직원들은 점심을 먹던 중 낮은 진동을 느꼈다. 갑자기 대못이 총이라도 쏘듯 튀어

아주 작은 죽음들

나오면서 저장고가 터져 1만 1800톤의 당밀이 쏟아져 나왔다. 7미터 높이의 당밀 파도가 시속 40킬로미터 속도로 이동하며 모든 것을 파괴했다. 저장고가 일부 터지면서 고가철도 남쪽의 지지대 두 대가 부러져 철로가 주저앉았고, 그 바람에 전차가 탈선할 뻔했다.[30]

화물 창고와 페이빙 야드는 즉시 불쏘시개로 변해버렸다. 작업자들은 탈출할 기회도 없이 당밀과 잔해를 뒤집어썼다. 트럭과 자동차, 마차가 당밀의 가차 없는 쓰나미에 쓸려나갔다. 소방서는 원래 있던 자리에서 밀려났고, 그 바람에 소방관 한 명이 죽고 두 명이 다쳤다. 또 다른 소방관은 보스턴항에 처박혔다. 그는 간신히 살아남았다. 10세 소년 한 명은 뒤집힌 철로 밑에 깔리는 바람에 그만한 행운을 누리지 못했다. 12마리 이상의 다친 말들이 당밀 속에 뒹굴었다. 결국은 고통을 멈추기 위해 그 말들을 총으로 쏴야 했다.

매그래스는 현장에 처음으로 응답한 사람 중 한 명이었다. 그는 근처 건물에 현장 병원과 임시 시체 안치소를 설치하도록 도왔다. 엉덩이까지 올라오는 고무장화를 신고서 상상할 수 없는 파괴의 현장을 살폈다. 당밀 저장고가 있던 곳에서 반경 120미터 내의 모든 건물이 파괴되었다. 강철 서까래와 금속판이 일그러져 쌓여 있었다. 두 블록이 넘는 수만 평, 수십만 평의 분주한 도시 지역이 몇 뼘 깊이의 당밀로 뒤덮였다.

매그래스의 말에 따르면, 현장에서 수습된 시신은 "두꺼운 지방질에 덮인" 것 같은 모습이었다. "물론 얼굴도 당밀로 뒤덮여 있었다. 눈과 귀, 입, 코에 당밀이 가득했다."[31] 매그래스는 시신이 시체 안치소에 도착하는 대로 빠르게 살폈다. "그들이 누구인지, 무슨 일을 겪었는지 알아내는 작업은 탄산수소 나트륨과 뜨거운 물로 옷과 시신을 씻는 것으로 시작되었다."

부검을 통해 피해자 일부가 잔해에 뭉개지거나 치명상을 입었다는 점이 드러났다. 일부는 신체가 심각하게 훼손되어 있었다. 가슴이 푹 파이고 팔다리가 뒤틀렸다. 많은 피해자가 기도와 폐가 당밀로 가득 차서 질식해 사망했다. 당밀에 의한 익사였다. 보스턴 당밀 참사에서는 21명이 사망했고 약 150명이 부상을 입었다. 그렇게 많은 훈련을 받고 이 시점까지 수천 건의 검시를 진행했지만, 매그래스는 평범한 저장고에서 벌어진 이런 참사에 대비할 수 없었다.

———

1920년 4월 15일, 매그래스는 검시관 인생에서 가장 논쟁적인 사건에 참여했다. 매사추세츠주 사우스브레인트리에 있는 슬레이터 앤드 모릴 신발 회사에서 직원 두 명이 이 회사의 급여 지불 총액인 1만 5700달러를 공장으로 가져가던 중 강도를 당하고 총에 맞아 사망한 사건이었다.[32]

매그래스는 34세 경비원인 알레산드로 베라델리와 급여 담당자였던 44세 프레더릭 A. 파멘터를 부검했다. 파멘터는 당시 무장하지 않은 상태였다. 이들은 각기 두 아이를 둔 아버지였다. 베라델리는 네 발, 파멘터는 두 발의 총을 맞았다. 매그래스는 손가락으로 발사

아주 작은 죽음들

체를 꺼내며 각 상처의 경로를 측정했다. 총알에 긁힌 자국을 내거나 강선을 흐리게 할 수 있는 금속 도구에는 손도 대지 않았다.

32구경 탄환 한 개가 발견될 때마다 매그래스는 수술용 바늘을 사용해 총알 밑에 로마 숫자를 새겼다. 총알 밑면은 중요한 흔적이 없는 유일한 표면이었다. 총알은 순서대로 하나씩 번호가 매겨졌다. 표시를 확인하고 그 탄환에 의해 야기된 손상을 법원에서 설명하기 위해서였다.

경찰은 베라델리와 파멘터를 살해한 혐의로 이탈리아계 미국인 무정부주의자인 니콜라 사코와 바르톨로메오 반제티를 기소했다. 사람들은 전쟁 이후 시기에 발생하는 외국인과 근본주의자들에 대한 적대감에 휘말렸고, 사코와 반제티 사건은 전국적으로 유명해졌다.

신발 제조공이자 경비원인 사코와 생선 장수인 반제티는 범죄 혐의를 부인했다. 둘 다 전과가 없었다. 둘 다 경찰이 불심검문을 했을 때 권총을 가지고 있었다. 사코에게는 그가 경비원이라는 직업에 꼭 필요하다고 주장했던 콜트 자동권총이 있었다. 반제티의 총은 생선을 팔아서 번 현금을 들고 다닐 때 호신용으로 챙긴다는 해링턴 앤드 리처드슨 38구경 리볼버였다.

사코와 반제티는 혼란스러운 목격자 진술이 넘쳐나고 탄도학적 증거가 명확하지 않은 가운데 기소되었다. 두 사람 모두 사건이 발생한 날에 알리바이가 있었다. 반제티는 그날 하루 종일 생선을 팔았다. 사코도 자신의 동선을 설명했다. 그런데도 목격자 다섯 명은 사코와 반제티를 범죄 현장에서 보았다고 했다.

검사는 반제티가 가지고 있던 리볼버가 살해당한 경비원인 베라 델리에게서 빼앗은 것이라고 주장했지만, 반제티의 총은 베라델리와 별다른 연관성이 없었다. 강도를 당한 날에는 베라델리가 아예 총을 가지고 있지도 않았다고 주장하는 사람들도 있었다. 목격자들은 베라델리가 총을 두 발 맞았고, 땅에 무력하게 누워 있을 때 두 발을 더 맞았다고 말했다. 매그래스가 베라델리의 시신에서 수습한 32구경 탄환은 목격자 진술과 일치했다. 상처 두 군데가 시신을 내려다보고 선 사람이 쏜 것처럼 등에 나 있었다. 매그래스는 로마 숫자 Ⅲ을 새겨놓은 탄환이 치명상을 입혔다고 기술했다. 이 총알이 베라델리의 오른쪽 폐를 관통해 폐동맥을 절단했다는 이야기였다.

매그래스가 보기에, 베라델리에게서 수습된 거의 모든 총탄은 똑같아 보였으며 반제티가 가지고 있던 38구경 권총에서 발사됐을 리 없었다. 그러나 Ⅲ번 총알은 달랐다. 다른 다섯 개의 탄환에는 오른쪽으로 돌아가는 흔적이 남아 있었다. 총알이 총열을 따라 회전하면서 생긴 흔적이었다. 그러나 치명상을 입힌 Ⅲ번 총알은 사코의 자동권총과 일치하게 왼쪽으로 회전했다.

탄도학적 증거는 결정적이라고 하기 어려웠다. 그러나 검사가 사코와 반제티를 충성스럽지 않은 근본주의적 이방인으로 묘사했기에 편견에 사로잡힌 배심원들에게는 그것만으로 충분했다. 게다가 사코와 반제티는 자신들이 정치적 견해 때문에 억류당했다고 생각하고, 최초 심문 때 경찰에게 거짓말을 하는 심각한 자해 행위를 했다.

경찰은 이들에게 정치 활동이나 미국에 대한 충성심에 관해 물었다. 몇 개월 뒤, 미국 사법부에서는 공산주의자이거나 공산주의적 명분에 공감하는 외국인들을 대량으로 체포해 추방하는 프로그램을 시작했다. 사코와 반제티는 그때까지 추방된 친구 두 명을 알고 있었고, 자신들이 다음 차례가 되리라고 생각했다.

그들이 경찰에게 했던 정치적 견해에 대한 거짓말이 재판에서 끊임없이 그들을 괴롭혔다. 검사 측은 그 거짓말이 "죄를 인식했다"는 증거라고 주장했다. 검사는 배심원들을 향해 결백한 사람에게는 거짓말할 이유가 없다고 말했다.

사코와 반제티는 유죄가 인정되어 사형 판결을 받았다. 몇 년을 항소한 끝에, 이들은 결국 1927년 8월 21일 찰스타운 주립 교도소에서 사형당했다. 매그래스가 처형의 증인으로 그 자리에 참석해 사코와 반제티의 사망을 선언했다.

사코와 반제티의 기소는 20세기의 가장 논쟁적이고도 말 많은 형사사건으로 남아 있다. 이 사건의 증거는 여전히 토론과 논란의 대상이다. 어떤 사람들은 이 둘이 기소된 그대로 유죄라고 생각하고, 다른 사람들은 사코와 반제티의 처형이 미국 형사사법제도의 크나큰 오심 중 하나라고 주장한다.

5장

|

비슷한 영혼

1900년대 초반이 되자 동네 성격이 바뀌면서 프레리가도 쇠퇴하기 시작했다. 이 지역은 시카고의 상업 및 교통 중심지와 가까웠다. 한때는 이런 특성이 시카고의 엘리트에게 바람직한 것으로 생각됐으나 시간이 지나면서 점차 상업적 이득을 얻는 데 더 가치 있는 것으로 여겨졌다.[1] 프레리가와 근처 거리의 웅장한 저택들은 하나둘 철거되고 커다란 상업용 건물, 아파트, 주차장이 들어서기 시작했다. 부유층 주거지는 도시 중심지에서 멀리 떨어진 교외의 좀 더 목가적인 환경으로 이동했다.

프레리가의 저택 중 약 스무 채가 가구를 갖춘 임대용 공간으로 개조되었다. 이런 건물 중에는 45명까지 머물 수 있는 곳도 있었다. S. 프레리가 1919번지에 있는 마셜 필드 주니어의 저택은 게이틀린 연구소로 개조되었는데, 이곳은 알코올과 마약 중독을 치료하는 병원이었다. 더 이상 시카고 엘리트만의 전유물이 아니게 된 프레리가는 뜨내기와 빈자들로 들끓었다.

1920년이 되자 프레리가에 살고 있는 기존 거주자는 26명뿐이었는데, 그중에는 프랜시스의 부모인 글레스너 노부부도 있었다.

이때 프랜시스는 보스턴과 더 록에서 많은 시간을 보내고 있었다. 그녀는 블레잇 리와 결혼한 이후 부모님이 사준 시카고 저택이 별로 필요하지 않다고 느꼈다. 프레리가 1700번지에 있는 프랜시스의 저택은 1921년에 매각되었다.

1920~1921년부터 몇 년 동안 프랜시스는 맏딸인 프랜시스와 함께 리틀턴에서 골동품 가게를 운영했다. 당시 딸은 20대 초반이었다. 골동품 가게는 과거 교실 하나짜리 학교가 있던 곳에 자리 잡았기에 '화이트 스쿨 하우스'라고 불렸다. 프랜시스와 딸은 뉴잉글랜드 전역의 판매상과 골동품 가게에 들렀고, 뉴햄프셔주와 버몬트주, 보스턴 전체를 거쳐 멀리 뉴욕까지 갔다. 공예와 고급 가구에 심취했던 가족들과 함께 어린 시절을 보낸 프랜시스는 골동품을 보는 안목이 뛰어났다. 그녀는 저평가된 매물이나 닦으면 상당한 이윤을 내고 팔 수 있는 물건들을 찾아다녔다.[2]

프랜시스는 판매자별로 매물, 신뢰도, 호가를 기록한 목록을 만들었다. 이것이 경매에 대한 자세한 기록이 되었다. 프랜시스의 말에 따르면, 보스턴 찰스가의 골동품점들은 "매우 수상했다." 프랜시스는 어느 가게에서 "도시 가격"이라며 웃돈을 붙이는지, 어느 판매

아주 작은 죽음들

자가 부정직한지 기록했다. 버몬트주 벌링턴의 G. F. 밀크스에 관해서는 "노상강도", 뉴욕의 올드 잉글리시 골동품점에 관해서는 "사기꾼"이라고 했다.

믿음직스럽고 좋은 물건을 갖추고 있으며 합리적인 가격을 제시하는 판매자를 발견하면 프랜시스는 그 판매자에게 암호명을 붙였다. 다른 판매자나 가게 주인들이 있을 때도 딸과 사업 이야기를 하기 위해서였던 것으로 보인다. 프랜시스의 노트를 보면, 매사추세츠주 펨브로크의 E. H. 게린에게는 "평범함. 아마 정직할 것으로 보임"이라는 설명과 함께 '카톨리크Catholique'라는 이름이 붙어 있다. 보스턴의 뉴잉글랜드 골동품점의 암호명은 페인트브러시였다. 화이트 스쿨 하우스는 딸인 프랜시스가 시카고의 변호사 겸 기업가인 매리언 서스턴 '버드' 마틴과 결혼한 1928년까지 지속되었다. 마틴은 기업가이자 야심 찬 사업가였다.

1926년 9월, 프랜시스의 삼촌인 조지 B. 글레스너가 81세의 나이로 사망했다. 존 제이컵의 형제 중 유일하게 살아남은 조지 B. 글레스너는 워더 부시넬 앤드 글레스너의 관리자였으며, 이후에는 인터내셔널 하베스터의 간부로 일했다. 백만장자이면서 아이가 없었던 조지 글레스너는 유언으로 현금과 증권 25만 달러(현재 화폐 가치로는 350만 달러)어치를 유일한 조카딸인 프랜시스 글레스너 리에게 남겼다.

프랜시스의 아들 존은 MIT 학부를 졸업하고 1922년에는 같은 학교 기계공학과 석사 학위를 받았다. 그는 항공 업계로 진출해 비행기를 설계했다. 1926년에 존 리는 MIT 동창생으로 코네티컷주 하트퍼드 출신인 퍼시 맥심과 결혼했다. 존과 퍼시 맥심 리는 코네티컷주에 터를 잡았고, 존은 이곳에서 유나이티드 항공에 다녔다.

이듬해인 1927년 6월, 21세가 된 막내 마사 리가 찰스 포스터 배철더와 결혼했다. 그는 조지 글레스너에게 고용되었던 하버드대 출신 공학자로, 글레스너가 취득한 버려진 저수지의 물길을 돌려 더록 부지에서 사용할 수 있도록 만드는 공사를 맡은 적이 있었다. 배철더 부부는 메인주 오거스타에 자리 잡았다.

자녀들이 성공적으로 자신의 삶을 꾸리기 시작하자, 프랜시스는 시카고에 머물 곳이 필요해졌다. 부모님을 방문하거나 도시에서 사업과 관련된 일을 처리해야 할 때가 종종 있었기 때문이다. 1928년에 프랜시스는 레이크쇼어가 1448번지에 있는 최첨단 건물을 5만 5000달러에 매입했다. 오늘날 가격으로는 80만 달러에 이르는 12개 호실이 있는 최첨단 건물이었다.

1929년 1월 초 프랜시스의 오빠인 조지 글레스너는 더 록에 있는 자기 집에서 지내던 중 몸이 불편해지기 시작했다. 아랫배에 통증이 느껴지고 열이 났으며, 전반적으로 몸에 불쾌감이 들었다. 그는 급성 맹장염으로 진단받고 콩코드에 있는 병원에 입원했다. 염증이 생긴 맹장을 제거하는 수술은 성공적이었다. 그러나 조지는 회복 과정에서 폐렴에 걸려 사망했다. 그의 나이 57세였다.

오빠가 사망한 이후 프랜시스는 저조한 시기를 보냈다. 그녀는 어느 때보다 친척과 멀어져 있었다. 아이들은 자라나 아이들을 낳았

아주 작은 죽음들

다. 프랜시스는 화이트 스쿨 하우스를 닫은 뒤로 소일거리가 별로 없었다. 가까운 사람이 죽으면, 끝내 사라지고 마는 인간의 운명에 관한 성찰을 하게 될 때가 있다. 그러면 언젠가 죽고 없어질 육신을 벗어버릴 때 남길 유산을 생각하며 내면을 살피게 된다. 프랜시스는 우울해졌다. 그녀는 혼자였고 붕 떠 있었다.

더욱 혼란스럽게도, 프랜시스는 하버드대 매사추세츠 병원에서 치료를 받기 위해 보스턴에 가야 했다. 프랜시스가 걸린 병은 알려지지 않았으나, 수술 치료를 받아야 했고 병원의 고급 개인 치료 시설인 필립스 하우스에서 오래 요양해야 했던 건 분명하다. 보스턴 비컨힐 근처 찰스가에 자리 잡은 8층짜리 건물인 필립스 하우스는 1917년 문을 열었을 때만 해도 혁신적인 공간이었다. 부유층은 당시 병원의 일반적인 개방형 병실을 기피했다. 그들은 가정에서 치료를 받거나 간병 서비스를 제공하는 개인의 집에서, 혹은 편도선을 제거했을 때 프랜시스가 그랬듯 호텔 방에서 치료받는 편을 선호했다. 그 이후로 의료 분야는 큰 발전을 이루었다. 치료를 받을 여력이 있는 환자들은 더 이상 주방 가스레인지에서 수술 도구를 소독할 필요 없이 마취와 무균 수술, 현대적 기술이 모두 갖추어진 상태에서 최신의 치료를 받을 수 있었다. 필립스 하우스는 고급스러운 취향의 가구가 마련된 개인실을 제공했다. 건물 북쪽 끝, 울타리가 쳐진 옥상과 베란다는 환자들이 머무는 동안 햇볕과 신선한 공기를 충분히 누릴 수 있게 해주었다.[3]

당시 51세이던 프랜시스는 1929년에 오랫동안 필립스 하우스에

환자로 머물렀다. 우연히도 그녀의 오랜 친구인 조지 버지스 매그래스도 이 기간에 필립스 하우스에 입원했다. 필립스 하우스에서 매그래스와 함께 요양하며 보낸 시간이 프랜시스의 인생 축을 흔들어놓는 사건이 되어 그녀의 업적으로 이어졌으나, 당시로서는 이를 예견할 수 없었다.

검시관 매그래스는 양손 모두에 영향을 미치는 심각한 감염병에 걸려 염증에 시달렸다. 간부전과 폼알데하이드 등 강한 방부제에 지속적으로 노출되어 일어난 순환계 질환의 결과였다. 매그래스는 망가진 손 때문에 치료를 받으러 필립스 하우스에 세 번째 입원한 터였다. 상황이 매우 심각했고, 손을 절단해야 할지도 몰랐다.

프랜시스와 매그래스는 필립스 하우스에 머무는 동안 우정에 다시 불을 붙였다. 그들은 끝없는 시간을 함께 보내며 서로를 찾아가 이야기를 나누었고, 찰스강이 내려다보이는 베란다 흔들의자에 함께 앉아 있는 일도 많았다. 둘은 옛 시절을 추억했다. 더 록에서의 삶, 1893년 세계 박람회, 젊은 시절의 기억. 둘은 음악, 예술, 문학에 관해 의견을 나누었다. 검시관이라는 매그래스의 직업에 관해서도 이야기했다. 프랜시스는 매그래스가 하는 일에 대단한 매력을 느꼈다. 매그래스의 이야기는 프랜시스가 사교 동아리 여성들과 나누는 평범한 대화보다 훨씬 더 흥미로웠다. 매그래스는 삶과 죽음, 범죄와 정의 같은 중요하고도 묵직한 주제에 관심이 많았다. 프랜시스는 세상이 예측 불가능하고 자주 폭력성을 드러내는 공간이라는 걸 알고 있었다. 매그래스는 혼란에서 질서를 만들어내는 데 도움을 주었

아주 작은 죽음들

고, 죽음이 왜 발생하는지를 이해하려는 가장 기초적인 인간의 동기를 만족시켰다.

프랜시스는 이렇게 회상했다. "매그래스는 자기가 담당한 대단히 흥미로운 사건들에 관해 이야기해주곤 했지만, 그 사건들이 정리되고 마무리되어 '법원을 거치기' 전에는 절대 이야기하지 않았다. 매그래스 본인이 말했듯, 그는 진실을 추구하고 발견된 진실에 끈질기게 매달리되 입을 다물고 있는 것이 임무인 공무원이었기 때문이다. 매그래스는 사건이 아직 수사 중이거나 법원에 계류 중일 때는 절대로 언론에 정보를 흘리지 않았다. 그러나 언론 관계자들이 그를 적으로 여겼다는 이야기는 들어본 적이 없다."[4]

매그래스는 드라마와 연민, 가끔은 잔혹하고 어두운 유머 감각으로 가득 찬 생생하고도 몰입도가 강한 이야기를 들려주었다. 예컨대 보스턴 호텔에서 사망한 채 발견된 노인이 있었다. 그는 호텔 6층 방 열린 창문 옆에 놓인 모리스식 안락의자에 앉아 있는 상태였다. 4층에서 화재가 발생한 직후, 호텔 직원이 손님들의 안부를 확인하러 갔을 때 그를 발견했다. 화재는 특정한 방에서 일어난 작은 불이었으며 노인을 질식시킬 만큼 많은 연기가 나오지도 않았다. 시신 근처에는 알 수 없는 물질의 잔여물이 담긴 조그만 금속 통이 있었다.[5]

매그래스는 그 남자가 은퇴한 화학자라는 사실을 알게 되었다. 그는 젊었을 때 불에 타 죽을 뻔했던 경험이 있어서 불을 끔찍하게 두려워했다. 노인은 그런 운명을 피하고자 비상시를 대비해 늘 작은 바꽃 추출물을 통에 넣어 들고 다녔다. 바꽃 추출물은 바꽃에서 뽑은 효과가 빠른 독극물이다. 연기 냄새가 나고 불꽃이 창밖으로 기어 나오는 모습을 보자 그는 죽을 때가 왔다고 확신했다. 그는 불에 타 죽거나 연기를 흡입해서 죽느니 독을 먹고 죽는 게 낫다고 생각하고 바꽃 추출물을 먹었다. 실제로는 불에 타 죽을 위험이 없었는데도 말이다.

매그래스가 자주 들려준 또 한 가지 이야기는 플로런스 스몰 살인 사건이었다. 플로런스의 남편인 프레더릭 스몰은 자신이 완전범죄를 해냈다고 생각했다. 실제로 그럴 뻔했다.[6] 뉴햄프셔주 경찰의 수사 협조 요청을 받은 매그래스는 이렇게 말했다. "내 생각에는 이 사건이 내가 맡은 모든 사건 중에서 가장 주목할 만한 사건입니다."[7]

1916년 9월 28일, 37세의 플로런스 스몰의 시신이 화재의 잔해 속에서 발견되었다. 화재는 뉴햄프셔주 오시피에 있는 그녀의 집에서 발생했다. 플로런스는 형체를 알아볼 수 없을 정도로 타버려서, 너무도 강한 열기에 노출된 뼈 일부가 석회화되어 부스러질 정도였다.

화재가 발생했을 때 프레더릭 스몰은 집이 아니라 수 킬로미터 떨어진 보스턴에서 친구들과 함께 영화를 보고 있었다. 돈을 받고 프레더릭을 기차역으로 태워다준 운전기사는 그가 집을 나서면서 열린 문 너머로 작별 인사를 하는 모습을 보았으나, 플로런스를 직접 보거나 그녀가 대답하는 소리를 듣지는 못했다고 말했다. 화재는 그로부터 7시간 후에 발생했다. 프레더릭이 보인 몇 가지 행동이 경찰의 의심을 샀다. 부부는 최근에 생명보험에 가입했다. 부부 중 생존

아주 작은 죽음들

한 쪽에게 2만 달러를 지급하는 보험이었다. 그때까지 보험료는 한 번밖에 납입되지 않았다.

부검 후, 매그래스가 프레더릭에게 아내의 시신을 어느 장례식장으로 운구해야 하느냐고 묻자 그는 검시관에게 이렇게 말했다. "관이 필요할 정도로 시신이 남았나요?"

프레더릭 스몰의 수전노 같은 태도는 결국 그의 완전범죄가 실패하는 원인이 되었다. 스몰 부부의 오두막은 보수 상태가 별로 좋지 않았다. 지하실에는 물이 자주 넘쳤고, 화재가 발생한 시점에는 지하실에 물이 수십 센티미터나 차 있었다. 플로렌스 스몰이 누워 있던 침대는 침실 바닥이 뚫어질 정도로 타버려 그녀의 시신을 지하실로 떨어뜨림으로써 시신이 보존되는 결과로 이어졌다.

매그래스는 부검을 하던 중 플로렌스 스몰의 목에 끈이 단단히 감겨 있는 것을 발견했다. 그녀의 두개골은 골절되어 있었고, 머리에 32구경 총알을 맞은 흔적도 있었다. 더 많은 증거가 화재의 폐허에서 걸러져 나왔다. 38구경 리볼버와 점화 플러그, 전선 일부, 그을린 알람 시계였다. 매그래스는 이상한 점을 발견했다. 무쇠 스토브 표면에 녹은 금속 조각이 남아 있었던 것이다. 매그래스는 작은 결함을 보면 "녹은 금속이 소나기처럼 쏟아질 때 스토브가 그 영향을 받았다는 것을 알 수 있다"고 말했다. "무쇠도, 강철도 일반적인 가정에서 발생한 화재의 열 정도로는 녹지 않는다."[8]

매그래스는 그토록 강한 열을 낼 수 있는 것을 찾아보다가 테르밋의 흔적을 발견했다. 테르밋은 강철을 용접할 때 사용하는 회색의 가연성 가루다. 매그래스는 누군가가 플로런스 스몰의 시신과 침대, 침실 바닥에 테르밋을 뿌려놓고 테르밋에 불을 붙이도록 알람 시계에 장치를 해놓았을 거라는 가설을 세웠다.

프레더릭 스몰은 아내 살인 혐의를 부인했다. 그는 집에서 나올 때 아내가 살아 있었으며, 그녀가 벌목꾼에게 공격당했을 거라고 말했다. 프레더릭의 진술을 믿는 사람은 별로 없었고, 그는 살인 혐의로 기소되었다.

재판 도중에 검사들은 묘기를 부리듯 의견을 펼쳤다. 지방 검사가 프레더릭 스몰에게는 알리지 않고 플로런스 스몰의 머리를 잘라 증거로 보존하라는 법원 명령을 받아냈다. 머리가 법원에 전시되기 전에, 판사는 여성들에게 법정에서 나갈 것을 권했다. 일부는 법정을 나갔지만, 여자 여덟 명은 그 소름 끼치는 증거물을 보려고 목을 빼고서 다른 구경꾼들과 함께 남았다. 매그래스가 아내에게 가해진 상처에 관해 진술하는 동안 프레더릭 스몰은 두 손에 얼굴을 묻고서 법정에 앉아 흐느꼈다.

매그래스는 플로런스 스몰이 머리를 최소 일곱 번 얻어맞았으나, 그 결과로 일어난 두개골 골절이 치명상이 될 정도로 심각하지는 않았다고 증언했다. 플로런스는 자신을 내려다보고 선 누군가에 의해 무기력하게 누워 있는 상태에서 이마에 총을 맞았다. 검시관은 그 상처가 치명상이 될 수도 있었겠지만 플로런스는 이미 목에 감긴 끈으로 교살당한 뒤였다고 했다.

플로런스 스몰의 머리에 남은 일그러지고 타버린 살점에서 알아볼 만한 특징을 식별하기는 어려웠다. 매그래스는 두개골에 남은 흔적과 폼알데하이드에 보존된 피해자의 신체 조직 표본을 가리키며 자신이 결론에 이르게 된 경위를 배심원에게 설명했다. 매그래스는 플로런스 스몰의 기도 일부를 배심원에게 보여주었다. 분홍색 직사각형 조직이었다. 매캐한 공기를 들이마시면 재가 기도에 쌓인다. 플로런스의 기도는 깨끗하고 대단히 정상적이었다. 화재가 시작되었을 때 플로런스가 숨을 쉬지 않았다는 증거였다.

매그래스는 기도와 말굽 모양의 목뿔뼈, 띠 근육에 발생한 상처를 지적했다. 이런 상처는 액살의 증거였다. 플로런스의 눈꺼풀 안쪽 점막은 일혈점을 식별할 수 있을 만큼 온전히 살아남았다. 일혈점은 액살의 특징으로 나타나는 아주 작은 점이다. 매그래스는 이마에 난 총알구멍의 각도와 화약이 타면서 피부에 생긴 검은 점무늬를 보면 총을 쏜 사람의 자세와 위치를 알 수 있다고 설명했다. 피부가 찢어지면 즉시 피가 흐른다는 건 모두 알고 있었다. 플로런스의 이마 피부를 찢은 총알은 두개골 골절과 달리 피가 나지 않았으므로, 이 상처는 사망 후에 발생한 것이었다. 의학적 증거를 보면, 사건이 일어난 순서는 다음과 같았다. 누군가가 플로런스 스몰을 구타하고 목 졸라 살해한 다음 총으로 쏘고 불에 태웠다.

다음으로, 검사 측에서는 더 많은 증거를 제시했다. 증거는 플로런스 스몰이 사망한 침대의 틀과 무쇠 스토브였다. 이 증거들은 커튼 뒤에 가려져 있다가 공개되어 극적 효과를 냈다. 법정의 모두가 고개를 돌려 그 증거를 보았지만, 단 한 사람 프레더릭 스몰만은 예외였다. 그는 손수건으로 얼굴을 가리고 있었다. 매그래스는 이렇게 말했다. "죄가 없는 사람이라면 무엇이 공개되는지 궁금했을 테지만, 스몰은 유죄였기에 이미 답을 알고 있었다."[9]

프레더릭 스몰은 살인으로 유죄 판결을 받고 1918년 1월 15일에 처형되었다. 매그래스가 그의 처형을 참관했다.

매그래스는 프랜시스에게 뉴욕의 검시관인 찰스 노리스에게서 자문 요청을 받았던 일도 이야기해주었다. 한 젊은이가 살인으로 기소됐다. 아내를 5층 창문에서 집어던졌다는 혐의였다. 노리스는 매그래스가 알아낸 내용을 토대로 아내의 죽음을 자살로 판정했지만, 지방 검사에게는 싸우는 소리와 피의자가 협박하는 소리를 들었다는 증인들이 있었다.[10]

매그래스는 젊은 아내의 시신을 살펴보았다. 그녀에게는 치명적이었을 게 확실한 두개골 골절이 있었다. 더 중요한 건, 양쪽 발꿈치 뼈에도 골절이 일어났다는 것이었다. 사망자는 두 발을 디뎠는데, 누가 집어던진 것이 아니라 창문에서 뛰어내리거나 곧장 낙하했을 때와 일치하는 소견이었다. 창문에서 내던져졌는데 두 발을 딛고 착지할 확률은 정말이지 매우 낮았다. 젊은이는 무죄 판결을 받았다.

이야기를 하나하나 들을 때마다 프랜시스는 결백한 자의 누명을 벗겨주고 죄인에게 유죄 판결을 내리려는 매그래스의 노력을 점점 더 존경하게 되었다. 함께 요양하던 어느 날, 매그래스는 배심원에게 증거를 설명할 때의 어려움에 관해 이야기했다. 사망 장소를 묘사하는 것은 쉽지 않다. 현장 자체가 더는 존재하지 않으므로, 배

아주 작은 죽음들

심원들이 떠올리는 장면은 정확할 수도 있고 정확하지 않을 수도 있었다. "배심원들에게 도표나 사진 말고도 계단이나 스토브, 창문의 위치와 시신의 위치를 보여줄 만한 더 좋은 방법이 있었으면 좋겠어요. 그게 세상에서 제일 어려운 일입니다." 매그래스가 말했다.[11]

프랜시스는 몇 년 전에 만들었던 미니어처 교향악단과 사중주단을 떠올리며 잠시 생각에 잠겼다. "정확한 축척으로 만들어진 작은 방 모형이랑 피해자와 완전히 똑같은 옷을 입은 인형이 있으면 어떨까요? 다른 모든 세부 사항도 정확히 그 장소에 있고요. 그러면 도움이 될 것 같나요?" 프랜시스가 말했다.

매그래스는 파이프를 톡톡 두드리며 말했다. "모형이라, 그걸 법정에서 쓸 수 있을까요? 사진조차 못 쓰게 하는 경우가 태반인데. 좀 생각해봅시다."

프랜시스는 검시관 제도라는 복음을 설파하는 매그래스의 끝없는 에너지와 열정에 경탄했다. 나이도 많고 건강도 점점 악화되고 있었지만(손의 급성 염증 외에도 매그래스는 녹내장 때문에 시력을 잃어가고 있었다), 매그래스는 뉴잉글랜드 전역의 시민단체를 비롯한 여러 조직에서 다년간 활동해온 인기 있는 연사였다. 프랜시스의 말에 따르면 "매그래스는 뛰어난 이야기꾼이었다. 교회 모임과 보이스카우트부터 주 의학협회와 변호사 협회에 이르기까지 그가 찾아와 이야기해주기를 바라는 단체가 아주 많았다."[12]

매그래스가 보기에, 그가 유럽에서 받은 법의학 교육은 반드시 실제 업무에 활용해야 하는 엄청난 선물이었다. 그는 검시관이라는 직업에 의무감을 느꼈으며, 사망자들에게도 그랬다. 자신의 관할 구역에서 사망한 사람만이 아니라 모두에게 말이다. 그는 필요할 경우 모든 사람이 철저하고 과학적이며 객관적인 수사를 받을 권리가 있다고 느꼈다.

매그래스는 검시관이 하는 일과 이들이 코로너와는 어떻게 다른지를 일깨우는 것도 자신의 사명이라고 여겼다. 사람이라면 누구나 죽음이 처리되는 과정을 알아야 했다. 더 나은 방식이 있다는 걸 알리지 못하면 진보는 일어날 수 없었다. 가장 중요한 건 일반 대중이겠지만, 이들만이 아니라 의원과 경찰, 검찰, 법원에서도 알아야 했다.

매그래스는 의원들이 주법을 개혁해 코로너 제도를 폐지하고 검시관 제도를 세워 좀 더 효율적으로 작동하도록 하는 일의 중요성을 이해해야 한다고 주장했다. 판사를 비롯한 법률가들은 의학적 증거의 속성에 관한 교육을 받아야 했다. 지방 검사들은 검시관에게 어떤 사건에 공개 부검이 필요한지 결정할 재량권을 주어야 했다.

더욱이 경찰은 폭력적이거나 수상한 사망 현장에서 무엇을 해야 하고 무엇을 하면 안 되는지 알아야 했다. 매그래스는 경찰 대부분이 형편없이 훈련되었으며 글을 읽고 쓰는 방법조차 모르는 경우가 많은 서툰 바보들이라고 생각했다. 이들은 과학적·의학적 증거가 중요한 상황에 투입될 준비가 전혀 되어 있지 않았다. 매우 중요한 최초의 순간에 이들이 하는 행동은 사건을 성립시킬 수도, 망가뜨릴 수도 있었다. 경찰의 형편없는 일 처리 때문에 법의 처벌을 피한 사람은 얼마나 될 것이며, 과학적 증거는 살펴지지도 않은 채 질 떨어지는 강요로 얻어낸 자백에 따라 유죄 판결을 받은 사람은 또 몇 명이나 될 것인가? 매그래스는 이 점이 궁금했다.

게다가 대중은? 현장 이면에서 벌어지는 온갖 일을 알게 되면, 사람들은 변화를 요구할 터였다. 기자들은 기삿거리가 될 만한 살인사건의 선정적인 세부 사항에 늘 굶주려 있었지만, 검시관의 역할은 모호하게밖에 이해하지 못했다. 대중을 제대로 교육하면 사망 사건에 대한 철저하고 적절한 조사의 필요성이 더 깊이 이해될 터였다.

매그래스와 프랜시스가 필립스 하우스에서 요양하던 1929년은 1877년 보스턴에 검시관 제도가 도입된 이후 50년이 넘는 세월이 흐른 시점이었다. 그러나 보스턴의 선례를 따른 주요 도시는 1917년에 뉴욕주, 1927년에 뉴저지주의 뉴어크 두 곳뿐이었다. 프랜시스는 각 관할 구역이 코로너 제도의 약점을 파악하고 검시관으로 제도를 전환하기를 바랐다. 프랜시스는 대중이 충격을 느낄 정도로 지독한 스캔들이 발생해야만 개혁을 할 수 있는 상황은 바람직하지 않다고 생각했으나, 많은 경우 그것만이 일이 성사될 방법으로 보였다.

뉴저지주 에식스 카운티는 뉴어크 지역의 일부로, 미국 성공회 사제인 에드워드 휠러 홀과 그의 성가대 가수이면서 홀의 정부이기도 했던 엘리너 라인하르트 밀스의 사망 수사가 엉망으로 이루어진 이후 검시관실을 설치했다. 살인 현장은 보존되지 못한 채 몇 시간이 흘렀다. 구경꾼들이 범죄 현장을 밟고 다니며 시신에 손을 대는 바람에 존재했을지도 모르는 증거가 오염되었다. 현장을 찍은 신문에는 군중이 시신 주변에 서서, 근처에 있던 능금나무 껍질을 벗겨 기념품으로 가져가는 모습이 담겨 있었다. 홀의 아내와 그녀의 남자 형제, 사촌이 살인 혐의를 받았으나 결국 재판에서 무죄로 판결되었다. 이 사건은 오늘날까지도 미제로 남아 있다.[13]

———

필립스 하우스에서 함께 시간을 보내는 동안 매그래스는 프랜시스에게 1928년에 미국 국립 연구 회의에서 펴낸 〈코로너와 검시관〉이라는 제목의 기념비적인 논문을 한 권 주었다. 이 논문은 의학 교육과 형법 제도의 발전에 대해 오랫동안 관심을 보여온 단체인 록펠러 재단의 후원으로 작성된 것이었다.[14]

이 논문에서는 보스턴과 뉴욕 등 검시관 제도를 갖추고 있는 두 도시를 시카고, 샌프란시스코, 뉴올리언스 등 코로너가 있던 세 도시와 비교했다. 논문은 코로너 시스템에 대한 비판을 아끼지 않았다. 코로너들이 저지르는 것으로 알려져 있는 수많은 부정행위는 차치하더라도, 논문에 따르면 검시관들이 코로너보다 신뢰도도 높고 비용도 적게 들었다. 논문에서는 코로너 제도를 "일상적으로 요구되는 기능을 수행하지 못하는 무능력을 결정적으로 증명한 시대착오적 제도"라고 부르며, 이를 폐지해야 한다고 주장했다.

논문에서는 코로너의 의학적 임무가 검시관에게 부여되어야 하며, 비의학적 임무는 검찰과 사법기관 등 적절한 기관에서 맡아야 한다고 주장했다. 법의학 분야에서 학생들을 충분히 훈련시키지 못하는 의과대학의 실패가 구체적으로 지적되었다. 검시관으로 유능하게 일할 준비가 된 의사는 수가 너무 적었다. 논문에는 이렇게 적혀 있었다. "미국의 어떤 학교에서도 범죄나 사고로 인한 상황에서 수행해야 하는 임무에 관한 체계적 교육과정을 제공하지 않는다. 적절한 훈련을 받은 인력에 대한 수요가 분명 있을 것이다. 의대 졸업생은 검시관이라는 진로를 선택할 기회가 있어야 한다. 그 학생이 원하는 경력을 쌓을 수 있도록 철저한 훈련 기회를 주는 시설이 있어야 한다."

필립스 하우스에서 길고도 지루한 시간을 보내던 어느 날, 매그래스는 어두운 미래를 마주하게 되었다. 그는 프랜시스에게 일생의 업적이 들어가 있는 서류에 관해 말해주었다. "알겠지만, 나는 오래 머물지 못할 겁니다. 내가 죽으면 이 모든 게 나와 함께 죽는 거예요. 내가 떠나자마자 내 모든 노트와 슬라이드와 책 따위가 쓰레기 더미가 되겠죠."[15]

프랜시스는 매그래스를 바라보며 물었다. "그 자료들을 어떻게 하고 싶으신데요?"

매그래스는 말했다. "방법만 있다면, 이걸 법의학과의 토대로 삼고 싶습니다. 아시다시피, 미국 어디에도 그런 기관이 없으니까요. 교육과 연구, 훈련을 시행하는 완전한 학부가……."

"잠깐만요, 종이를 가져올 테니까 간단히 얼개를 세워봐요." 프랜시스가 말했다.

매그래스가 말했다. "나는 새롭고 현대적인 최초의 실험실을 만들고 싶습니다. 창립자인 나의 책과 노트, 교육용으로 사용할 랜턴 슬라이드 파일 전체, 영상 필름이 갖추어진 도서관도 있었으면 좋겠어요. 의사, 법률가, 치과 의사, 보험업 종사자, 코로너, 검시관, 장의사, 경찰에게 법의 의학적 측면을 강연해줄 유능한 강사진도 필요합니다."

프랜시스는 매그래스의 말을 여러 페이지에 걸쳐 받아썼다.

매그래스는 말을 마치더니 생각에 잠겨 파이프를 뻐끔거렸다. "그냥 꿈입니다. 몇 년 동안 생각해왔지만, 이런 일이 이루어질 방법은 없습니다."

필립스 하우스에 머무는 동안 매그래스는 프랜시스의 인생 경로를 바꾸어놓은 말을 했다. 매그래스는 악의 없이, 별다른 의도 없이 한마디를 던졌지만 이 사소한 발언이 프랜시스에게는 기대에 없었고 예상할 수도 없었던 울림을 주었다.

"나는 늘 인체의 장기야말로 세상에서 가장 아름다운 존재라고 주장해왔어요. 의대나 의사 협회 벽을 장식하면 대단히 효과적일 거예요." 매그래스가 말했다.

인간 장기의 아름다움이라니? 프랜시스는 나중에 "나는 즉시 그 생각이 마음에 들었다"라고 적었다.

프랜시스의 머리가 윙윙 돌아가기 시작했다. 꼭 머릿속 스위치가 켜진 것만 같았다. 매그래스가 즉석에서 꺼내놓은 그 생각은 하나의 씨앗이 되어 뿌리를 내리고 자체의 생명력을 얻었다. 매그래스의 말로 프랜시스는 매그래스가 옳다는 것을, 인간의 장기가 정말로 아름답다는 것을 증명하는 오랜 세월의 여정을 시작했다. 벽난로나 문 위에 걸어놓을 수 있는, "뼈와 분비샘과 장기가 뒤섞여 엉킨 모양"을 나타낸 패널화 한 세트를 만들 수도 있었다. 아니면 뭔가…… 다른 것이 될 수도 있었다.

머릿속에 아이디어가 자리 잡기 시작하자 프랜시스는 매그래스에게 말했다. "직접 한번 보고 싶네요. 여기서 나가면, 인간 장기의 아름다움을 보여주셨으면 해요."

6장
|
의과대학

면 수술복을 걸친 프랜시스는 노스그로브가 시체 안치소에 있는 부검 테이블 옆, 매그래스 곁에 서 있었다. 부검실은 병원 수술실처럼 깨끗하고 아주 하얬다. 오른쪽에는 원형극장식으로 된 가파르게 경사진 좌석이 있었다. 보통은 의대생들이 앉는 자리지만 그날은 좌석이 비어 있었다. 왼쪽에는 창문과 도구가 들어 있는 보관장이 있었다. 방 저쪽 끝에는 아래층 냉동고로 이어지는 엘리베이터의 이중문이 있었다.[1]

　방 한가운데에, 머리 위 밝은 조명 아래에는 잠옷을 입고 죽은 채로 발견된 한 남자가 얼룩 하나 없는 강철 테이블에 무력하게 누워 있었다. 경직된 팔을 높이 든 어색한 자세였다. 꼭 마네킹 같았다. 충격적인 악취가 방에 스며 있었다. 썩어가는 해산물이 거름과 섞인 듯한 냄새였다. 프랜시스는 향수를 뿌린 손수건을 얼굴에 대고 있었다.

매그래스는 죽은 남자의 아래팔 뒷면 피부에 생긴 얼룩덜룩한 보라색 반점을 가리켰다. 그는 강연할 때 여러 번 그랬듯 이 얼룩의 중요성을 프랜시스에게 설명했다. 그 반점은 시반이었다. 시반이란 더이상 혈액이 압력을 받아 순환하지 않을 때 일어나는 피부의 변색이다. 심장이 뛰지 않으면, 혈액은 신체 부위의 세포 조직 사이에 작용하는 중력으로 인해 고이게 된다. 시반은 시신이 땅에 닿아 있는 부분 등 모세혈관 그물이 압박당하는 부위를 제외하고 신체의 가장 낮은 표면에서 나타난다.

매그래스는 사망자의 셔츠 소매를 걷어 변색이 덜 된 팔꿈치 부분을 보여주었다.

"시신의 무게가 실리는 곳인 엉덩이나 어깨뼈의 여러 지점에서 피부가 압력을 받은 것을 볼 수 있습니다. 팔과 다리가 어떻게 구부러져 있었는지도 알 수 있고, 허리 주위에 남은 벨트 자국도 볼 수 있죠. 뭔가가 피부를 누른 흔적도 볼 수 있습니다. 나는 무기의 윤곽선을 찾은 적도 많습니다.

시반은 사망 두 시간 후에 나타납니다. 얼룩의 크기는 시간이 지날수록 커지다가, 사후 8~12시간쯤 최대한도에 이릅니다. 사후 첫 6시간 동안은 시반의 위치가 변할 수 있습니다. 그러니까, 사람의 몸 앞쪽에 시반이 나타났는데 시신을 뒤집으면 시반이 뒤쪽으로 이동할 수 있다는 얘깁니다. 첫 12시간 동안은 시반이 하얘집니다. 시반이 나타난 부분을 누르면 피부가 창백해지죠. 12시간쯤 지나면 시반이 고정됩니다. 하얘지지도 않고, 위치가 바뀌지도 않습니다. 시반의 강도는 시간이 지나면서 점점 흐려집니다.

시반은 내일 아침 동쪽에서 해가 뜨리라는 것만큼 확실한 과학적 사실입니다. 단순한 물리학 문제죠. 시반이 앞에 나타난 사람이 똑바로 누운 채로 발견되었다면, 죽을 당시에는 그 모습이 아니었다는 겁니다. 그건 과학적으로 불가능해요. 어떤 식으로든 설명이 필요합니다. 누군가가 피해자를 그 자리에 두고 뒤집었다든지 말입니다.

사람들은 시반을 보고도 별다른 의미를 부여하지 않을 수 있습니다. 의사조차도요. 의대에서는 학생들에게 사후 변화에 대해 별로 가르치지 않거든요. 그냥 별다른 의미가 없는, 여기저기서 나타나는 변색이라고만 생각하죠. 하지만 진실은 아주 다릅니다. 시반을 제대로 살펴보면 아주 많은 정보를 얻을 수 있어요. 사망자가 몇 시간 전에 죽었는지, 죽었을 때의 자세는 어땠는지, 시신이 사망 이후 옮겨졌는지, 시신에 닿아 있는 물건은 없었는지 같은 것들이요."

시신이 응급실이나 장의사에게 운반되고 나면 그 모든 사실이 영원히 잊힌다. 사망 후 하루가 지나서 시신을 살펴본다면, 하루를 잃은 셈이다. 검시관이 시신을 현장에서 바로 관찰하는 것이 중요한 이유가 바로 이 때문이다. 검시관은 경찰이 관여하기 전에 시신을 살펴봐야 했다.

시체 처리 보조원의 도움으로 사망자의 옷이 벗겨졌고, 고인의 품위를 지켜주기 위해 그의 엉덩이에는 면 수건이 걸쳐졌다. 매그래스는 검안을 계속하며 사망자의 두피를 포함한 피부를 머리부터 발끝까지 자세히 살펴보았다. 상처든 멍이든 피부에 나타난 모든 결함은 기록되었고, 자를 사용해 허리부터 머리나 발꿈치까지의 길이가 측정되었다. 매그래스는 조수에게 자신이 발견한 내용을 불러주었다. 조수는 한쪽 구석에 앉아서 그 말을 받아 적었다. 프랜시스는 매료된 채 이 광경을 지켜보았다.

검안이 끝나자 매그래스는 나무 블록을 사망자의 목 밑에 두어 가슴을 들어 올리고 머리를 뒤로 젖혔다. 매그래스는 견봉부터 절개를 시작해, 사망자의 가슴을 흉골 끝까지 메스로 비스듬하게 갈랐다. 다른 쪽 어깨도 똑같이 가른 다음, 흉골 중심선에서 치골까지 다시 절개했다. 사망자의 상체가 깊은 Y자 형태로 절개되었다.

프랜시스는 매그래스가 여러 겹의 피부와 근육을 가르는 모습을 지켜보았다. 그녀는 피 대신 인간 지방 조직의 황갈색이 보이자 충격을 받았다. 지방질은 소고기나 돼지고기, 닭고기에서 보이는 지방과도 무척 달랐다. 검시관은 작은 톱을 사용해 흉골 끝에서부터 갈비뼈를 가르고, 납작한 가슴뼈를 들어 올렸다.

흉강과 복강이 드러났다. 프랜시스는 경이로워하며 장기를 살펴보았다. 그중 다수는 의학 도서의 삽화와 베살리우스의 그림에서 봐서 익숙했다. 표면이 매끄럽고 번들거리는 폐가 심장을 감싸고 있었다. 심장은 그 안에 완벽하게 자리 잡은 모습이었다. 일부는 창백하고 일부는 선명한 색깔로 보이는 내장이 복부에서 구불구불 이어졌다. 모든 것은 아무도 손대지 않은 상태 그대로, 테이블 중앙에 놓인 꽃장식처럼 조심스럽게 배치되어 있었다. 그 모습이…… 숨 막힐 듯 아름다웠다.

이 사람은 한때 무한히 복잡한, 살아 있는 기계였다. 모든 부위가 여러 해 동안 아무 오류 없이 작동했다. 뭔가가 인체라는 이 기계를 생존할 수 없게 흐트러뜨리기 전까지 말이다. 매그래스 박사는 자신의 특수한 지식과 실험실 도구를 가지고 무슨 일이 일어났는지 알아볼 터였다. 프랜시스는 윌리엄 셰익스피어의 작품 《햄릿》에 나오는 왕자의 독백을 떠올렸다. "인간이란 얼마나 위대한 작품인가."

사망자의 흉강에 손을 집어넣은 매그래스는 목의 조직인 대동맥과 경정맥을 해부하기 시작했다. 그는 식도를 가르고, 여전히 위쪽 후두개와 연결돼 있는 혀와 함께 기도를 제거했다. 검시관은 아래쪽으로 내려가며 횡격막과 혈관 몇 개, 장기를 제자리에 붙들어두는 힘줄을 잘라냈다. 매그래스는 복부 아래쪽에서 요도와 직장을 갈랐다. 그는 장기 덩어리를 품에 끌어안은 채, 그것들을 통째로 들어 올려 해부대에 올려놓았다. 프랜시스는 텅 빈 시신을 들여다보았다. 매끄럽고 반짝거리는 가슴 안쪽과 두꺼운 척추뼈가 보였다.

매그래스는 귀 뒤쪽에 튀어나온 부위인 유양돌기를 만져보고, 메스로 정수리를 둥글게 반대쪽까지 도려냈다. 그는 메스를 사용해 두피를 두개골에서 벗겨내고, 두개관이라고도 부르는 머리덮개뼈가 완전히 드러날 때까지 피부와 머리카락을 얼굴 쪽으로 당겼다. 그러고는 넓고 납작한 칼날이 달린 뼈칼을 사용해 두개골을 빙 둘러 흠집을 냈다. 그런 다음, 그는 정을 대고 망치로 톡톡 내려쳐 그릇처럼 생긴 두개관을 분리했다. 일단 두개관이 분리되자 뇌가 우윳빛 뇌막 안에 들어 있었다. 매그래스는 메스로 둘레를 그어 두개골을 연 뒤 뇌 신경을 자르고, 시신경에 접근해 마침내 뇌간을 척수에서 분리할 수 있도록 전두엽을 들어 올렸다.

해부대에 펼쳐진 장기들은 하나씩 검토되었다. 매그래스는 손가락으로 만져보면서 각 장기의 모습을 묘사했고 이를 받아 적게 했다. 각 장기는 치수와 무게가 측정된 다음, 식빵처럼 얇게 잘렸다. 조직을 안팎으로 살펴보기 위해서였다. 매그래스는 장기에서 표본을 떼어 나중에 현미경으로 관찰할 수 있도록 폼알데하이드 병에 넣었다.

매그래스는 부검을 끝내고 조직과 장기를 사망자의 복강과 흉강에 다시 넣었다. 시체 처리 보조원이 두개골을 원위치로 돌려놓고 두피를 원래대로 씌운 다음, 묵직한 실을 이용해 야구공의 접합부처럼 거칠게 Y자 절개 부위를 봉합했다. 프랜시스는 바퀴 달린 들것이 엘리베이터로 이동하는 모습을 지켜보았다. 엘리베이터는 사망자를 다시 냉동고로 데려갈 터였다.

———

프랜시스는 더 록의 집에서 국립연구회의 논문 《코로너와 검시관》을 읽었다. 논문의 권고 사항과 매그래스에게서 배운 것들을 심사숙고한 프랜시스는 미국 사회가 예기치 못한 사망 수사에서 중세의 외양을 벗겨내고 현대성을 포용하기 위해 개선해야 할 세 가지 영역을 찾아냈다. 실제로 기능하는 법의학을 정립하기 위해서는 의료계, 법조계, 경찰 모두의 개혁이 절실히 필요했다. 언젠가 프랜시스는 이렇게 말했다. "법의학은 다리 세 개짜리 의자에 비유할 수 있다. 세 다리는 각기 의학, 법학, 경찰이다. 이 중 하나라도 약하면 의자가 주저앉는다."[2]

미국 전역의 코로너가 검시관으로 대체되려면 매그래스 같은 사람 수백 명을 더 육성해야 했다. 주의회 의원들을 설득해 사인 심문과 코로너 직위를 폐지하고 검시관 제도를 도입하도록 해야 했다. 또한 검시관이 이미 있는 주는 법을 개혁해 이들에게 더 큰 자율성과 독립권을 줘야 했다. 그래야 이들에게 책임을 부여하고, 정치적인 압박과 여론의 압력으로부터 이들을 보호할 수 있었다.

경찰 역시 중요한 요소임을 프랜시스는 잘 알았다. 사망 현장에 가장 먼저 도착하는 사람은 대체로 경찰관이었다. 경찰관이 사망 현장에 있는 유일한 사람일 때도 있었다. 최초의 몇 분은 수사를 성립시킬 수도, 망가뜨릴 수도 있었다. 경찰관들은 범죄 현장을 훼손하지 않는 법을 훈련받아야 했다.

프랜시스는 매그래스가 열어준 문을 넘어 걸어가야 하는 길이 바로 이 길이라고 생각했다. 프랜시스는 법의학이라는 다리 세 개짜리 의자를 개발하는 데 남은 평생을 보내기로 했다. 하지만 그러려면 프랜시스와 비슷한 사회적 지위를 갖춘 여성, 인맥과 자원을 동원할 수 있는 여성의 주장이 받아들여질 길을 찾아내야 했다. 무엇이 필요하든, 프랜시스는 한계를 모르는 호기심과 철저한 성품으로 해낼 작정이었다.

1931년 4월 30일

하버드 의대에서 강사로 일했던 초년기에, 매그래스는 대학에서 연봉 250달러를 받았다. 세계대전 중에는 설명되지 않은 이유로 봉급 지급이 중지되었다. 매그래스는 하버드, 터프츠, 보스턴 대학교에서 급료를 받지 않고 의대생들에게 계속 강의하는 한편 검시관으로서의 임무도 수행했다.[3]

1918년에는 매그래스가 하버드 의대 학장인 에드워드 브래드퍼드 박사에게 편지를 썼다. 매그래스는 자신이 20년간 하버드대에서 병리학을 가르쳐왔는데, 최근에는 신생 학문인 법의학이 성장하면서 자신의 일거리도 마찬가지로 복잡해지고 많아졌다고 했다. 매그래스는 3학년 학생들을 위한 체계적인 법의학 강좌를 열었는데, 첫해부터 이 강좌를 듣는 학생이 많았다. 매그래스는 의과대학 4학년 생들을 상대로 시체 안치소에서 수업하는 후속 강좌를 계획했다.

매그래스는 브래드퍼드에게 보내는 편지에 이렇게 썼다. "제가 가르치려는 법의학 과목은 다양한 의학 분과에 관한 수많은 문제를 다루지만 의대 교과과정에서는 이런저런 이유로 이 문제들을 다루지 않습니다. 의학계 모든 사람이 중요하게 여기며 하버드대에서 학위를 받은 사람이라면 당연히 어느 정도는 알아야 하는 문제인데도 말입니다." 매그래스는 급료를 받지 않고 시간을 냈으며, 의대생들을 가르치기 위해 구한 자료도 모두 자비로 부담했다. 그는 이렇게 말했다. "학장님께서도 제가 학문적 지위에서 어느 정도 진전을 이루고 제 봉사에 대한 보상을 받을 자격이 있다고 생각하시리라 믿습니다."

동료들 사이에서 매그래스는 전형적인 의대 교수로 여겨지지 않았다. 매그래스는 시체 안치소에서 의대생들을 상대로 강의를 하고 그들에게 실습 기회를 주었지만, 연구는 하지 않았으며 검시관으로 재직하는 동안 다른 사건에 관해 과학 저널에 논문을 싣지도 않았다. 보상을 달라는 매그래스의 요청이 당시에 받아들여졌는지에 관해서는 기록이 남아 있지 않다. 어쨌든 그는 이미 확립된 병리학 과정에 더해 계속 법의학 교육과정을 개발하고 가르쳤다.

법의학에 관심을 가진 이후, 프랜시스는 매그래스와 하버드 의대를 모두 지원할 기회를 엿봤다. 하버드대와 법의학은 둘 다 프랜시스의 가슴 깊이 닿아 있었다. 어쨌거나 하버드대는 오빠를 비롯해 그녀와 가까운 남성들의 모교였다. 프랜시스는 젊은 여성이라는 이유로 하버드대에 들어갈 수 없었으나 여전히 그 학교에 애정을 느꼈다.

1931년 3월, 프랜시스는 하버드대 총장인 A. 로런스 로웰에게 매그래스의 검시관 부임 25주년을 기념하자고 제안했다. 프랜시스는 하버드대에 연간 4500달러를 기부하고 싶어했다. 그중 3000달러는 법의학 교수의 봉급으로, 나머지 1500달러는 법의학을 가르치는 외부 강사들의 사례비와 여행 경비로 책정되어 있었다. "조지 버지스 매그래스 박사가 이 과목의 전임 교수로 자리 잡기를 바랍니다. 이점에 있어서는 총장님의 의견도 저와 같으리라고 믿습니다." 프랜시스는 로웰에게 이렇게 이야기했다.[4]

프랜시스는 자신의 계획이 영구히 이어지도록 지원하기 위해 하버드대에 25만 달러를 지급하겠다고 유언을 남겼다. "제 뜻은 적절한 상황에서 조지 버지스 매그래스의 이름이 붙은 법의학부 혹은 법의학회 회장 자리를 만드는 것입니다." 프랜시스는 이렇게 말했다. 그녀의 선물에는 한 가지 중요한 조건이 들어 있었다. 바로 자신이 매그래스의 조교로 활동한다는 것이었다.

총장은 1931년 5월 4일자로 리의 제안서에 답장을 보냈다. "원하시는 바대로 하겠습니다. 의과대학과 이 나라에 크나큰 혜택이 있기를 기대합니다. 의학, 법학, 사회적인 측면 등 여러모로 여사님의 소망은 공익에 부합합니다."[5]

프랜시스는 매그래스가 꼭 필요한 휴식을 취할 수 있게 유럽 여행을 떠나도록 설득하는 것을 도와달라고 로웰에게 부탁했다. 필립스 하우스에서 치료를 받았을 때를 제외하면, 매그래스는 벌써 몇년 동안 일터를 떠난 적이 없었다. 환경이 바뀌면, 계속해서 문제를 일으키던 매그래스의 음주도 줄어들지 몰랐다.[6] 프랜시스는 운 좋게도 검시관 연수 기금이 생겼으며, 그 기금을 통해 자유로운 연구 활동을 할 수 있게 됐다는 소식을 매그래스에게 전해달라고 부탁했다. 매그래스가 이 제안을 받아들이면 여행비로 하버드대에 3000달러를 지급하겠다는 조건이었다.

매그래스는 미끼를 물지 않았다. 로웰은 프랜시스에게 다시 알려왔다. "매그래스는 정말이지 여름 중반이 되기 전까지는 떠날 수 없다고 합니다. 매그래스는 선물의 출처를 전혀 모르거나 최소 그런 척하고 있습니다."[7]

속임수까지 써가며 매그래스를 유럽으로 보내주려 했던 건 프랜시스가 친구의 행복에 관심을 두는 수많은 방법 중 하나였다. 오늘날과 달리 의료적 개인정보에 관한 우려가 없던 시대였기에 프랜시스는 매그래스의 주치의이자 둘의 친구이기도 했던 로저 I. 리 박사(프랜시스 글레스너 리와 친척 관계는 아니다)에게서 매그래스의 건강과 음주 습관에 대한 소식을 계속해서 전해 들었다. 리 박사는 나중에 미국 의학협회 회장을 지낸 보스턴의 저명한 내과 전문의였다. 프랜시스는 또한 공동 은행 계좌를 만들고, 매그래스가 필요하면 언제든 수천 달러를 꺼내 쓸 수 있도록 잔고를 채워놓았다.

친구와 지인들은 프랜시스와 매그래스의 관계를 대놓고 의심했다. 프랜시스는 매그래스에게 헌정한 미출간 원고에서 자신을 "당신의 짓궂은 서기"라고 불렀다. 이는 거의 추파를 던지는 수준이었는데, 그러나 둘이 주고받은 편지에서는 한 번도 애정 어린 표현을 쓰지 않았다. 프랜시스는 늘 매그래스를 '매그래스 박사님'이라고 불렀고, 매그래스에게 프랜시스는 '프랜시스 G. 리 여사'였다.

프랜시스와 매그래스의 관계는 서로에 대한 존중과 공통의 관심사에 토대를 두고 있었다. 그 관심사는 특히 음악과 미술이었으며,

이제는 법의학이기도 했다. 매그래스와 프랜시스 사이에 엄청난 애정이 있었던 것은 분명하지만, 둘의 관계가 연인 사이였다는 증거는 전혀 없다. 프랜시스가 매그래스를 짝사랑했을지는 몰라도, 그에 대한 응답이 없었던 것은 확실하다. 프랜시스가 자신이 느끼는 깊은 사랑의 감정을 한 번도 표현하지 않았을 수도 있다.

———

아이들이 다 자라 결혼하고 각자의 인생을 꾸려나가게 되자, 프랜시스는 더 록의 오두막과 시카고를 오가며 생활하게 되었다. 프랜시스는 자주 시카고를 방문했다. 연로한 부모님과 시간을 보내기 위해서였다. 시카고에 있을 때 프랜시스는 팔머 하우스 호텔에서 자주 묵었다. 가족의 오랜 친구가 소유하고 있는 친숙한 장소였다.

오랫동안 앓았던 프랜시스의 어머니 맥베스는 1932년 10월 84세의 나이로 숨을 거두었다. 존 제이컵 글레스너는 프레리가의 집에 남아 혼자 살았다.

이즈음 매그래스는 프랜시스를 루드비그 헥토언과 오스카 슐츠에게 소개해주었다. 둘 다 코로너 제도와 검시관 제도를 비교한 국립연구 회의 논문에 참여한 사람들이었다. 이들은 시카고 의학 연구회라는, 의학과 공중 보건을 향상시키는 데 전념하는 민간단체의 활동적인 회원이기도 했다. 의학 연구회는 시카고의 코로너 제도를 폐지하고 검시관 제도를 도입하고자 애쓰고 있었다. 발전은 매우 느리게

아주 작은 죽음들

이루어졌는데, 부분적으로는 코로너에게 권한을 부여한 주 헌법의 수정이 필요했기 때문이었다. 슐츠는 프랜시스에게 보낸 편지에서 이렇게 썼다. "우리 목표가 쿡 카운티나 어느 정도 인구수를 갖춘 카운티, 혹은 국가 전체에 변화를 일으키는 것이어서는 안 됩니다. 개인적으로, 저는 주 단위의 검시관 제도를 선호합니다."[8]

갑작스럽고 의심스러운 죽음을 수사하는 방법에 변화를 주자는 주장은 늘 논란을 불러일으켰다. 정치인들은 전통적으로 지역의 권한을 주에 넘기기를 꺼렸다. 장의사와 코로너의 의사 등 사망 사건 수사의 이해 당사자들에게도 각자 의견이 있었다. 슐츠는 프랜시스에게 다음과 같은 편지를 썼다. "우리 싸움은 길고도 고될 것입니다. 주의 대부분 카운티에서 코로너 직위는 너무도 중요하지 않은 것으로 여겨지므로, 변화를 막는 무력감을 극복하기 어렵습니다. 쿡 카운티의 코로너 관직에서 나오는 약탈품이 너무 많아, 정치인들은 이 관직을 차지하고 싶어합니다. 결국 우리에게 무엇이 있어야 하고, 있어서는 안 되는지 정하는 사람은 정치인이고요."[9]

검시관 제도의 우월성을 증명하고 심정적·정신적 지지를 얻어내는 것이 아주 지난한 과정이 되리라는 점은 분명했다. 모두에게 원하는 바가 있었고, 이들의 기득권은 서로 충돌하는 경우가 많았다. 변화를 일으키는 데에는 외교력과 전략, 엄청난 시간이 필요할 터였다. 프랜시스는 속으로 외교력과 전략이라면 자신이 평생 갈고닦아온 기술이라고 생각했다.

프랜시스는 법의학적 문제에 관한 의학 위원회 연구소의 자문위원으로 임명되었다. 그녀는 시카고에 본부를 둔 미국 의학협회의 연례 모임에서 매사추세츠 법의학 전람회를 여는 문제에 관해 슐츠에게 조언을 구했다. 둘은 검시관에 대한 사회적 인식을 제고하자는 공통의 사명감을 품고 있었다.[10]

의학 연구소의 후원을 받아, 슐츠는 1933~1934년에 열린 시카고 세계 박람회인 진보의 세기 국제 박람회에서 대규모 전람회를 열었다. 12미터에 달하는 화면에 나타난 글과 그림을 통해, 문제가 있는 코로너 제도의 역사가 설명되고 관객에게 그림에 묘사된 상황이 살인인지, 자살인지, 사고사인지 생각해보라는 문제가 주어졌다. "죽음에는 과학적 수사가 필요합니다." 굵은 글자로 이런 선언이 나타났다. 슐츠의 전람회는 앞으로 법의학이라 알려지게 될 학문이 대중에게 처음으로 제시된 순간이었다.

한편, 리는 법의학을 독학한 결과 엄청난 자료를 모으게 되었다. 이 자료들은 역사적인 것부터 현대적인 것까지 시대를 가리지 않는 작업물과 비전祕傳 등 책과 의학 저널이었다. 프랜시스가 얻은 자료에는 이탈리아 의사 피에트로 다바노가 지은 1473년 문헌《혈관의 길De Venenis》과 독일 공중 보건의 선구자인 요한 페테르 프랑크가 1779년에 완성한 아홉 권짜리 논문 전집이 포함되어 있었는데, 이 전집은 세계에서 유일한 것이었다. 프랜시스의 수집품에는 바르톨로메우스 앙글리쿠스가 지은《체질에 관하여De Proprietatibus Rerum》(1512)와 세바스티안 브란트가 지은《바보들의 배에 관하여Stultifera Navis》(1498)도 있었는데, 이 두 책에는 모두 부검에 관한 뛰어난 삽화가 들어 있었다. 프랜시스는 제임스 가필드 대통령을 암살하고 처형을 기다리던 중 찰스 기토가 직접 작성한 회고록 원문 등 범죄와 관련된 진기한 기록도 찾아냈다.

1934년경, 프랜시스는 약 1000권의 도서를 수집했다. 그녀는 수집품 전부를 하버드대에 기증하고 의대에 조지 버지스 매그래스 법의학 도서관을 세우고자 했다. 그러려면 하버드대에서 먼저 도서관을 세울 부지를 마련해야 했다. 프랜시스는 E-1동 3층의 몇 개 호실이 법의학부에 할당되기를 바랐다. 그중 하나가 책장과 가구를 갖추고, 프랜시스가 선택한 색깔로 칠해지는 등 도서관으로 개조되었다. 프랜시스는 모든 것이 늦지 않게, 그녀가 알려지지 않은 질병으로 수술을 받기 전에 마무리되어 도서관이 세워지는 걸 볼 수 있길 바랐다. 아마 프랜시스가 앓던 병은 유방암이었던 듯하다.

프랜시스는 죽음이 멀지 않았다는 두려움에 자신과 매그래스가 한 작업을 지원하기 위한 준비가 하루빨리 끝나기를 바랐다. 프랜시스는 하버드대학교 총장 제임스 브라이언트 코넌트에게 이런 편지를 보냈다. "오늘 아침 새로운 유언장을 작성했습니다. 이 유언장을 통해, 법의학부의 지속을 위해 100만 달러를 하버드대에 기부했습니다. 살면서 조금이라도 더 기여하고 싶다는 것이 제 희망이라는 걸 고백했음을 알 거라고 믿습니다."[11]

의과대학 학장과 법의학과 학과장이 충분히 협의하고 실험용 쥐를 재배치한 뒤 E-1동 3층의 인접한 호실 네 곳이 법의학부에 돌아갔다. 그중 하나는 도서관이었고, 다른 하나는 실험 장비를 갖춘 공간이었으며, 다른 두 호실은 사무실로 사용될 예정이었다.

당시 의대 학장이던 데이비드 에드솔 박사는 미생물학부 학과장인 J. 하워드 밀러 박사에게 편지를 써서, 법의학과용으로 방 여러 개가 할당된 이유를 설명했다. "법의학과에 기부금을 낸 사람이 더 많은 돈을 기부하겠다고 알려왔습니다. 모두 합하면 꽤 큰 돈이죠. 더 구체적으로 말하면 그분이 대수술을 받으러 입원하기 전에 서둘러서 확실한 조치를 취해달라고 합니다. 그 수술을 받다가 죽을 수도 있다고 생각하는 모양입니다."[12]

프랜시스의 선물에는 (수술을 받고도 살아남을 경우) 도서관 책임자 역할을 그녀가 맡는다는 조건이 붙어 있었다. 그녀가 적절하다고 생각하는 대로 장서를 계속 불려나가려는 것이었다. 코넌트는 프랜시스의 뜻을 가능한 모든 방식으로 존중하라고 지시했다. 새 도서관에는 세 세트밖에 없는 매사추세츠 법의학회의저널 한 세트와 모든 유럽 범죄학 및 법의학 정기간행물이 전부 묶여 있는 책 한 권을 포함해 프랜시스 소유의 희귀한 도서가 전부 있었다. 매그래스 법의학 도서관은 전 세계 최대 규모였다.

1934년 5월 24일, 도서관 헌정식이 있던 날 코넌트도 대학을 대표해 참석했다.[13] 질병 때문에 발이 묶여 있던 매그래스는 참석할 수 없었다. "활기찬 성품과 능숙한 업무 이행으로, 매그래스는 과거의 코로너 제도와 비교해 검시관 제도의 우월함을 보여주는 데 중요한 역할을 했습니다." 코넌트가 헌정식에서 말했다.

코로너라는 오래된 관직은 복잡하고 현대적인 상황에는 어울리지 않는 방식으로 뒤섞인 법적·의학적 임무에 관여했습니다. (…) 코로너나 검시관이 맞닥뜨리는 문제에는 그 특성상 현대 과학의 모든 자원이 투입되어야 합니다. 검시는 필요할 경우 연관 분야의 다른 전문가들에게 도움을 청할 수 있는 능력 있는 병리학자가 해야 합니다. 그러려면 오래된 코로너의 역할에서 벗어나 매사추세츠주의 제도처럼 의학적인 지식이 전문적 토대를 갖추어야만 합니다. 이 중요한 작업에 모든 시간과 에너지를 쏟은 몇 안 되는 사람 중 한 명인 매그래스 박사는 이 직업의 수준을 높이는 데 크게 기여했습니다. 매그래스 박사는 우리 주에 영향을 끼칠 뿐만 아니라, 과거의 코로너 제도가 검시관 제도로 점차 대체됨에 따라 달라질 이 나라 전체의 관행에도 영향을 미칠 전통을 세웠습니다.

프랜시스도 일어나 발언했다. "저는 여러 해 동안, 살면서 언젠가는 공동체에 유의미한 가치를 주는 일을 할 수 있기를 바라왔습니다."

저는 이곳 하버드 의과대학에 일반인으로서 참여할 기회를 갖게 되어 진심으로 기쁩니다. 여러분은 아마 우리 목표를 잘 알고 계실 것입니다. 제 소원은 이곳에 세계 최고의 법의학부를 세우는 것입니다. 그러나 확실한 성장을 이루기 위해서는, 그 성장이 점진적으로 이루어져야 한다고 단호히 믿습니다. 계획은 수많은 발전 단계를 거쳐야 하고, 그중 현재 진행 중인 것은 작은 부분에 불과합니다. (…) 저는 여러분의 동료이자 제 오랜 친구인 매그래스 박사에게 존경을 표할 수 있다는 걸 고맙게 생각합니다. 매그래스 박사는 사실상 이 직업을 만들어냈으며, 그 직업을 완벽하게 다듬는 데 일생을 바쳤습니다.

1935년 1월 26일

매그래스는 편지를 통해 프랜시스를 록펠러 재단의 의과학 분야 관리자인 앨런 그레그 박사에게 소개했다. 그레그는 공중 보건, 정신의학, 기초 과학, 의학 교육 등의 분야에서 다양한 연구와 실험 프로젝트를 감독했다. 그는 웨스턴리저브대학교의 병리학 연구소 설립에도 참여했다. 이 연구소는 미국에 있는 근대유럽식 병리학 연구소다.[14] 클리블랜드 전역의 모든 협력 병원과 웨스트리저브대학교의 치의과학부 모두에 도움을 주는 이 연구소는 획기적인 실험적 병리학자 하워드 T. 카스너의 지도하에 이름을 떨쳤다.

프랜시스는 그레그에게 약 10년 전 록펠러 재단이 국가 연구 회의에서 실시한 슐츠의 조사에 기금을 댄 이후로 법의학에 어떤 발전이 이루어졌는지 물었다. 논문에서 열거한 제안이 얼마나 진행됐는가? 그레그는 전혀 진전이 없었다고 인정했다. 그 논문은 서랍에서 먼지만 쌓여가고 있었다. 논문이 출간된 이후 미국의 주요 관할 구역 중 검시관 제도를 도입한 곳은 없었다. 프랜시스는 록펠러 재단이 정신의학을 비롯한 의학의 여러 분야에서 장학금 프로그램을 운영했듯, 법의학을 전공하는 의사들을 수련하기 위한 장학금 프로그램을 개발하겠다며 그레그에게 도움을 요청했다.[15]

프랜시스는 그레그에게 검시관 제도가 미국 전역에서 폭넓게 채택되려면 법의학 수련을 받은 젊은 의료 인력이 더 많아져야 한다고 주장했다. 하지만 유럽이 아닌 미국에서는 그 어떤 의과대학에서도 법의학 장학금을 주지 않았다. 록펠러 재단의 도움을 받으면, 하버드대 법의학부에서 이처럼 시급한 인력 부족을 해결할 수 있을 터였다. 프랜시스는 그레그에게 위스콘신주, 미시간주, 오하이오주가 법의학 발전에 열의를 보이고 있으며 훈련된 인력을 충분히 활용할 수만 있다면 검시관으로 제도를 바꿀 것이라고 했다.

프랜시스는 자신이 작성한 제안서를 공유했다. 제안서의 제목은 '법의학부를 위한 개략적인 안'이었다. 하나의 학문 분과 전체가 프랜시스의 9페이지짜리 제안서에 그려져 있었다. 의대 3학년에게 강의할 교수진, 법의학 전문가를 훈련하는 데 쓰일 장학금, 코로너, 코로너의 의사, 검시관을 위한 교육과정 등 이 제안서는 교육, 연구, 공공 서비스를 포괄하는 완전한 학부를 개략적으로 제시했다. 이는 하버드대 법의학과를 위해 그때까지 확정된 자원의 범위를 훨씬 넘어서는 것이었다. 법의학과에는 좋은 장비를 갖춘 실험실과 그곳에서 일하는 독성학자가 있어야 했고, 사진과 엑스레이 촬영을 위한 시설과 광범위한 장서, 사진, 교재를 갖춘 도서관도 있어야 했다.[16]

프랜시스는 그레그에게 보낸 편지에서 자신의 계획에 관해 이렇게 말했다. "상당히 개략적으로 그린 것이지만, 어느 분야에 관해서는 좀 더 자세히 썼고 어느 분야에 관해서는 아직 확신이 없습니다. 물론, 더 많은 것을 알게 되면 바뀌는 부분도 생기겠지요." 프랜시스는 법의학과를 세우기 위해 하버드대에 25만 달러를 희사할 생각이라고 말했다. 하버드대 법의학부는 검시관으로 일할 법의병리학자 양성소가 될 것이었다.

프랜시스의 제안은 그야말로 의학의 완전히 새로운 분야를 밑바닥에서부터 만들어가겠다는 것이었다. 프랜시스가 세운 비전의 궁극적인 목표는 하버드대 법의학과를 발전시켜 매사추세츠주의 모든 법의학 수사를 진행하고 미국 전역의 경찰에게 도움을 줄 법의학 연구소를 만드는 것이었다.

그레그는 일기에 이렇게 적었다. "프랜시스에게 우리가 이 분야에 기여하는 데 관심을 가지고 있으며, 훌륭한 젊은이들이 법의학 분야에 진출해 관련된 교육을 받도록 하는 데 특히 중점을 두고 있다고 말했다."[17] 프랜시스는 "매그래스 박사를 설득해 그런 입문자들을 받아주도록 할 수 있습니다"라고 편지를 보냈다. 이때 입문자란, 그레그가 말한 장학금으로 법의학 수련을 받고 싶어하는 젊은 의사였다. 또 프랜시스는 자신이 매그래스에게 어떤 어려운 임무든 제시할 수 있으며, 시간만 주어지면 매그래스를 설득할 수도 있다고 했다. 프랜시스는 프로그램을 만들고, 매그래스만 가능하다면 최대한 오래 그와 함께 일하고 싶었다.

그레그는 프랜시스와 처음 만난 뒤 일기에 짧은 메모를 덧붙였다.

"프랜시스는 법의학 관련 참고문헌 목록을 원한다." 사실, 프랜시스는 끈질기고 집착이 강한 도서 수집가로서 친구와 지인뿐 아니라 심지어 FBI에까지 범죄학, 의학, 법의학, 탄도학 등 관련 분야의 도서목록을 계속해서 요청했다. 프랜시스는 무시할 수 없는 힘을 발휘했고, 그레그는 그녀의 결단력에 감동했다. "리 여사는 법의학의 루크레샤 모트(미국의 사회개혁운동가. 여성해방의 강령으로서 '여성의 소신 선언'을 발표했다—옮긴이)라고 해도 과언이 아니다." 프랜시스를 만나고 온 그는 조수에게 남긴 메모에 이렇게 적었다. "다음번에 여사가 오시면, 자네가 그분을 만나서 그분의 실용적이고 끈질긴 정신을 온전히 맛보기 바라네."[18]

———

1932년, 뉴욕대학교에서는 의과대학 카탈로그에 법의학 교육과정이 새롭게 생겨났음을 알렸다. 벨뷰 실험실 수장이자 뉴욕시 수석 검시관인 찰스 노리스가 1935년 심장마비로 사망할 때까지 법의학과 학과장으로 재직했다. 다른 교수진으로는 유명 독성학자 알렉산더 게틀러, 밀턴 헬펀과 뉴어크의 검시관인 해리슨 스탠퍼드 마틀랜드가 있었다.[19] 뉴욕대학교 교수진은 의대 학생들에게 학부 과정을 강의했고, 대학원에서도 법의학, 병리학, 독성학, 혈청학을 가르쳤다.

록펠러 재단에서는 뉴욕대학교 법의학과에 장학 기금을 설립할 수도 있었겠지만, 성공할 가능성이 가장 높고 가장 널리 영향을 끼칠 수 있는 곳이 어디인가를 기준으로 자원을 투자하는 것이 좋다고 믿었다. 프랜시스의 재정적 지원과 개인적 참여가 큰 이유가 되어, 록펠러 재단은 뉴욕대가 아닌 하버드대를 선택했다. 결국 뉴욕대학교에도 어쨌든 법의학 과정이 생겼으나, 프랜시스의 영향력으로 미국 최초의 법의학과가 탄생한 곳은 하버드대가 되었다.

하버드대 법의학과 설립을 의논하던 1934년, 프랜시스는 딸인 프랜시스 마틴과 마사 배철더에게 인터내셔널 하베스터의 우선주를 350주씩 증여했다. 주식 배당금으로 딸들에게는 각기 오늘날 4만 4000달러에 해당하는 연간 2450달러의 소득이 발생할 터였다. 프랜시스는 딸들에게 매년 같은 액수의 현금을 제공해왔지만, 그들에게 자본을 주면 더 큰 재정적 안정성이 생기리라고 생각했다. 자신이 겪은 이혼을 떠올린 프랜시스는 여성에게 독립적인 수입원이 얼마나 중요한지 잘 알았다.[20]

프랜시스는 딸들에게 이렇게 썼다. "오래전, 내가 결혼한 지 얼마 안 됐을 때 내 아버지도 조지와 내게 비슷한 선물을 주셨단다. 너희가 받게 될 수입이 지금까지 받아온 것보다 크지는 않겠지만, 나는 경험으로 자본을 직접 가지고 있는 것이 얼마나 큰 위로가 되는지 잘 알고 있단다. 나는 자긍심과 행복감, 사랑을 느끼며 내가 가진 자본의 일부를 너희에게 준다."

1934년, 마틴과 그녀의 남편은 딸 수잔을 입양했다. 몇 달 뒤, 32세의 프랜시스 마틴은 폐렴에 걸려 1935년 6월 19일 사망했다.

1932년, 법의학 교수로 지명됐을 때 매그래스의 간은 반복적인 손상으로 흉터가 생겨 간경변을 일으켰다. 간경변이 알코올 의존증의 결과인지, 직업과 관련된 간염 바이러스 때문인지, 폼알데하이드에 만성적으로 노출된 까닭인지는 논란의 여지가 있다. 간의 중요한 기능 중 하나는 혈액의 불순물을 제거하는 것이다. 간이 망가지면 암모니아를 비롯한 폐기물이 혈류에 생성된다. 간부전으로 고생하는 사람들은 쉽게 피로를 느끼는 경우가 많으며, 혼란이나 방향감각 상실을 경험할 수도 있다. 간이 응혈 인자의 생성에도 관여하기 때문에, 간경변은 멍과 출혈의 위험성도 높인다.

사람들은 매그래스의 외모가 변했다고 느꼈다. 60대 초반인 그는 실제 나이보다 훨씬 늙어 보였다. 걸음걸이가 불안정했고 피부는 축 늘어진 것처럼 보였다. 내과 전문의인 로저 리 박사는 매그래스의 건강에 대해 프랜시스에게 다음과 같이 알려왔다. "조지는 매우 즐거워 보였습니다. 첫 만남 이후로는 이런 식의 거짓된 활력이 사라졌지만, 우리는 매우 유쾌하게 이야기를 나누었습니다. 현재 매그래스는 겉보기에 나쁘지 않습니다만, 그 내면은 상당히 약해져 있다고 생각합니다."[21]

의사는 매그래스의 불규칙한 일정과 잦은 음주 습관을 관리하려고 애썼다. 그는 매그래스에게 밤에 잘 수 있도록 도와주는 약물인 바르비투르 아미탈을 처방했다. 다른 편지에서 그는 프랜시스에게 이렇게 말했다. "조지에 관해 들려오는 소식대로라면, 그는 여전히 야행성으로 생활하며 별로 달라지지 않은 듯합니다."[22]

가족에게 보여준 프랜시스의 경제적 관대함은 매그래스에게까지 확장되었다. 이미 매그래스에게 줄 돈으로 계속 채워두었던 은행 계좌조차 사소해 보일 정도였다. 매그래스가 은퇴한 이후, 프랜시스는 매그래스가 오랫동안 타고 다녔던 모델 T인 서퍽 수보다 훨씬 크고 편안한 패커드를 사주었다. 매그래스의 자동차를 차고에 보관할 돈도 프랜시스가 지불했다.

1935년 가을, 매그래스는 건강이 나빠져 어쩔 수 없이 검시관직에서 사임해야 했다. 그는 할 수 있는 한 오래 하버드대에서 교편을 잡았고, 합창단이나 조정팀에도 계속 참여했다.

매그래스가 매사추세츠주 연방 정부에서 받은 연금은 2250달러였고, 그가 재직한 기간에 대해 하버드대에서 제공한 연금은 연간 150달러에 못 미쳤다. 프랜시스는 의대 학장 시드니 버웰 박사에게 매그래스의 생계비로 연 2400달러는 모자란다고 말했다. 버웰이 매그래스와 이야기를 나눠보고, 매그래스가 일상을 유지하기 위해서는 100달러가 더 필요하다는 데 합의했다.[23] 프랜시스는 하버드대에서 이를 맞춰준다면 자신이 연간 600달러를 내겠다고 제안했다. 자신이 준 돈이 하버드대를 통해, '프랜시스를 쏙 뺀 채' 매그래스에게 전달되는 조건이었다. 버웰은 이 대화에 관한 기록을 남겼다.[24] "1898년에 처음 우리 대학에서 교편을 잡은 뒤로 그토록 오랫동안 헌신해주었고, 충분한 봉급은 겨우 몇 년밖에 받지 못한 분에게 어

아주 작은 죽음들

떤 조치든 취해야 한다고 생각한다."[25] 하버드대는 특이한 연금 지급 방식에 동의했다. 이는 프랜시스가 비밀리에 매그래스를 부양하는 방법이었다.

———

매그래스가 하버드대에서 점점 더 오랜 시간을 보내게 되자 프랜시스의 법의학부에는 더 많은 사무용 공간이 필요해졌다. 프랜시스는 E-1동 3층에 있는 사무실 몇 개에 눈독을 들였다. 미국 약리학의 개척자 중 한 명인 걸출한 의사 레이드 헌트 박사가 학과장을 맡고 있는 약리학부에서 쓰는 사무실이었다. 사실 프랜시스는 정확히 307호를 원했다. 그녀는 이 방이 매그래스에게 대단히 만족스러운 서재가 될 것이고, 옆 방인 306호실에 매그래스의 실험 관련 작업물을 놓을 공간도 생기게 될 거라고 말했다. 프랜시스는 의대 학장에게 자신이 그 방을 차지할 수 있도록 주선해줄 수 있는지 물었다. 헌트는 그 말에 전혀 귀 기울이지 않았고, 이토록 미심쩍은 노력에 자기 공간을 내주고 싶어하지도 않았다.

헌트는 의대 학장에게 이렇게 편지를 썼다. "독극물에 관해 얼마나 기이한 시각이 있었는지 보여주는 오래된 책을 모으고 싶은 게 아니라면, 법의학 도서관은 장난 같은 얘기입니다. 매그래스 박사님이 눈에 띄는 사건 관련 기록을 모아두었고, 그중 일부가 상당히 흥미로운 것으로 여겨지리라는 건 저도 의심하지 않습니다. 하지만 그런 기록 중 매그래스 박사님이 공식적으로 발표한 건 하나도 없는 것으로 압니다. 저는 약 25년간 그분이 발표한 논문은 한 편도 본적이 없습니다. 학생들에게 하는 강의도 1년에 겨우 여섯 개뿐입니다."[26]

특히 307호는 절대 양보할 수 없었다. 헌트는 그 공간을 내놓지 않겠다고 했다. 그 방에는 미국 약전에 관련된 기록과 대마초 시연에 활용되는 실험용 장비 일부가 있었다. 대마초 시연은 조용하고 격리된 공간에서 이루어져야 했다.

프랜시스는 그의 답변이 마음에 들지 않았다. 그녀는 하버드대 총장 제임스 브라이언트 코넌트에게 항의했다. "총장님께서 제가 예전에 했던 요청을 무척 친절하게 들어주셨기에 307호까지 달라고 하기는 싫었지만, 그 방이 정말로 필요합니다."[27]

코넌트는 프랜시스에게 아쉽지만 307호는 내줄 수 없다고 알리는 편지를 보냈다. 프랜시스는 코넌트의 답장을 거의 3개월 동안 묵힌 뒤, 짧은 답을 썼다. "무척 실망스러웠던 총장님의 편지를 받은 이후로, 저는 307호의 사용권을 법의학과에 내주지 않겠다는 총장님의 결정에 관해 대단히 고민했습니다. 생각할수록 재고해주실 수는 없는지 궁금합니다."[28]

프랜시스는 헌트가 2년 후면 의무적으로 은퇴해야 할 나이가 되므로 어쨌거나 그 공간이 곧 빈다는 점을 강조했다. 그때까지는 헌트가 지금 307호에 두고 있는 물건을 복도 건너편의 빈방으로 옮겨두면 될 터였다. 프랜시스는 이렇게 결론을 내렸다. "그러므로, 이

아주 작은 죽음들

문제에 대해 좀 더 고민해주시기를 부탁드립니다. 항의 한 번 하지 않고 이런 결정이 내려지도록 놔둘 수는 없다는 생각입니다."

프랜시스는 결국 법의학과를 위해 307호를 따왔다. 부와 영향력을 활용해 법의학 연구를 발전시키겠다는 목표를 또 한 번 달성한 순간이었다.

1935년 5월 16일

프랜시스는 최근 연방수사국FBI(Federal Bureau of Investigation)이라는 새 이름을 갖게 된 조직의 젊은 수장인 존 에드거 후버를 방문했다. 그의 관심이 법의학이라는 학문에 닿게 하려는 목적이었다.

FBI는 1893년 세계 박람회에서 정리한 기록을 토대로 1896년에 설립된 국가 범죄자 신원확인국NBCI(National Bureau of Criminal Identification)의 후신이다. NBCI는 사진 및 베르티용식 범인 감식 자료를 모아둔 중앙화된 시스템을 갖추고 있었다. 맨 처음 시카고에 근거지를 두었던 NBCI는 1902년에 워싱턴으로 자리를 옮겼다. 1924년, NBCI가 수사국이라는 법무부의 한 부서에 통합되면서부터는 이 자료에 지문도 포함되었다.[29]

존 에드거 후버의 임기 동안 FBI는 금주법을 시행하고 조직범죄를 소탕하며 은행 강도를 수사하는 데 주로 참여했다. 이 기관의 임무는 1932년 3월에 극적으로 변했다. 이때 비행사 찰스 린드버그의 20개월 된 아들과 아내 앤 머로 린드버그가 뉴저지주에 있는 자택에서 납치당하는 사건이 일어났다. 단독으로 대서양을 횡단 비행했던 린드버그는 미국에서 매우 유명한 인물이었다.

찰스 오거스터스 린드버그 주니어의 납치와 살해에 대한 반응으로, 미국 하원에서는 연방 납치법을 통과시켜 수사국에 납치 사건을 수사할 권한을 주었다.[30] 범죄 현장에서 발견된 수제 사다리의 널빤지에서 나타난 도구의 흔적 등 FBI가 발견한 법의학 증거는 납치 용의자인 브루노 리처드 하웁트만에게 유죄 판결을 내리는 데 중차대한 역할을 했다.

린드버그의 납치 및 살인사건 수사를 통해 얻은 과학적 전문성은 FBI 기술 연구소의 토대가 되었다. 이 연구소는 납치가 벌어진 지 약 6개월 뒤에 설립되었다. 현재 FBI 과학 범죄탐지 실험실이라는 공식적인 이름으로 알려진 이 기관이 미국 최초의 범죄 연구소였던 것은 아니다. 그 명예는 1923년에 범죄 실험실을 두었던 로스앤젤레스 경찰에게 돌아간다.

프랜시스는 매그래스에게 받은 소개장을 들고 매력을 한껏 발휘하며 1935년 5월 16일 오후 후버를 만나는 데 성공했다. 프랜시스가 방문했을 당시 후버는 국가 경찰 훈련소를 세우려 하고 있었다. 이 훈련소는 국립 FBI 아카데미의 전신이다. 후버는 여성의 의견을 잘 받아들이는 사람이 아니었다. 그는 1924년 수사국 책임자가 되면서, 모든 여성 요원을 해고하고 그 자리에 여성을 고용하지 못하도록 했다.[31]

그럼에도 프랜시스가 건물 구경을 마치고 FBI의 신원확인용 자료에 지문을 남기자 후버는 그녀를 만났다. 수사부서 차장인 H. H. 클레그가 쓴 메모에 따르면, 프랜시스는 하버드대 법의학과에 대한 자신의 계획을 설명하고 FBI 특수요원들에게 법의학 훈련을 받도록 하라고 후버를 설득했다. 이때 그녀는 수사의 의학적 영역에 관해서는 FBI의 전문성이 떨어진다는 점을 정확하게 지적했다. 프랜시스는 국가 연구 회의의 논문을 언급하며, FBI가 법의학에 부족한 국가적 자원을 채워줄 수 있다고 말했다.[32]

프랜시스는 FBI의 법의학적 전문성이 떨어진다고 지적하면서, 법의학적 전문성은 의심스럽거나 폭력적인 죽음을 수사할 때 대단히 중요한 역할을 할 수 있다고 했다. 협력 관계를 확립하고자, 보스턴에서는 FBI가 사망 사건과 관련된 수사에 법의학적 전문성을 활용할 수 있다고 알려주기도 했다. 클레그는 이렇게 썼다. "프랜시스는 때때로 도움과 조언을 주고 싶다고 말했다."

FBI 지문 부서를 담당한 L. C. 실더는 FBI가 프랜시스에 관해 남긴 메모를 언급했다. "이 여성은 하버드 의대와 연계하여 법의학과를 세우는 데 관심을 두고 있다. 대단히 똑똑하고 경계심이 강하며 적극적인 사람으로 느껴졌고, 매우 정력적으로 계획을 밀어붙이리라는 생각이 든다."[33]

———

프랜시스의 아버지는 1936년 1월 20일, 93세 생일을 일주일 앞두고 사망했다.

글레스너 가족의 저택은 사랑하는 프레리가가 상가로 둘러싸이는 바람에 그 구역의 마지막 주택으로 남아 있었다. 1924년, 부부는 이 집의 소유권 증서를 작성해 미국 건축가 협회에 주었다. 조건은 글레스너 가족이 남은 평생 이 집에서 계속 산다는 것이었다. 소유권 증서에는 H. H. 리처드슨의 사진이 저택 도서관에 영원히 보관된다는 조건도 포함돼 있었다.[34]

1936년 4월 7일, 프랜시스와 그녀의 새언니인 앨리스 글레스너는 저택 소유권이 미국 건축가 협회로 이전되기 전 마지막으로 이 눈에 띄는 주택에 방문해 월요 아침 독서회 동창회를 열었다. 《시카고 트리뷴》은 사회면에서 한 세기 전만 해도 "시카고에서 가장 배타적이고 유행을 선도하는 단체로 여겨졌던" 이 모임이 사라지게 되었다고 알렸다.[35]

글레스너 저택을 받고 몇 달이 채 지나지 않아 미국 건축가 협회는 협회의 목적에 맞게 건물을 리모델링하는 데 1만~2만 5000달러가 들어가게 될 거라는 사실을 알게 되었다. 도저히 구할 수 없는 금액이었다. 건축가들은 글레스너 가족에게 저택을 돌려주기로 표결했다. 결국, 프랜시스와 앨리스는 이 저택을 적성 검사 센터로 활용하도록 아머 공과대학교에 기증했다.[36]

검시관으로 은퇴한 이후 매그래스는 검시관으로 지낸 30년 세월 동안 수집한 서류와 기록에 관심을 돌렸다. 여기에는 사코와 반제티 사건 등 유명 사건도 포함되어 있었다. 어쩌면 그는 이제야 자신의 작업을 출간할 생각이 든 건지도 몰랐다. 그는 책을 쓰고 싶어했다. 방해가 되는 건, 서퍽 카운티 노선 구역의 검시관으로서 매그래스의 뒤를 이은 윌리엄 브리클리 박사였다. 브리클리는 공식 기록은 검시관실의 것이지 매그래스 개인의 자산이 아니라고 생각했다.

프랜시스가 이런 난국을 해소해주었다. 그녀는 버웰에게 브리클리를 법의학부 강사로 임명해달라고 제안했다. 브리클리는 1년에 두세 개의 강의를 맡게 될 것이고, 부검을 도와줄 학생도 두어 명 두게 될 터였다. 프랜시스가 개인적으로 상당한 보상금도 주기로 했다. 하지만 브리클리를 강사로 임명하려면 모든 기록과 랜턴 슬라이드, 원화, 사진, 현미경 슬라이더 등 매그래스 재직 당시에 모은 모든 자료가 법의학과로 이전되어야 했다.

"친구들의 열렬한 소망대로 매그래스 박사님께서 책을 쓰려면, 그분이 평생 해온 모든 작업을 의과대학 사무실에서 쉽게 쓸 수 있도록 해야 합니다." 프랜시스는 버웰에게 말했다.[37] 브리클리는 이에 동의했다. 그 이후로, 브리클리와 리리는 하버드대 법의학부 교수로 임명되었다. 이들의 월급은 프랜시스가 감당했다.

7장

|

다리 세 개짜리 의자

1936년 5월 23일

프랜시스는 의대 학장 버월에게 법의학과에 관한 공식 제안서를 보냈다. 법의학과는 교육과 연구를 수행하고 자격을 갖춘 검시관들을 배출하는, 구색이 잘 갖추어진 온전한 학부가 될 터였다.

프랜시스는 인터내셔널 하베스터 우선주 1050주와 다른 주식 및 채권 소량, 1만 2319.44달러의 현금 등 하버드대에 총 25만 달러를 증여할 계획이었다. 프랜시스의 계산대로라면 1년에 1만 5000달러의 주식 배당금이 나와 학부를 유지하고, 하버드대에서 제공하는 기금을 보충하는 데 쓰일 터였다.[1] 프랜시스는 자신이 사망한 뒤에도 법의학부를 계속 지원하기 위해 유언에 따라 하버드대에 25만 달러를 추가로 남기겠다고도 말했다. 숨겨놓은 그녀의 계획은 더욱 거창

했다. 초안은 작성했지만 집행되지는 않은 당시의 유언장에는 하버드대에 100만 달러를 준다고 되어 있었다.

제안서에서 프랜시스는 비상근 비서와 사서의 급료를 계속 지급하는 것은 물론 매그래스가 은퇴할 때까지 그의 개인 봉급을 지급하겠다고 했다. 프랜시스의 선물에는 두 가지 조건이 붙었다. "첫째, 이 조항의 효력을 정지시키기 전까지 기증자를 익명으로 할 것. 둘째, 귀교의 훌륭한 취향에 적절하게 보이는 방식에 따라 조지 버지스 매그래스 박사의 이름이 영원히 법의학과에 남게 할 것."

제안서에는 자신이 법의학과에 계속해서 적극적으로 참여하겠다는 요청도 담겨 있었다. "때로 도서관에 더 많은 책을 기증하고, 특별한 요구가 있을 시 필수적인 장비를 기증할 특권을 누릴 수 있다면 기쁘겠습니다."

프랜시스보다 일곱 살이 많아 65세가 되어가던 매그래스의 건강은 빠르게 악화되었다. 그는 움직이는 것을 점점 힘들어했고 정신력도 떨어졌으며, 내내 필립스 하우스에 입원했다. 프랜시스는 친구에게 시간이 얼마 남지 않았음을 알았다. 그녀는 버웰과 그레그에게 의대에서 신의성실의 원칙에 따라 법의학과를 발전시키는 데 필요한 자원을 투자하지 않는다면 하버드대에 더 이상 기부하지 않겠다고 말했다.[2]

최후통첩은 통했다. 의대 학장 시드니 버웰은 위원회를 소집해 하버드대 법의학과의 설립 가능성을 타진하게 했다.[3] 위원회의 의장은 병리학과 학과장인 시메온 버트 월바크 박사였다. 첫 번째 회의에서, 위원회는 법의학 분야에서 선구적인 역할을 할 기회가 있다는 데 만장일치로 동의했다. 다만 이 계획의 규모가 상당할 것으로 예상됐다. 특별한 능력을 갖춘 교수진을 모집하고, 새로운 실험실을 만들고, 기존 의대 건물에서 이 모든 일에 필요한 공간을 마련해내야 했다. 프랜시스의 계획대로 된다면, 법의학과는 하버드대 캠퍼스에 자체 건물을 두어야 할 터였다.

월바크는 록펠러 재단의 그레그에게 편지를 써 도움을 요청했다. "하버드대학교에서 법의학의 미래를 따져보는 위원회의 의장을 맡은 건 제게 불행인 동시에 행운이었습니다. 그 이유는, 아시다시피 프랜시스 리 여사에게서 상당한 금액의 기부금을 받을 확률이 매우 높다는 것이죠. 그 액수가 백만 달러에 달할 수도 있습니다. 그러나 위원회에서는 리 여사를 만족시키는 동시에 대학 내에서 유지할 수 있는 조직을 만들어내야만 합니다."[4]

하버드대 법의학과 혹은 법의학 연구소는 매사추세츠 전역 공동체에 공적인 도움을 줄 것이며, 미국 전역에서 법의학 분야에 영향을 끼칠 터였다. 잠재력이 매우 크긴 했지만, 월바크는 의학의 새로운 분야를 개척하는 데 들어가는 작업 규모에 의구심을 품었다. "백만 달러의 기부금이 있더라도 이 문제를 해결할 가능성은 희박할 것으로 보입니다."

1936년 12월 11일에 열린 위원회의 두 번째 모임에서, 위원들은 몇 분의 회의 끝에 매그래스의 후계자를 찾으려는 노력에 대해 "필요한 모든 자격을 갖춘 인원을 확보할 가망은 없다"고 논의를 마무리지었다. "모든 가능성을 따져보았을 때, 젊은 사람을 선발해 해외로 가서 공부할 수단을 제공해야 한다"는 게 결론이었다.[5]

———

1937년, 앨런 리처드 모리츠는 이름을 날리고 싶어하는 총명하고 야심 찬 젊은 병리학자였다. 네브래스카주 토박이인 모리츠는 빈에서 1년간 공부한 뒤 클리블랜드로 가서, 레이크사이드 병원 병리학과에서 전공의 과정을 밟았다. 38세의 나이에 모리츠는 클리블랜드 대학 병원 병리학과 학과장이었으며, 웨스턴리저브대학교의 걸출한 병리학 연구소에서 병리학 부교수를 맡고 있었다. 그는 이 연구소의 소장인 하워드 카스너의 오른팔로 일했다.

모리츠는 자신의 경력이 어떤 벽에 부딪혔다고 생각했다. 그가 꿈꾸던 직업인 병리학 연구소 소장은 도저히 될 수 없을 것 같았다. 카스너는 금방 은퇴할 기미가 보이지 않았고, 부소장 해리 골드블랫 박사는 카스너의 뒤를 이어 오랫동안 소장 역할을 할 수 있을 만큼 젊었다. 모리츠는 이렇게 말했다. "나는 조직도상 서열 3위였다. 내가 원하는 직업, 그러니까 카스너 박사의 자리를 차지하기까지는 오랜 시간이 걸릴 터였다."[6]

하버드 의대 법의학부를 발전시킬 후보자의 최종 명단에 모리츠의 이름도 올랐다. 당시 미국의 그 어떤 병리학자에게도 이 업무에 필요한 배경과 전문성이 없었으므로, 버웰이 주도하는 자문위원회

아주 작은 죽음들

는 연락할 수 있는 최고의 병리학자를 찾아 그에게 법의학 교육을 받게 하기로 했다.

병리학이라는 배경지식은 검시관이 되기 위한 훌륭한 기초였다. 그러나 법의학에는 의학의 다른 분야에서는 가르치지 않는 특수한 지식도 필요했다. 둔기에 의한 손상, 자상과 총상, 으깨진 손상, 익사 및 화재 피해, 질식 및 중독 등 외상의 결과를 공부하는 것은 전통적인 의대 교육에서 간과하곤 하는 법의학의 핵심 요소였다. 의사에게 열상이란 꿰매고 치료해야 할 상처일 뿐 열상이 생긴 방향을 알아낼 필요는 없었다. 의대 교육과정에는 총상이 피해자 스스로에 의한 것인지 알아내는 방법이나 사후에 일어나는 변화, 부패 단계, 백골 감식 등이 포함되지 않았다.

모리츠는 법의학으로 진로를 튼다는 생각에 흥미를 느꼈다. 법의학은 여전히 미지의 분야였으며, 새로운 토대를 일궈나갈 기회가 있었다. 프랜시스의 지원이 있었으므로 하버드대는 이전에 어떤 의대에서도 해본 적 없는 일을 할 수 있었다. 모리츠는 말했다. "몇몇 학교에 법의학과라 불리는 과가 있긴 했지만, 그런 학과는 가끔 부업으로 강의하는 강사를 한 명 두고 있을 뿐이었다." 하버드는 "실제로 법의학이 받아 마땅한 관심을 기울이는 미국의 유일한 의대였다."[7]

모리츠는 1937년 2월 하버드대로 가서 버웰과 프랜시스를 만났다. 그는 이렇게 말했다. "나는 법학과 의학 중 법학에 관해서는 거의 아는 게 없었다. 하버드대는 이 점을 알고 있었고, 록펠러 재단도 마찬가지였다."[8] 그럼에도 모리츠는 일자리를 제안받았다.

하버드대에 법의학과를 만들겠다는 생각은 매혹적이었다. 모리츠는 회의 이후 버웰에게 이런 편지를 보냈다. "생각할수록 법의학과의 발전은 매력적입니다. 미국 의학에 크나큰 진보를 일으켰던 하버드대가 아니라면, 이 나라의 다른 어떤 기관이 의학에 선구적 역할을 해야 할지 모르겠습니다." 그러나 모리츠는 이토록 중요한 결정을 내리기 전에 고민해야 했다. 하버드대에서 보장해주는 게 없다면, 가족과 함께 다른 도시로 이사해 새로운 부서를 처음부터 만들어간다는 건 대단한 위험을 감수하는 일이었다. 그는 버웰에게 이런 편지를 보냈다. "저는 병리학 분야에서 어느 정도 성취를 이루었으며, 시간과 노력을 많이 투자했습니다. 일반 병리학이라는 분야를 떠나 좋은 의대의 좋은 자리를 포기하고 외국에서 2년을 보낸 뒤, 현재보다 훨씬 적은 봉급을 받아가며 한 부서를 만드는 데 충분한 예산을 주겠다는 약속도 없이 부교수라는 불안한 자리에 임용된다면 저는 제 미래를 걸고 도박을 하는 셈이 될 것입니다. 간단히 말해, 저는 이 제안에서 저에 대한 신뢰 부족을 느낍니다. 혹은 제가 느끼기에 적절한 방식으로 새로운 부서를 설립하는 데 필요한 수단이나 의지를 보여주기 어려운 건지도 모르겠습니다. 이런 상황에서 제안을 받아들이기는 어렵습니다."[9]

정교수 자리와 법의학과를 발전시키는 데 충분한 재정적 지원을 해주겠다는 약속을 받고 나서야 모리츠는 이 자리를 맡기로 합의했다. 프랜시스가 본 모리츠의 첫인상은 그리 대단할 게 없었다. 병리학자로서 모리츠의 능력에는 의심의 여지가 없었다. 모리츠는 일가를 이룬 연구자였다. 최근에 그는 혈관 질병에 관한 연구에 참여했다. 모리츠를 만난 사람들은 대부분 병리학에 대한 그의 지식과 호감 가는 성격에 감명받았지만, 프랜시스는 모리츠에게 정치적 감각이 부족하다고 생각했다. 검시관은 대중의 압력 때문에 운신 폭이 좁은 직업이었다. 프랜시스는 그가 그런 환경에서 어떻게 버틸 수 있을지 의구심이 들었다.

하지만 머잖아 프랜시스는 하버드대 법의학과의 새 학과장에게 마음을 열었고, 둘은 곧 지속적인 동반자 관계를 맺게 되었다.

1937년 9월 1일

모리츠는 하버드대 법의학과 교수이자 학과장으로 임용되었다. 그는 거의 즉시 유럽 주요 도시의 법의학 관행을 조사하는 2년의 연수 과정에 돌입했다. 유럽 내 갈등이 점점 격렬해지며 제2차 세계대전의 전운이 감돌던 시대에 2년간 유럽에 체류하면서 모리츠는 아내인 벨마와 어린 두 딸을 데려갔다. 모리츠가 자리를 비웠으므로 법의학과의 활동도 중단되었다. 훈련받는 의사도 없었다. 매그래스는 손이 망가져서 가르치는 데 제약이 있었다. 모리츠는 밑바닥에서부터 한 부서를 다시 만들어내는 과업을 마주하게 되었다.

모리츠의 연구는 글래스고 왕립병원 의과대학교의 법의학 및 공중보건학 교수인 존 글레이스터 박사, 에든버러대학교의 법의학 교수인 시드니 스미스 박사와 6개월간 연구를 함께하는 것으로 시작됐다. 둘 다 높은 평가를 받는 법의학자였던 글레이스터와 스미스는 1935년 사실혼 관계에 있던 이저벨라와 그녀의 가정부인 제인 로저슨을 살해한 혐의로 유죄 판결을 받은 영국인 의사 벅 럭스턴 박사의 수사에 참여했다. 이저벨라 럭스턴과 로저슨의 시신은 신원확인을 어렵게 하기 위해 지문과 얼굴의 특징을 없애는 식으로 토막 나고 훼손되었다. 이 사건은 살인사건 재판에서 법의학적 사진이 증거로 활용된 첫 사례다.

모리츠가 새로운 연구 분야에 관해 일종의 근본적인 결론에 이르는 데는 오랜 시간이 걸리지 않았다. 그는 버웰에게 이런 편지를 보냈다. "지난여름, 저는 법의학과의 조직과 기능에 관해 어렴풋한 생각만 가지고 있었습니다. 저는 이 분야를 두 달도 채 연구하지 않았지만, 이곳 글래스고에서 보낸 기간 동안 추가적으로 어떤 경험을 하더라도 바뀌지 않을 것으로 보이는 몇 가지 결론에 도달했습니다."[10]

한 가지 분명한 사실은 법의학과에 계속해서 교재, 그러니까 시신이 공급되어야 한다는 것이었다. 살펴볼 시신이 없는데 부검을 가르치기란 불가능했다. 모리츠도, 하버드대도 검시관실과 공식으로 제휴를 맺지 않았으므로 그러한 교재를 제공할 수 있는 기관과 먼저 관계를 맺어야 했다.

모리츠가 알아낸 또 한 가지는 법의학 실무의 범위에 관해 합의가 이루어지지 않았다는 것이었다. 어느 곳에서는 법의학이 오늘날 일자리 안전이나 직업 의학이라고 간주될 산업 보건 분야를 포괄했다.

유럽과 미국의 일부 권위자들은 법의학이 범죄의 정신과적·행동적 측면에 대한 연구를 포함한다고 보았다. 요즘은 정신병과 범죄자의 책임에 관한 문제들이 법의학이 아닌 법의정신의학의 범위에 들어간다. 일부 법의학과는 범죄 수사의 모든 과학적 측면에 관여했다. 이런 부서에서는 부검도 했고 독성학 실험실과 혈액형 검사실을 갖추고 있었으며, 지문 분석과 탄도학, 미세 증거 분석도 했다.

모리츠는 하버드 의대 병리학과 학과장인 윌바크에게 이런 편지를 썼다. "저는 법의학 실무를 구성하는 수많은 활동에 다양하게 파고들었습니다. 이런 활동은 지문 감식부터 청소년 범죄에 이릅니다. 그 결과, 저는 법의학 실무의 집중화가 실무자를 팔방미인으로 만들어 그의 유용성을 떨어뜨린다고 그 어느 때보다 확신하게 되었습니다."[11]

그렇다면 미국의 법의학 실무는 정확히 무엇이고, 무엇이 되어야 하는가? 모리츠는 생각을 정리하기 시작했다. 모리츠는 프랜시스에게 이런 편지를 보냈다. "지금까지 내게 가장 큰 이슈는 하버드대학교의 법의학과가 어떠해야 하는지에 대해 어느 정도 확실한 생각에 도달하는 것이었습니다."[12]

사인을 결정하는 것이 근본적으로 중요한 일이므로, 답은 병리학이어야 합니다. 일반적인 임상병리학과 법의학의 차이는, 후자가 의학적으로 중요한 사실에 더해 법적인 측면에서 중요할 것으로 보이는 모든 사실을 확인해야 한다는 점입니다. (…) 임상병리학에서는 두피의 다발성 손상, 두개골의 세분된 복합 골절, 뇌의 열상만 진단해도 의학적 진단의 조건을 만족한 것으로 봅니다. 그러나 법의학 전문가는 이러한 진단에 더해 다음과 같은 의견을 덧붙여야 합니다. 사망자는 사망 당시 알코올에 취해 있었을 것이고, 사망 추정 시간은 4~12시간 전으로 보이며, 시신이 발견된 곳에서 사망하지 않았고, 사망한 모습이 자살보다는 살인으로 보인다는 것, 따라서 사망자는 무거운 둔기에 맞았으며 공격자는 머리카락을 검게 염색한 여성으로 피부가 사망자에 의해 깊이 긁혔을 것이라는 사실 말입니다.

법의학 전문가는 국가를 대표하는 검시관 역할을 해야 하며, 그와 같은 자격으로 폭력적이거나 의심스럽거나 갑작스러운 모든 사망 사건을 상황이 허락하는 대로 완전히 수사해야 합니다. 법의학 전문가는 경찰을 위해 의학적 증거물의 조사를 맡아야 하며, 국가가 사망자의 재산을 보상해야 할 책임이 있을지 모르는 모든 사망 사건을 조사해야 합니다. 법의학 전문가는 소송의 의학적 측면에 관해 자문하고 법정에서 증언해야 합니다.

모리츠가 유럽에 있는 동안 프랜시스와 모리츠가 주고받은 편지에서는 따뜻한 협력 관계가 꽃을 피웠다. 이들은 일주일에 몇 차례씩 편지를 주고받으며 법의학과의 발전에 관한 새로운 소식들을 나누었다. 프랜시스는 모리츠가 자리를 비운 사이에도 일을 밀어붙일 큰 계획을 꾸미고 있었다. 모리츠가 해외에 있는 동안, 프랜시스는 모리츠가 돌아올 때를 대비해 국내에서 바쁘게 일했다. 건강에 대한 염려를 극복한 프랜시스는 사무실의 청소와 개조를 감독했으며, 매그래스 도서관에 둘 책을 계속해서 공격적으로 수집했다.

프랜시스는 미국 대서양 연안 전역의 도서 판매자들에게 주문서나 도서 구매 요청이 담긴 편지를 보내곤 했다. 그녀는 범죄학이나 법의학과 조금이라도 관련 있을지 모르는 문헌과 정기간행물을 원했다. 모리츠는 도서관에 둘 현대적 도서를 권했다. 프랜시스는 원서 번역을 지원하기도 했다. 의대 도서관에서는 매그래스 도서관을 의대 전체 도서관과 통합하고 싶다는 욕심을 여러 차례 표현했다. 모든 참고 자료를 하버드 캠퍼스의 한 건물에서 볼 수 있도록 말이다. 프랜시스는 자신의 장서가 의대 도서관에 포함되는 것을 단호하게 반대했다.

프랜시스는 모리츠에게 이런 편지를 보냈다. "하버드 의대 사서인 홀트 양에게서 편지를 받았습니다. 홀트 양은 우리 학과 도서관을 완전히 관리하고 싶어 안달이에요. 심지어 우리 도서관을 자기 도서관으로 옮기고 싶어하더군요. 물론, 나는 반대입니다. 우리 도서관을 빼앗기지 않도록 주의해주세요."[13]

프랜시스는 많은 돈과 노력을 들여 수집한 책에 강한 애착을 느꼈다. 심지어 매그래스 도서관에서 아무도 책을 빌려 가지 못하게 했다. 프랜시스의 장서에는 희귀하고 값진 책들과 대체 불가능한 원서가 포함되어 있었다. 수집품을 모으는 데 너무도 많은 시간을 들였으므로, 책이 한 권 빠져서 불완전해지는 건 참을 수 없었다. "제멋대로 굴고 싶은 마음은 없으나, 나는 그 어떤 상황에서도 도서관 구역에서 다른 구역으로, 혹은 다른 사람에게로 책이 반출되지 않기를 바랍니다." 프랜시스는 버웰에게 말했다.[14]

의대 도서관과의 타협으로, 세 벌의 완전한 카드식 목록이 만들어졌다. 하나는 매그래스 도서관에, 하나는 의대 도서관에, 하나는 프랜시스의 집인 더 록에 보관하기 위한 것이었다. 프랜시스는 카드식 목록을 복제하는 비용 66달러를 하버드대에 보상했다. 버웰은 매그래스 도서관에 관한 프랜시스와의 대화를 기록했다. "프랜시스는 매그래스 도서관을 일반 도서관과 더 밀접하게 연결한다는 생각에 찬성했으나, 지금 이 순간에는 중앙 도서관과의 통합을 원하지 않는 이유를 상당히 분명하게 표현했다. 그녀는 미래에는 언젠가 매그래스 도서관이 중앙 도서관의 특수 구역으로 배치될 수 있겠으나, 항상 하나의 단위로 유지되어야 한다는 자신의 요청을 기록으로 남기겠다고 제안했다. 나는 이 제안에 동의했다. 매그래스 도서관의 책은 비교적 단일한 주제에 관한 것들을 모아두었기 때문이다."[15]

이 기록에 남은 버웰의 마지막 의견은 기부자라는 프랜시스의 지위를 새롭게 상기시켰다. "프랜시스는 가까운 미래에 자기가 종종 작은 역할을 할 수 있을 것이고, 1~2년 안에는 상당한 규모의 기부금을 낼 것이라는 확신을 주었다."[16]

1938년 가을, 프랜시스의 생각은 1939년에서 1940년에 걸쳐 뉴욕시에서 열릴 것으로 예정돼 있는 세계 박람회로 향했다. 그녀는 다가오는 박람회가 현대 검시관 제도에 관해 대중을 교육할 기회라고 생각했다. 프랜시스는 뉴욕시 수석 검시관으로서 노리스의 뒤를 이은 곤잘러스 박사에게 연락했다. 검시관실에서 세계 박람회에 참여할 계획이 있는지 알아보려는 것이었다.[17]

곤잘러스는 뉴욕시 건물에서 열리는 전시회를 통해 검시관실에서 하는 일을 선보일 예정이라고 말했다. 여전히 초기 단계이던 또 다른 전시회는 공중 보건 및 의학 건물에서 열릴 예정이었는데, 범죄 예방과 탐지의 다양한 측면을 설명하기 위해 마련된 행사였다.[18] 프랜시스는 세계 박람회에 관한 정보를 에든버러의 모리츠에게 전했다. 모리츠는 이런 답장을 보내왔다. "뉴욕 박람회라는 엄청난 홍보 기회를 법의학이 이용할 수 있을 것 같아 설렙니다."[19]

모리츠는 공중 보건 및 의학 건물에서 열리기로 예정된 전시회에 검시관의 전문성이 필요한 상황을 설명하는 패널화를 여러 개 두는 게 어떻겠느냐고 제안했다. 모리츠의 표현에 따르면, 각 패널화에는 "충격적이지는 않으나 극적인 효과를 거두도록 계산된" 그림과 가상의 상황을 묘사한 짧은 글귀가 들어갈 터였다. 예를 들면 이런 식이었다.

1. 자동차 두 대가 얽힌 교통사고. 한쪽 운전자가 사망했다. 사망한 운전자의 과실이 사고의 원인인가? 운전자는 질병으로 사망한 것인가, 아니면 사고로 사망한 것인가?
2. 총상으로 인한 사망. 자살인가, 살인인가?
3. 일산화탄소 중독으로 인한 사망. 자살인가, 질병이나 중독으로 사고 가능성이 높아진 것인가?
4. 물속에서 사망한 채로 발견. 사망인가, 살인인가?
5. 수상한 상황에서의 사망. 자연사인가, 중독사인가, 혹은 확인되지 않은 기계적 손상으로 인한 사망인가?
6. 원인불명의 죽음. 어떤 사고로 인한 것인가, 아니면 작업 도중에 생긴 특수한 형태의 손상으로 인한 것인가?

모리츠는 해외에 있었기 때문에 이 프로젝트에 관해 도와줄 수 있는 부분이 별로 없었다. 그는 프랜시스에게 세계 박람회의 전시회를 주의 깊게 봐달라고 부탁했다. "우리가 직접 개입하지 않는 한 아무 일도 이루어지지 않으리라고 생각하신다면, 제가 대서양 건너편에 있다는 난점에도 불구하고 바쁘게 활동하는 것이 낫다고 봅니다."

프랜시스는 미국 전역에 검시관 제도를 도입하기 위해 법을 바꾸고 여러 개선책을 내놓으려면 일반 대중의 지지가 꼭 필요하다는 점을 알고 있었으며, 법의학이라는 분야에 작가들이 관심을 가질 수 있도록 손을 내미는 노력을 해야 한다고 제안했다.

버웰은 프랜시스와 대화를 나눈 뒤 이런 기록을 남겼다. "프랜시스는 일반인이 법의학의 중요성을 잘 이해할 수 있도록 돕는 다양한 행사를 열자고 제안했다. 이 중에는 전문 작가인 코트니 라일리 쿠퍼의 도움을 받는 것도 포함되어 있었다. 쿠퍼는 《새터데이 이브닝 포스트》 등의 신문에 이 분야에 관한 기사를 실을 수 있도록 주선해 주었다."[20]

———

1938년 12월의 어느 오후, 매그래스는 오랜 친구인 로버트 풀턴 블레이크를 우연히 만났다. 블레이크는 조정 경기를 함께한 동료이자 1899년 하버드 졸업생이었다. 블레이크는 매그래스에게 그들이 모두 아는 나이 든 친구가 최근 갑작스러운 심장마비로 사망했다고 알렸다. 매그래스는 슬퍼하면서도 사색에 잠겼다.

그는 이렇게 말했다. "때가 되면 그렇게 가는 거지. 다음 차례는 누구일지 모르겠군."[21]

24시간이 채 지나지 않은 1938년 12월 11일, 매그래스가 사망했다. 향년 68세였다.

프랜시스는 매그래스의 사망 당시 상황을 모리츠에게 전해주었다. 모리츠는 유럽으로 떠나기 전 잠깐밖에 매그래스를 만나지 못했다. "당신과 만난 이후로, 매그래스는 건강이 나빠지고 있었으나 평소 생활을 그만두지 않았습니다." 프랜시스는 이렇게 썼다. "사망 당일에도 매그래스는 평소처럼 합창단 연습에 참여할 생각이었는데,

목욕 중에 심장마비가 왔어요. 신속하게 도움을 받았습니다. 매그래스는 눈 위쪽에 격렬한 두통을 호소하다가 점점 의식을 잃고 결국 깨어나지 못했습니다. 8시간 남짓밖에 걸리지 않았어요. 부검해보니, 사인이 뇌출혈이더군요."[22]

프랜시스는 멘토이자 사랑하는 친구인 매그래스의 죽음에 깊은 상실감을 느꼈다. 매그래스는 오래전 필립스 하우스에서 장기의 아름다움에 대해 이야기했던 것이 프랜시스에게 얼마나 큰 영감을 불어넣었는지 모르는 채로 사망했을지도 모른다. 그 사소한 한마디는 오랜 세월에 걸친 예견으로 이어져, 프랜시스가 의학에서부터 난해하고 모호한 것에 이르는 다양한 주제를 탐구하기 위해 도서관과 박물관을 찾아다니는 계기가 되었다.

프랜시스는 이렇게 말했다. "나는 규모는 작지만 특이하게 효율적인 나만의 장서를 모으는 한편, 십여 곳의 도서관에서 몇 주, 아니 몇 년 동안 책을 읽었다. 박물관에서 공부했고, 특수 사진사들을 고용했으며, 발견되는 모든 자료를 모았다. 모든 것을 조금씩 공부해야 했다. 해부학과 생리학(둘 다 내게 낯선 영역이 아니었다), 의학사, 도서 제작과 장정에 관한 수많은 책, 채색을 한 원고와 서체에 관한 책과 성인들의 삶에 관한 책, 예술에 관한 책, 보석과 색깔과 상징과 음악과 식물학과 어류에 관한 책, 야만인과 그들의 믿음이며 관습에 관한 설명서, 이집트, 아시리아, 칼데아, 바빌로니아, 그리스, 로마 등 고대 종교와 문화에 관한 역사책, 중세 유럽과 아메리카 대륙의 인디언 문명에서 지금 이곳에 이르는 모든 역사책을 말이다."[23]

몇 년이라는 기간에 걸쳐, 법의학과를 만들던 바로 그 시기에 프랜시스는 책을 한 권 쓰기도 했다. 그녀는 매그래스에게 줄 선물로 400페이지짜리 특별한 원고를 썼다. 프랜시스가 직접 손으로 쓰고 삽화를 그리고 서체로 꾸민 책이었다. 제목은 《그림, 시, 음악으로 표현한 시각적 해부학》이었다.[24]

프랜시스는 그 책에 동봉한 편지에서 시각적 해부학이란 "눈으로 보는 해부학"을 의미하는 단어로, "집에서 만든 용어이기에 아마 가짜라고 할 수 있을 것"이라고 적었다. 프랜시스의 책은 인체의 아름다움에 바치는 시와 그림 형태의 헌사였다.[25]

이 책은 오마르 하이얌의 《루바이야트》에 쓰인 운율을 활용한 4행 연시 형태의 서사시로서, "그럴싸한 이유도 없이 머나먼 서방에서 보스턴에 있는 인디언 동풍의 신을 벌하기 위해 보내진 인디언 신에 관한 이야기"를 전한다. 프랜시스는 편지에 이렇게 적었다. "보스턴에서 인디언 신은 배신을 당해 공원에서 살해당합니다. 그의 시신은 당신이 있는 북부 시체 안치소로 운반되죠. 그의 아들이 찾아와, 그의 신원을 확인하고 인디언 방식으로 매장된 그의 유해를 수습하겠다고 합니다. 유해는 사라지지만, 그건 하버드 의대에 있는 수조에 관한 부분에서 다시 나타나기 위함이랍니다. 이곳에서 유해가 수습되고 설명되지요."

프랜시스의 책은 평범하지 않았다. 특별한 방식으로 읽도록 쓰인 것으로, 함께 펼쳐지는 두 페이지를 같이 살펴봐야 했다. 프랜시스의 원고를 읽는 이상적인 방법은, 오른쪽 면에 제목이 있을 경우 그

제목을 읽은 다음 왼쪽 면의 셰익스피어 인용문을 읽는 것이었다. 그런 다음에는 독자더러 여백의 메모 및 그와 관련된 사행시를 읽도록 했다. 매그래스에게 보낸 편지에서, 프랜시스는 이런 여백의 메모가 고문헌의 색인처럼 쓰인 것이라고 말했다.

복부를 열어 알아보면 되리라
장간막이라는 부채꼴 형태의 피막 탓에 보라색으로 보이는
일그러진 장기는
뒤얽힌 체계적 혼란 속에 정박해 있다네
(그대, 배배 꼬인 문제여)

푸르고 검은 점이 온통 박힌 사랑스러운 폐야
네 우중충한 실체가 흉막낭에 싸여 있구나
너 없이 살 수 없는 나는
너를 폐부 공격으로부터 지키려 노력하지
(그대, 공기로 가득한 성채여)

정강이뼈와 종아리뼈는
인간의 머리와 가슴을 들어 올리는 데 참여한다네
이 둘이 없다면 연속성이 사라지고
머리와 발은 분리될 뿐이지
(그대, 연결 고리여)

아주 작은 죽음들

우리 인간이 너무도 많이 가지고 있는 피부는
모공과 피지선 등으로 가득하다네
매혹적이고 비단처럼 매끄러우며 부드럽고 달콤한……
인간이여, 고백하라! 어떤 피부는 무척 만지고 싶겠지!
(그대, 촉각의 전략이여)

척추뼈 일부와 무릎뼈, 부갑상선, 부신, 생식기를 제외한 인체의
모든 장기와 조직이 시각적 해부학으로 표현되었다. 프랜시스가 책
에 쓴 예술은 상징과 고전에 관한 인용, 매그래스와 그녀 자신에게
특별히 의미가 깊었던 그림들로 가득하다.

프랜시스는 이렇게 썼다. "우리 두 사람의 사랑하는 친구였으며
내가 아는 그 누구보다 온화하고 사랑스러운 성품을 가졌던 아이작
엘우드 스콧과 어린 시절을 함께 보내며 제도사로서 또 설계사로서
수련한 덕분에, 책의 페이지에서 오직 스콧을 통해서만 영감을 얻을
수 있었던 선들을 알아보실 거라 생각합니다."

프랜시스는 사진사들을 고용해 찰스강의 유니언 보트 클럽, 세인
트 보톨프, 노스그로브가의 시체 안치소에 있는 냉동고 등 매그래스
의 인생 여러 측면을 기록해 책에 담도록 했다. 모든 그림에 여러 겹
의 의미가 숨겨져 있었다. 프랜시스는 디자인 요소로 특정한 나뭇
잎과 꽃, 동물들을 선택해 사용했다. 특히 물고기는 서명 대신 사용
했다. 예컨대 프랜시스의 책 어느 페이지에 그려진 해초는 *Chorda
filum*, 즉 사망자의 밧줄이라고 흔히 알려진 식물이다. 원고 전체에

걸쳐 계속 등장하는 떡갈나무 잎사귀는 힘과 독립성을 상징한다. 죽은 지 얼마 안 된 사람을 스틱스강과 아케론강 너머로 태워다주는 뱃사공 카론이 그려진 이유는, 프랜시스의 말에 따르면 그가 최초의 노잡이이기 때문이었다. 꽃으로 위장되어 어느 페이지를 장식한 것은 매그래스와 프랜시스의 지문이었다.

프랜시스의 설명에 따르면, 포트 잭슨의 상어알 껍질로 시작되어(매그래스가 미시간주 잭슨에서 태어났기 때문이다), 물고기 뼈로 끝나는 말미는 처음과 끝, 다시 말해 탄생과 죽음을 나타내기 위한 것이다. 전체적으로, 프랜시스의 원고는 삶과 죽음이라는 위대한 신비와 불멸성, 다른 세상으로 떠나는 영혼을 성찰한다.

프랜시스는 매그래스에게 보내는 편지에서 자신의 원고에 관해 이렇게 썼다. "제가 했던 모든 일이 그렇듯, 이 책도 어쩌다 보니 쓰게 된 것입니다. 이 책은 제 모든 정신을 사로잡은 대단히 흥미로운 작업이었으며, 지금까지 걸어본 적 없는 수많은 길로 저를 이끌었습니다."

시각적 해부학, 법의학과의 창설, 그녀의 여생 등 프랜시스의 사명은 전부 인간 장기의 아름다움에 관한 매그래스의 말 한마디가 가져온 결과였다. "바로 여기에서, 당신이 너무도 태연하게 표현했고 나 역시 무척 태연하게 받아들였던 그 생각이 작은 싹이 되어 하버드 의대 법의학과와 조지 버지스 매그래스 법의학 도서관을 자라나게 했다고 말해도 좋을 것입니다."

시각적 해부학 작업은 프랜시스에게 치료 효과가 있었다. 당시 프랜시스는 힘든 시기를 보내고 있었다. 그러나 장막이 걷힌 듯, 빛이 앞길을 비추었다. 프랜시스로서는 그 길이 어디로 이어질지 알 수 없었다. 다만 그녀는 지적으로 파고들 주제와 새로운 목표 의식을 찾았다.

나는 이 책이 그 자체로 부활이라고 생각해요. 이 책은 건강과 행복, 더 폭넓은 시각과 이해력, 생각하고 공부할 능력을 가져다주었어요. 이 책은 제작자에게 평정심과 마음의 평화를 주었어요. 당신은 당신의 아이디어가 정말로 기적적이라고 생각하지 않나요? 나는 그렇다는 걸 알고 있습니다. 그러니 당신에게 진 감사의 빚을 인정하게 해주세요. 첫째는 이런 아이디어를 준 것, 둘째는 이 아이디어를 통해 새로운 사람들이나 멀어진 사람들과 즐겁고 행복한 관계를 맺게 해준 것, 마지막으로 가장 중요하게는 당신이라는 영적 존재가 펜과 붓을 댈 때마다 내게 기쁨과 영감을 준 것이 고맙습니다. 당신 앞에 내 헛소리를 조금이나마 늘어놓자니 매우 두렵다는 것을 고백합니다. 당신은 정확한 지식과 완벽한 취향, 세부 사항에 대한 꼼꼼한 주의력을 갖춘 분이니까요. 하지만 내 작품을 당신만큼 친절히 대해주고 당신만큼 후하게 평가해줄 사람은 없습니다. 이 책은 당신이 우연히 한 말에서 출발한 것이므로, 당신의 아이디어를 실현하려는 노력이 그 아이디어에 훨씬 못 미친다는 것을 알면서도 겸허하게 모든 존경심을 담아 감히 이 책을 헌정합니다. 당신이라면 나와 함께 농담을 즐길 수 있다는 걸 알기에, 당신의 진실한 평가와 진정한 애정에 자진해 응합니다.

프랜시스가 시각적 해부학 원고나 동봉된 편지를 매그래스에게 주었다는 증거는 없다. 그녀는 책이 터무니없다고 생각했거나 작업을 마무리하지 못했을지도 모른다.

프랜시스는 매그래스의 검시관실에서 비상근 비서로 일했던 매사추세츠 토박이 파커 글래스를 하버드대에서 계속 조수로 고용하도록 모리츠를 설득했다. 모리츠가 연수를 떠나 있는 동안에도 프랜시스는 글래스를 히콕스 비서 학교에 보내 수련을 받도록 했다. 그곳에서 글래스는 받아쓰기, 서류 정리, 의학 속기에 관한 기술을 갈고 닦았다.

글래스는 매그래스가 죽은 뒤에도 그의 작업을 계속해야겠다는 책임감을 느꼈다. 그는 프랜시스에게 이런 편지를 썼다. "매그래스 박사님을 위한 우리 작업과 그분이 시작한 일은 영원히 끝나지 않겠지만, 작년 12월에 우리가 넘겨받은 일은 능력이 미치는 대로 최선을 다해 실천할 것입니다. 이 과제에서 제가 맡은 몫은 미미하지만, 저는 만족감을 느낍니다. 박사님을 그토록 오랫동안 보호해주신 여사님은 얼마나 더 큰 보람을 느끼실지요."[26]

글래스는 보일스턴가 274번지에 있던 매그래스의 오래된 사무실을 비웠다. 모리츠가 타는 자동차에도 매그래스의 181 번호판을 붙이자는 건 글래스의 아이디어였다. 숫자가 낮아서 바람직하기도 했지만, 그 번호판은 프랜시스에게 상징적인 의미가 있었다. 프랜시스

아주 작은 죽음들

는 영향력을 발휘해 번호판이 일반 차량에 다시 풀리지 않게 했다.

프랜시스는 모리츠에게 이렇게 말했다. "이건 공식적인 번호이고, 매그래스가 살아 있던 시절에는 모든 차량이 이 번호판만 봐도 멈췄어요. 누가 시켜서가 아니라 예의에 따라 그랬던 거지요. 매그래스 박사님의 이름과 위신 덕분에, 저는 당신이 원하면 쓸 수 있도록 이 번호판을 구해 왔습니다. 매그래스 박사님의 누이인 매그래스 여사는 박사님의 후계자가 된 당신이 이 번호판을 써주기를 바랍니다."[27]

모리츠를 제대로 된 훈련을 받은 법의병리학자로 만들어놓았기에, 프랜시스는 검시관에게 독립적인 권한을 주는 방식으로 법을 바꾸어 매사추세츠주의 사망 사건 조사 방식을 개혁하고 현대화할 기회가 생겼다고 생각했다. 프랜시스는 매그래스가 죽고 얼마 지나지 않아 시드니 버웰에게 자기 생각을 요약한 편지를 보냈다. "지금은 매사추세츠주의 검시관 제도를 개조하기 좋은 시기입니다. 매사추세츠주는 늘 법의학과 관련된 문제에 앞장서 왔으나, 지금은 뉴욕과 에식스 카운티, 뉴저지주가 매사추세츠주를 앞서가고 있으며 중서부의 몇몇 주도 전면에 나서고 있습니다."[28]

프랜시스는 주 단위 체계를 만들자고 제안했다. 중앙집중화된 검시관실을 부검이 실시될 보스턴에 두는 방식이었다. 본부에는 주 전체의 수사에 도움을 줄 집중화된 독성학 및 탄도학 실험실도 갖출 터였다. 프랜시스는 검시관실이 하버드에 자리 잡아야 하며, 한 사람(이상적으로는 모리츠)이 매사추세츠주 수석 감시관으로 임명되고

보조 두 명과 부검시관 두 명이 함께 임명되어야 한다고 밝혔다.[29]

검시관실이 하버드 의대와 가까운 관계를 맺게 해두면, 법의학과 학생과 연구원들에게 시신을 공급하는 문제도 해결될 것이었다. 기존에 매사추세츠주 내 여러 구역에서 일하던 비상근 검시관들의 업무에는 변함이 없을 터였다. 이들의 급료와 활동은 똑같이 유지될 것이다. 다만 이들은 보스턴의 전문적인 검시관실에 자유롭게 접근할 수 있게 된다.

완벽한 제도는 아닐지 모르지만, 맞는 방향으로 한 걸음 움직이는 것이기는 했다. 더 중요한 건, 프랜시스의 계획이 정치인들의 심기를 최대한 거스르지 않는 길을 따랐다는 점이었다. 프랜시스는 버웰에게 말했다. "이 방법은 현행보다 그리 비싸지도 않고, 누구의 명성도 떨어뜨리지 않을 것이며, 정치적 목적으로 임명하는 공직의 수를 줄이지도 않을 것입니다."

프랜시스는 버웰에게 함께 레버렛 솔턴스톨 주지사와 주 법무장관 폴 데버를 만나, 현대적인 주 단위 검시관 제도를 도입하도록 압박하자고 했다. "입법이 필요하니 지금 시작해야 합니다." 프랜시스가 말했다. 버웰은 당시 이 싸움에 참여할 마음이 없었다. 프랜시스의 선지자적 제안은 아무런 결실로도 이어지지 못했다. 매사추세츠주는 1983년까지 주 단위 검시관 제도를 채택하지 않았다.[30]

모리츠의 연수에는 영국, 덴마크, 독일, 오스트리아, 스위스, 프랑스, 이집트 방문이 포함되어 있었다. 그는 에든버러, 글래스고, 런던, 파리, 마르세유, 베를린, 함부르크, 본, 뮌헨, 빈, 그라츠에서 직접적인 법의학 경험을 얻었다. 모리츠는 이집트 카이로에 있는 연방 연구소에서 배운 것에 기쁨을 느꼈다. 그는 원시적인 상황에서 일하는, 별로 훈련 수준이 높지 않은 직원들을 보게 되리라 예상했다. 그러나 그는 이집트 내의 모든 부검을 실시하는, 좋은 장비를 갖춘 집중화된 시설을 보게 되었다. 시설은 계속 분주하게 돌아갔다. 카이로에서는 당시 살인사건이 많게는 하루 25건까지 발생했다.

모리츠는 록펠러 재단에 보내는 연구 보고서에 이렇게 썼다. "이집트에서는 독살이 매우 흔하다. 이 연구소처럼 독성학을 많이 연구하는 곳은 전 세계 어디에도 없을 것이다."[31]

모리츠는 시드니 버웰에게 보낸 편지에서 카이로 연방 연구소에서의 경험을 간략히 적어두었다. "저는 이집트에서 매우 흥미로운 시간을 보냈으며, 제 생각 이상으로 벌어지는 '믿거나 말거나' 식의 일들을 보았습니다. 나일강 유역에서 범죄는 번창하는 산업이며, 여기에는 범죄를 실행에 옮기기 위한 독창적인 아이디어가 많이 있습니다. 덴마크를 제외하면, 저는 법의학적 행위의 모든 분야가 연방의 부서에 이토록 고도로 조직되고 집중화된 곳은 없으리라 봅니다. 법의학 전문가들은 잘 훈련되어 있으며, 이들의 작업은 제가 보았던 어떤 일 처리 방식보다 뛰어납니다."[32]

전반적으로, 모리츠는 유럽과 아프리카의 여러 제도를 살펴보고 난 뒤 법의학 실무의 수준이 천차만별이라는 사실을 알게 되었다. 어떤 도시는 꽤 괜찮았지만, 대부분은 그렇지 않았다.

모리츠는 윌바크에게 이런 편지를 보냈다. "지금까지 제 경험, 특히 유럽 대륙에서 얻은 경험이 중요한 건 제가 배운 좋은 것들 때문이 아니라 피해야 할 관행을 너무도 많이 알게 되었기 때문입니다. 근본적으로 잘못된 조직과 기법을 연구하기 위해 지나치게 오랜 시간을 보냈다는 생각이 듭니다."[33]

———

프랜시스는 아역 배우의 어머니라도 되듯 하버드대에 모리츠를 소개하는 데 성공했다. 1939년 9월, 그녀는 모리츠가 유럽에서 돌아오자마자 하버드대에서 법의학 강의를 연달아 열도록 주선했다. 또한 솔턴스톨 주지사와 매사추세츠주 경찰서장 폴 커크, 매사추세츠주 의원, 워싱턴에 있는 FBI 실험실 총책임자 등과 연달아 만남을 주선하기도 했다. 프랜시스는 9월에 더 록에서 모리츠가 참석하는 만찬을 열기도 했다. 그녀는 저녁을 먹은 뒤 모리츠가 30~40분 동안 법의학에 관해 강의해주기를 바랐다. 그녀는 모리츠에게 이렇게 말했다. "법의학 전반에 관해 조금 이야기해주셨으면 좋겠어요. 법의학이 무엇인지, 왜 해야 하는지, 지난 2년을 해외에서 보내며 박사님은 뭘 하셨는지, 지금 미국에는 무엇이 필요한지, 하버드대가 그런 목표를 이룰 전망을 어떻게 보고 있는지 등에 관해서요. 의사들을 많이 초대할 거예요. 변호사도 몇 명 있을 테고, 뉴햄프셔주 의료 심사관 몇 명도 올 겁니다. 지역 장의사와 부보안관, 경찰서장에게도 오라고 했어요. 일종의 포교를 할 기회가 되겠지만, 아시다시피 지나치게 전문적이어서는 안 됩니다. 뭐라 할까, 너무 유혈이 낭자해서도 안 되고요."[34]

프랜시스의 친구 루드비그 헥토언은 모리츠를 초대해 시카고 의학 연구소에서 강의를 해달라고 했다. 모리츠가 보스턴이 아닌 지역에서 한 첫 강연이었다. 시카고대학교에서도 모리츠가 학생들에게 강의해주기를 바랐다. 프랜시스는 모리츠에게 사업과 관련된 조언을 한 가지 해주었다. 사람들이 진지하게 귀를 기울이도록 하고 싶다면, 그들에게 돈을 내도록 하라는 것이었다. 그녀는 모리츠에게 말했다. "강의할 때는 사례비를 요청하거나 받아야 한다고 단호하게 믿습니다. 뭐든 공짜로 줘버리는 것은 나쁜 방법입니다. 무슨 일이든 한번 시작하면 방침을 바꾸기 어려워요. 당신 자신과 당신이 아는 정보, 당신의 경험을 너무 값싸게 여기지 마세요!"[35] 프랜시스는 모리츠에게 시카고 지역 신문에 법의학에 관련된 기사를 쓰는 것도 고려해보라고 제안했다. 명분은 이를 통해 대중에게 검시관에 관해 좋은 이미지를 심어주자는 것이었다.[36]

1940년 1월, 모리츠는 프랜시스에게 특이한 제안을 했다. 미국 법의학 저널의 편집장을 맡아달라는 것이었다. 저널을 하버드대 법의학과와 연계시키고 편집 관련 정책을 통제할 수 있다면 좋겠지만, 모리츠에게는 이 일에 들일 시간이 없었다. 모리츠는 프랜시스가 편집 정책을 자유롭게 정할 권리를 갖게 되리라고 덧붙이며 이렇게 말했다. "제가 아는 한, 미국에 이 일을 여사님만큼 잘 해낼 사람은 없습니다."[37]

프랜시스를 전문 저널의 편집장으로 삼겠다는 생각은 그 자체로 놀라웠다. 물론, 프랜시스는 그 누구보다 많은 법의학 지식을 갖추고 있었다. 하지만 그녀에게는 학위가 없었다. 편집장 자리는 한 직업군의 지도자들이 맡는 것이 보통이었다. 프랜시스의 유일한 공식 자격은 매사추세츠주 법의학회 명예 회원과 뉴햄프셔주 법의학회 창립회원뿐이었다. 아무리 수준이 높더라도 전문가가 아닌 사람에게 저널을 이끌게 하는 것은 그야말로 대단히 특이한 일이었다. 그 사람이 여성이라면 더더욱 그랬다. 기분은 좋았지만, 프랜시스는 이 제안을 거절했다. 그 일에 그토록 공을 들이기에는 너무 나이가 많다는 게 이유였다.

얼마 지나지 않아 1940년 2월이 되자 하버드대 법의학과는 출범 준비를 모두 마쳤다. 하버드대는 2월 9일, 법의학과 실험실 개장 때 오후 차담회를 열어 프랜시스를 알맞게 기렸다. 오후 차담회에 참석하는 손님에는 하버드대 각 과 학과장들과 법대와 의대 학장, 총장과 재단 이사들, 터프츠와 보스턴 대학교 학장과 학과장, 주 법무장관 폴 데버, 주지사 솔턴스톨 등이 포함되었다.[38]

며칠 뒤, 프랜시스는 버웰에게 감사장을 남겼다. "나는 지금도 지난 금요일의 성대한 파티를 생각하면 당신에게 더 멋진 감사 인사를 전하고 싶은 마음입니다. 당신이 하버드 의대 학장이 된 그날은 법의학에도, 앨런 모리츠에게도, 내게도 행운의 하루였습니다."[39]

프랜시스의 기부금에서 법의학과에 자금 지원이 이루어졌다. 프랜시스가 기부한 주식은 배당금으로 1년에 1만 5000달러의 소득을 가져왔다. 이 금액으로 모리츠와 조교들, 보조 직원들의 봉급을 전부 감당할 수 있었다. 록펠러 재단에서는 5000달러를 제공해, 검시관으로 일할 의사들을 훈련하는 비용으로 3년짜리 장학금 두 건을 만들었다. 하버드대는 학과를 새로 단장하는 데 1만 달러, 장비를 마련하는 데 5000달러를 내놓았다.[40]

법의학으로 진로를 잡은 젊은 병리학자 두 명이 법의학과의 첫 연구의로 선발되었다. 펜실베이니아 의대 졸업생인 허버트 런드 박사와 MIT에서 화학공학 학위를 받고 터프츠 의대에서 의학 교육을 받은 에드윈 힐 박사였다.[41] 그 당시 여전히 해결되지 않은 한 가지 문제는 임상 자료, 즉 꾸준히 시신을 공급하는 것이었다. 검시관실을 하버드대 근처에 두겠다는 프랜시스의 계획이 실현되기까지는 아직 많은 시간이 남아 있었다.

모리츠는 버웰에게 이런 편지를 썼다. "하버드대에서 진짜 학과라고 할 만한 학과가 발전하려면 절대적으로 필요한 조건이 하나 있다고 보는데, 그것은 바로 법의학 작업을 위한 적극적인 책임감입니다. 임상 자료가 들어오지 않는데 대학교의 법의학과를 발전시킨다는 것은, 수술 연습 없이 수술을 가르치고 아이를 분만시키지 않고 산부인과를 가르치는 것과 마찬가지라고 생각합니다."[42]

티머시 리리는 법의학과 강사로 임명되었으나 자기 자리를 놓고 텃세를 부렸다. 리리는 모리츠가 등판하기 전까지 30년 동안 검시관으로 활동했으며, 프랜시스를 포함한 외부자들이 들어오는 것을 꺼렸다. 그는 프랜시스가 이전 동료인 매그래스와 가까운 사이였음에도 그녀를 공식적인 교육을 받지 못한 부유한 할머니로, 자기 공직의 권위를 빼앗으려는 사람으로 보았다. 프랜시스와 버웰은 모리츠를 리리의 조수로 임명하라고 솔턴스톨 주지사를 설득함으로써, 베테랑 검시관에게 명시적인 책임을 맡겼다.

모리츠는 매사추세츠주 경찰의 법의학 자문위원으로도 임명되었다. 검시관들과 지방 검사들에게는 모리츠가 매사추세츠주 전역에서 실시하는 부검에 관한 자문이나 도움 요청에 응답할 것이며, 카운티에는 비용이 발생하지 않을 것이라는 통지가 전달되었다.

전화는 오지 않았다.

모리츠가 이끄는 하버드대의 수사관들을 원하는 사람이 없다는 건 머잖아 분명해졌다. 지역 경찰은 외부의 대학 꼬마들이 이래라저래라 하는 걸 고마워하지 않았다. 모리츠가 초대받지 않은 어느 범죄 현장에 도착했을 때 어떤 사람이 벽에 묻은 피를 분주하게 닦아내고 있었다. 지역 보안관은 부하들의 제복에 피가 묻는 게 싫다고 했다. 그 시점에는 사망 사건이 벌어진 주택이 이미 수십 명의 호기심 어린 지역 주민들로 버글거리고 있었기에 증거를 닦아낸다 한들 별 차이도 없었다. 구경꾼들은 현장을 오염시키고 사방에 지문을 찍

어댔다. 모리츠가 범죄 현장 오염에 관해 불만을 제기하자 보안관은 닥치든지 나가라고 했다.[43]

2년간 법의학과에서 수사한 사망 사건은 거의 없었다. 그러다가 1940년 7월 31일 오후, 모리츠는 전보를 받았다. "뉴베드퍼드 검시관 로젠 박사가 다트머스에서 발견된 신원미상 시신 부검에 대하여 모리츠 박사의 도움을 요청함."[44]

다섯 개 공공사업 추진국 직원들은 점심시간에 블루베리를 따던 중 지역 '연인의 길'의 나무 아래 덤불에 숨겨져 있던 시신을 발견했다. 시신은 부패가 심각하게 진행된 상태였고 젊은 여성으로 보였다. 옷은 다 입고 있었고, 발목과 손목이 밧줄로 묶인 상태였다. 눈에 띄는 외상 흔적은 없었다. 시신 아래에서는 모빌 석유 회사의 기념품인 날아다니는 작고 빨간 말 모양의 핀이 발견되었다. 모리츠는 유해와 시신 아래에 있던 잎사귀 표본을 가지고 돌아왔다. 3주 뒤, 모든 증거를 주의 깊게 관찰한 모리츠는 뉴베드퍼드 경찰에게 사망자의 이름과 주소, 사망한 방식과 사망 시점, 범인까지 말해줄 수 있었다.

사망자의 이름은 아이린 페리였다. 그녀는 22세였으며, 6월 중 두 살배기 아들에게 아이스크림을 사주러 집을 나섰다가 실종되었다. 그녀의 유해에서는 그녀의 것이 아닌 작은 뼈 다섯 개도 발견되었다. 페리는 임신 4개월이었다.[45]

페리의 시신 근처에서 수사관들은 그녀를 교살하는 데 사용된 것으로 보이는 매듭 지은 올가미를 발견했다. 하버드대 수사관들은 페리와 나이와 신체 치수가 동일한 50명의 여성 자원자를 대상으로 실험한 결과 교살하는 데 필요한 밧줄의 길이를 측정했다. 100번에 걸쳐 시도해보니(실제로 다친 자원자는 없었다) 평균 밧줄 길이는 시신과 함께 발견된 올가미보다 1센티미터가량 짧은 정도였다. 밧줄을 화학적으로 분석해보니, 도매로 판매되며 방앗간, 농장, 공업소 등에서 사용되는 종류라는 것을 알 수 있었다. 이와 동일한 밧줄이 페리의 남자친구인 25세의 방앗간 노동자 프랭크 페드로의 지하실에서 발견되었다.

페리가 사망한 지는 얼마나 되었을까? 페리의 시신에서는 썩어가는 살점에 알을 낳는 미식성 곤충이 네 종류 발견되었다. 유충의 발달 단계에 대한 분석을 토대로, 수사관들은 페리가 최소 한 달 전에 사망했으며 7월 1일 이후에 살해되었을 가능성은 없다고 결론 지었다. 시신 아래 나뭇잎에는 칼미아와 키 작은 블루베리 식물이 포함되어 있었는데, 이번 계절에 자라다가 시신에 깔린 것이었다. 어린 나뭇잎의 발달 단계를 토대로 보면, 식물은 7월 15일이나 그 이후에 죽었다. 이로써 2주의 기간이 나왔다. 이런 결론은 페리가 살아 있는 모습이 마지막으로 목격된 시점이 6월 29일이라는 점과도 일치했다.

페드로는 페리의 사망에 대한 1급 살인으로 기소되었다. 그를 범죄와 연관 짓는 과학적 증거에도 불구하고, 또한 모리츠와 프랜시스가 느꼈을 엄청난 답답함에도 불구하고 페드로는 법정에서 혐의를 벗었다.

법의학과를 하버드대에 둔 강력한 이유 중 하나는 이 대학교의 명망 높은 법학과와 협력할 수 있다는 가능성 때문이었다. 두 학과의 밀접한 관계는 진정한 법의학 프로그램으로 이어질 수 있었다. 검시관들이 법대 학생들에게 의학적 증거에 관한 강의를 하고, 법학 강사들은 의대 학생들에게 법적 문제를 가르치는 것이었다.

법의학과에서는 의대생과 법대생이 연습에 참여할 수 있도록 모의재판을 열 계획을 세웠다. 의사들은 보통 법정이라는 적대적인 전투의 장에 들어갈 준비가 되어 있지 않다. 화술이 뛰어난 변호사에게 상대가 되지 않는다. 준비되지 않은 의사는 관찰 가능한 사실을 넘어서서 추정이나 의심의 영역으로 유도되거나, 거짓말쟁이나 무능력자, 돌팔이처럼 보이게 된다. 모의재판은 연습을 위한 가짜 재판으로 의대생들에게는 질문에 답하는 방법, 사실과 의견을 구분하는 방법, 언어적 공격을 당하면서도 증언하는 방법을 배우는 유용한 수단이었다.

프랜시스는 법의학과에 교육 학회가 있어야 한다는 강한 필요성을 느꼈다. 전국 각지의 전문가가 모이는 만남은 최신 기법을 배우는 중요한 자리였다. 학회와 세미나는 최신의 연구와 소식을 따라잡고, 각 분야 지도자들에게서 새로운 이야기를 듣고, 동료들과 관계를 유지하는 전통적인 방법이었다. 프랜시스는 첫 번째 학회 일정을 잡으려고 애썼다.

1940년 5월 17일

프랜시스는 모리츠에게 1년에 한두 차례 열 만한 이틀짜리 법의학학회의 개요를 작성해 보내주었다.[46] 예상 청중은 의사들과 하버드, 터프츠, 보스턴 대학교의 의대생, 매사추세츠주 경찰, 보스턴 시경, 장의사, FBI 특수요원과 언론이었다. 이틀 동안 다룰 주제는 다음과 같았다.

사인

총상

절창과 관통상

화상
 - 전기에 의한 화상(번개, 전력)
 - 화학적 화상(산, 알칼리)
 - 불에 의한 화상(흡입, 삼킴, 외부 화상, 경증 화상, 중증 화상)
 - 물김에 덴 상처
 - 햇볕에 의한 화상

질식사

- 익사(담수, 염수)	- 교살
- 액사	- 비구폐색에 의한 질식사

중독

- 흡입	- 삼킴
- 주사	- 알코올
- 흡수	- 일산화탄소

질병

　- 관상동맥성 심장 질환　　- 기타 질환

낙태

사후 시신 상태

영향 요인

　- 침잠　　　　　　　　- 자연 부패

　- 열기와 한기　　　　　- 사후경직

　- 소각　　　　　　　　- 매장

　- 곤충 등의 동물　　　　- 방부 처리

　- 시신과 증거를 파괴하는 사람

　- 사망 당시 시신의 자세를 판정하기 위한 시반의 위치

　- 소화 단계를 판정하기 위한 소화관 검사

다양한 사망의 방식

　- 사고사　　　　　　　- 추락사

　- 살인　　　　　　　　- 사망한 채로 발견

　- 자살　　　　　　　　- 병원에서 사망하는 경우

● **증거 보존을 위해**

　- 찾아야 할 것이 무엇인지

　- 시신을 어떻게 수습할지

　- 신원확인을 위해 어디를 어떻게 살펴볼지

　- 영향 요인의 관리와 처리

　- 시신 매장 혹은 처분을 너무 서두르지 말 것

모든 주제는 의학, 법학, 보험사, 경찰의 관점에서 제시될 터였다. 프랜시스의 계획에는 강연을 해줄 만한 사람의 구체적인 명단도 들어 있었다.

1940년 가을, 프랜시스는 보스턴에서 학회를 열자고 제안했다. 이 학회에는 리츠칼튼에서의 연회가 포함되었는데, 이때 메인주, 뉴햄프셔주, 버몬트주, 로드아일랜드주, 코네티컷주, 매사추세츠주의 주 법무장관들이 연설할 예정이었다. 기조연설자로, 프랜시스는 솔턴스톨 주지사나 록펠러 재단의 앨런 그레그를 추천했다. 프랜시스가 학회에서 열고자 했던 전시회에는 경찰과 검시관에게 유용한 책, 기록물과 보고서의 견본, 전시용 사진, 엑스레이, 사격용 표적, 표시용 분말, 치과 기록을 활용한 신원확인 방법 등이 포함돼 있었다.[47]

프랜시스는 열정이 있었고 구체적인 계획도 세웠지만, 1940년 가을에 학회는 열리지 않았다. 어쩌면 법의학과가 대규모 전문 학회를 열기에는 시기상조였는지도 몰랐다. 모리츠는 당시에 이 생각을 지지하지 않았다.

프랜시스는 서식스 카운티 서던 구역의 검시관인 리리를 설득해 코로너 전국 연합 필라델피아 지부에서 하는 연례 회의에 참석하게 하는 데 성공했다. 필라델피아는 당시 검시관 제도로 바꾸는 방안을 논의하기 시작한 터였다. 프랜시스로서는 미국에서 세 번째로 인구가 많은 도시이자 미국 의학 교육의 산지인 필라델피아가 아직도 코로너 제도를 활용하고 있다는 사실을 믿을 수가 없었다. 최소한 필라델피아에는 괜찮은 코로너의 의사, 윌리엄 와디 워즈워스가

아주 작은 죽음들

있었지만 말이다. 1899년에 이 자리를 맡았을 때, 워즈워스는 미국에서 상근직 코로너의 의사로 고용된 몇 안 되는 의사 중 한 명이었다. 13번가와 우드가 사이에 있는 도시의 시체 안치소에 무기 및 직업적인 소품들을 쌓아놓고 '범죄 박물관'을 열었던 흥미진진한 인물 워즈워스는 의학적인 사망 사건 조사에 관해 아는 것이 많은 전문가로 평가받았다. 그는 19~20세기 미국에서 이 자리를 차지하는 경우가 많았던 돌팔이나 정치적으로 타협한 의사들과는 다른 신선한 변화였다.

1940년 연례 회의에서, 펜실베이니아주 의사 협회 회원들은 코로너 제도를 폐지하고 병리학 수련을 받은 검시관 조직으로 대체하라는 결의안을 통과시켰다. 의사 협회의 권고안은 자문의 성격을 띠고 있었으나, 입법자들은 그들의 권고안을 진지하게 고려했다. 이어서 열리는 코로너 협회에서는 생기 넘치는 논의가 이어질 것으로 예상되었다.[48]

브리스틀 카운티의 검시관이자 매사추세츠주 법의학회의 전직 회장인 J. W. 배터셜 박사는 코로너 단체의 사무국장 P. J. 지시에게서 도발적인 초대장을 받았다. 지시의 편지는 다음과 같았다. "필라델피아에서 열리는 우리 대회에 참여하신다면, 생각지 못했던 커다란 혜택을 보시게 될 겁니다. 모든 진심을 담아 하는 말입니다."[49]

필라델피아의 회의에 갈 수 없었던 배터셜은 이 편지를 프랜시스에게 보냈다. 당시 더 록에서 지내던 프랜시스는 손님들이 오기로 되어 있어 회의에 참석할 수 없었다. 모리츠나 앨런 그레그도 갈 수 없었다. 그러나 프랜시스는 보스턴 출신의 누군가가 초대를 받아들여 회의에 참석해야 한다고 생각했다.

프랜시스는 버웰에게 이런 편지를 보냈다. "제가 보기에는 이 회의에 검시관 제도의 미래가 달려 있을지도 모르고, 무엇보다 이번 회의에서 검시관들의 입장이 충분히 대변되어야 한다는 건 분명합니다. 적임자가 가서 검시관 제도를 옹호하는 발언을 하도록 촉구하는 것이 중요하다고 봅니다."[50]

프랜시스는 리리가 회의에 참석하도록 설득하기 위해 최선을 다했다. 그녀는 리리의 비위를 맞추고, 그의 여행 경비를 지불하겠다고 제안하기도 했다. "법의학과 관련된 인물 중에서 당신만큼 관계자들의 존경과 경의를 받는 이는 없으며, 검시관이라는 직업만이 아니라 매사추세츠주 법의학회를 대표하기에 당신만 한 적임자도 없습니다."[51]

리리는 마지못해 프랜시스의 간청을 받아들였다. 그는 프랜시스에게 이런 답장을 보냈다. "제 생각에, 특정 집단 사람들에게 검시관에 대한 믿음을 심어주려는 노력은 에너지 낭비입니다. 하지만 그들이 검시관 제도를 논의한다는 점을 잘 알고 있고, 프랜시스 여사께서 우리가 회의에 목소리를 내야 한다고 느끼시는 만큼 기꺼이 참석하겠습니다. (…) 저는 여사님의 프로그램에 참여하는 사람도 아니고 회원도 아니지만, 검시관 제도의 탄생지를 대표하는 목소리를 낼 수 있도록 허락해주시기를 바랍니다."[52]

코로너 협회의 회의에서는 별다른 일이 벌어지지 않았다. 누구도

아주 작은 죽음들

생각을 바꾸지 않으리라는 리리의 예상은 정확했다. 코로너 제도는 당시 필라델피아에서 폐지되지 않았다. 1940년의 토론은 필라델피아가 검시관 제도를 향해 나아가는 대단히 작고 점진적인 하나의 단계였다.

필라델피아 코로너 협회의 회의가 끝난 이후, 워즈워스는 프랜시스에게 후속 조치 차원에서 매그래스 법의학 도서관을 방문하고 싶다고 청했다. 도서관은 그새 장서가 2000권 규모로 불어나 있었다. 워즈워스는 이때 도서관의 이름을 잘못 쓰는 불운한 실수를 한 것으로 보인다. 아마 '매그래스의' 도서관이라고 썼을 것이다. 프랜시스는 이를 빠르게 바로잡아주었다.

프랜시스의 답장은 이랬다. "쓰신 편지를 보니, 법의학 도서관을 세운 사람이 매그래스 박사이며 책의 선정도 그분이 주도했다고 생각하시는 것 같은데, 제가 바로잡아드려야겠습니다. 도서관은 그분과 전혀 상관없이 만들었으며, 그분을 기려 이름을 붙였을 따름입니다."[53] 이유는 분명치 않지만, 프랜시스는 도서관이 자신이 선택하고 구매한 책으로 이루어져 있다는 점을 언급하지는 않았다.

운영 첫해에, 법의학과는 모리츠, 리리, 브리클리, 매사추세츠주 경찰 실험실 책임자인 조지프 T. 워커 박사를 포함해 교수진을 구성했다. 전문의 수련을 받는 의사가 두 명이었고, 다섯 명은 비상근 강사직을 맡거나 연구에 참여했다. 이 중에는 의대 4학년인 변호사도 있었다. 법의학과에서는 하버드, 터프츠, 보스턴 대학교 의대 3학년에게 법의학 과정을 가르쳤으며 평균 수강 인원은 200~250명이었

다.[54]

그해에 법의학과 직원들은 매사추세츠에서 발생한 72건의 사망 사건 조사에 참여했으며 56건의 부검을 실시했다. 16건의 사례에서 모리츠를 비롯한 그의 동료들은 외부 관할 구역에서 법의학과로 보낸 부검 자료를 검토했다. 법의학과 구성원들이 실시한 56건의 부검 중 13건은 부검 과정에서 발견된 새로운 증거로 범죄의 상황이 완전히 바뀌었다. 살인으로 의심되었던 9건의 사망 사건은 사고사, 자살, 자연사로 판정되었다. 4건의 사례에서는 부검이 아니었다면 살인이 발각되지 않았을 것이다.

"모호한 사망 사건에 대한 불완전한 수사로 인해 인지되지 않는 살인사건이 연간 몇 건이나 되는지 추정해보는 것은 흥미로운 일이다." 모리츠는 법의학과의 첫 연례 보고서에 이렇게 적었다.

매사추세츠주에서 발생한 사망 사건을 조사하는 한편, 모리츠는 메인주, 로드아일랜드주, 뉴욕주에서의 살인사건 조사에도 자문으로 참여했다. 그는 활발한 대중 강연을 계속하며, 일반인과 의사 사회, 코네티컷주, 일리노이주, 미주리주, 네브래스카주, 뉴햄프셔주, 뉴욕주, 오하이오주, 펜실베이니아주, 로드아일랜드주의 법률가들을 상대로 한 법의학 간담회도 열었다.

유럽에서 연수하며 얻은 지식을 바탕으로, 모리츠는 책도 한 권 썼다. 《외상의 병리학》이라는 책이었다. 그는 이 책을 프랜시스 글레스너 리에게 헌정했다.

8장

|

프랜시스 리 경감

프랜시스 리에게는 꿈이 있었다. 매사추세츠 연방에서 발생하는 모든 예기치 못한 혹은 수상한 죽음에 관한 수사를 보스턴에 있는 단 하나의 현대적이고 집중화된 검시관실에서 맡는 것이었다. 그 시설에는 시체 안치소와 독성학 장비, 병리학적 관찰을 위한 현미경, 엑스레이, 사진 장비가 갖추어져야 했다.[1]

매사추세츠주 본부에는 수석 검시관 한 명과 보조 검시관 몇 명, 사건이 어디에서 발생하든 출동할 수 있는 부검시관이 충분히 있을 터였다. 직원들은 정치와 부패의 영향을 받지 않도록 공무원으로 구성되어야 했다. 하버드대 법의학과와 제휴된 검시관실은 검시관을 계속 배출하는 훈련의 장이 되어, 전국에 자격을 갖춘 전문가가 충분히 많아질 때까지 성장할 것이었다.

법의학과 관련된 보스턴의 전문성은 뉴잉글랜드주와 미국 전역에서 수사에 활용될 터였다. 검시관실은 지역 경찰과 코로너, 미국 전역의 검시관에게 자문을 해주는 진정한 법의학 국가 기관이 될 것이었다. 말하자면 매사추세츠주 검시관실이 법의학계의 FBI가 되는 것이 목표였다.

로저 리 박사는 프랜시스에게 매사추세츠주 검시관 제도를 혁신할 계획을 개략적으로 그려달라고 부탁했다. 그는 솔턴스톨 주지사에게 의견을 낼 수 있는 사람들을 알고 있었다.[2] 매사추세츠주에 관한 리의 계획은 4페이지 분량으로, 참고문헌 목록과 자문위원회를 구성할 수 있는 24명이 넘는 사람들의 명단까지 있었다.

리의 주치의이기도 했던 로저 리 박사는 리에게 쉬엄쉬엄하라고 충고했다. 62세의 리는 심장비대증, 고혈당증, 갑상샘 저하증, 녹내장, 청력 손실, 양 무릎의 심각한 관절염, 치료받지 않은 횡격막 탈장을 앓고 있었다.[3]

로저 리 박사는 이렇게 말했다. "강조해서 말씀드리지만, 지금처럼 열심히 일하시면 안 됩니다. 하루에 해야 하는 모든 일을 두 시간 안에 마치도록 하십시오. 두 시간은 실외에 앉아서 시간을 보내고, 매일 오후 드라이브를 하도록 하세요." 그의 처방은 이것이었다. "술은 최소한으로만 드셔야 합니다. 적정 수준의 담배는 허용됩니다. 일주일에 몇 차례 마사지를 받으셔야 합니다."[4]

의사의 경고에도, 리는 일의 양을 거의 줄이지 않았다. 1941년경 그녀는 시카고 저택을 팔고 더 록에서만 지냈다. 신선한 공기와 시

아주 작은 죽음들

골의 생활 방식이 훨씬 마음에 들었던 것이다. 리는 여전히 활동적인 일정에 따라 뉴잉글랜드와 대서양 연안 지역 전체를 여행했고, 자주 고향을 방문했다. 하버드대에 현대적이고 집중화된 검시관실을 두겠다는 생각은 단 한 순간도 그녀의 머리를 떠나지 않았다.

1942년 11월 28일

코코아넛 그로브는 보스턴 베이빌리지 지역의 유명한 나이트클럽이었다. 이곳에는 음악과 춤, 공연, 음식이 있었으며 금주법 폐지 이후로는 술도 흘러넘쳤다. 한때 무허가 술집이자 깡패들의 집합소였던 코코아넛 그로브는 영화계 스타와 운동선수, 유명인사를 따라다니는 각양각색의 사람들이 눈에 띄려고 찾아가는 곳이었다.[5]

전에는 창고 여러 개와 차고 하나로 이루어진 단지였던 코코아넛 그로브는 셀 수 없이 여러 번 개조되고 확장되었다. 내부는 복도, 식당, 바로 이루어진 혼란스러운 미로였다. 가장 최근에 지은 내밀한 공간인 멜로디 라운지는 복도를 지나 계단을 내려가야만 들어갈 수 있었다.

멜로디 라운지는 회전식 무대를 갖추고 있었으며, 종이로 잎사귀를 만들어 붙인 수많은 인공 야자수로 장식되어 있었다. 코코아넛 그로브의 다른 공간이 그렇듯, 멜로디 라운지의 장식도 라탄과 대나무가 강조되어 있었고 벽과 천장에 비단이 걸려 있어서 열대 휴양지 느낌을 주었다.

토요일 밤, 코코아넛 그로브는 북적거렸다. 그때 멜로디 라운지에서 화재가 발생했다. 불길이 장식물을 따라 빠르게 번졌다. 제2차 세계대전 당시에 냉각제로 사용되었던 가연성 기체 때문에 속도가 더 빨라졌을 수도 있다. 출구가 충분하지 않아 지옥에서 탈출하기가 쉽지 않았다. 이 클럽은 주요 출입구에 문이 딱 하나밖에 없었고, 게다가 회전문이었다. 탈출하려는 사람들이 쇄도하자 문은 곧 그들의 몸으로 막혀버렸다.

모리츠는 코코아넛 그로브 화재 사건 피해자들의 시신 수습, 신원 확인, 부검에 참여했다. 관계자들은 화재 후 수습 과정에 체계적으로 접근했다. 현장에 협력과 자원 통제를 위한 통제실이 설치됐다. 시신은 시체 안치소로 옮겨지기 전에 현장에서 이름표가 붙었다.

코코아넛 그로브 화재 사건으로 492명이 사망했다. 이 건물의 법적 수용 가능 인원보다 32명이 많은 숫자였다. 이는 1903년 시카고에서 발생한 이로쿼이 극장 화재 사건 이후로 미국 역사상 두 번째로 많은 사상자를 낸 단일 건물 화재다.

코코아넛 그로브 화재 사건 이후로, 모리츠와 프랜시스는 대규모 사망 사고에서 치아를 활용해 사망자의 신원을 확인하는 방법을 논의했다. 모리츠는 프랜시스에게 이런 편지를 썼다. "피해자 중 약 200명은 너무 심하게 타버려서, 외적인 신체 특징으로는 이들의 신원을 확인하기가 불가능합니다." 사망자 상당수는 치과 진료를 받았고 이들의 치과의가 그 흔적을 알아본 덕분에 신원이 확인되었다. 하지만 모든 사망자의 신원을 확인해줄 치과의를 찾기란 거의 불가능했다. "바로 추적할 수 있도록, 치과의가 치료한 치아 겉면이나 내부에 일종의 번호를 남길 수 있는 단순한 방법이 있어야 할 것으로 보입니다."[6]

———

리는 법의학과에 크고 작은 방법으로 후의를 베풀었다. 속기 보조용 장비로 1000달러가 필요했을 때나, 정액 얼룩 조사를 완료하기 위해 연구자에게 500달러의 봉급을 주어야 했을 때도 프랜시스는 믿음 직스럽게 자금을 내놓았다.[7] 돈을 내줄 때는 기꺼이 내는 경우가 많았지만, 세금 문제에 있어서는 기부에 따르는 혜택을 최대한 이용할 만큼 경제적으로 빈틈없는 모습도 보였다.

1942년, 프랜시스의 회계 담당자는 그녀에게 어머니가 가진 스타인웨이 피아노 보관료를 몇 년 동안 내왔다는 사실을 상기시켜주었다. 그는 프랜시스에게 계속 이 돈을 내고 싶은지 물었다. 피아노는 모델 D 팔러 콘서트 그랜드 피아노로, 스타인웨이가 만든 피아노 중 두 번째로 큰 그랜드 피아노였다. 조각을 새기고 상감한 마호가니로 맞춤 제작된 케이스는 가구 디자이너 프랜시스 H. 베이컨이 프랜시스의 어머니를 위해 특별히 디자인한 것이었다. 시카고 교향악단 창립 당시 지휘자인 시어도어 토머스가 스타인웨이 공장을 방문해, 글레스너 가족에게 배달되기 전에 피아노를 살펴보고 디자인을 승인했다.[8] 프랜시스에게 이 피아노는 특별한 의미가 있었다. 부모님은

1887년 뉴욕에서, 프랜시스가 편도선 수술을 받았던 그 끔찍한 여행 당시 이 피아노를 샀다. 프랜시스는 피아노를 하버드대에 기증하기로 했다.

프랜시스는 친구인 로저 리 박사에게 이런 편지를 보냈다. "나는 피아노를 연주하지 않고, 작은 오두막인 내 집은 크기에 있어서나 환경에 있어서나 그토록 멋지고 커다란 악기를 보관하기에는 한계가 있습니다. 총장실에 놓도록 하버드대학교에 선물할 수 있다면 무척 기쁘겠습니다."[9] 하버드대 총장 제임스 브라이언트 코넌트와 그의 아내 그레이스는 기쁘게 피아노를 받았다. 프랜시스는 모리츠에게 이런 편지를 보냈다. "피아노가 코넌트 부인의 손에 안전하게 전달되었으나 피아노 이곳저곳에 '법의학과'라고 새길 수는 없었다는 점을 알면 재미있어 하실지도 모르겠군요. 다음번 기증 때는 좀 더 노력해보겠습니다."[10]

프랜시스는 기부를 통해 피아노의 가격을 세금 부과 대상에서 공제하고, 피아노 보관 비용도 없앴다. 전쟁 기간에 코넌트 부부는 하버드대 총장실을 해군에게 비워주었다. 코넌트 부부는 그 옆의 훨씬 작은 집에 임시로 기거했다. 그들은 피아노를 보관할 공간이 없어서 전쟁 기간 내내 프랜시스의 피아노를 보관하는 비용을 내야 했다.

교육기관에는 교재가 필요하다. 책은 항상 좋은 출발점이고, 프랜시스는 그 어떤 도서관에도 뒤처지지 않는 도서관을 만들었다. 사진, 삽화, 영상, 모형 등 다른 매체도 귀한 교육 자료가 될 수 있다. 법과학, 점점 더 자주 쓰이게 된 용어로 법의학 분야에는 쓸 수 있는 교재가 그리 많지 않았으므로 프랜시스는 교재를 만드는 일을 떠맡았다.

프랜시스는 법의학과에 가장 최신이자 최고의 교재가 있어야 한다고 생각했다. 그녀는 강의에 유용한 사진과 랜턴 슬라이드를 구했다. 그녀와 모리츠가 주고받은 편지를 보면, 교육 목적으로 부검 영상을 만들 계획까지 있었음을 알 수 있다. 예술가 한 명이 고용되어 자원자의 머리를 본떠 다양한 외상으로 인한 사망을 표현하는 세 가지 모형을 만들었다. 이 모형은 연구 목적으로 쓰였다. 석고 머리 중 하나는 관자놀이에 총상을 입은 피해자였다. 두 번째 모형은 목에 끈의 흔적이 분명히 남아 있고 눈의 흰자위에 질식사의 특징인 핀으로 찌른 듯한 혈점, 즉 일혈점이 남아 있는 모습으로, 목을 매달아 죽은 피해자를 보여주었다. 세 번째 머리의 목은 안쪽 구조가 보일 정도로 깊이 베여 있었다. 훈련받은 사람이 보면, 피해자의 머리가 왼쪽에서 오른쪽으로 잘렸다는 것을 알아볼 수 있을 만큼 자세했다.

교재 마련에 기여하기 위해, 연구 과정 중이던 젊은 의사 러셀 피셔가 시신 근처에서 흔히 발견되는 곤충의 생애 주기를 보여주는 박제된 견본을 가지고 '부패의 동물상'이라는 전시품을 만들었다. 이 곤충들의 발달 단계를 통해, 시신이 얼마나 오래됐는지 추정할 수 있었다.

에든버러대학교에서 연수를 받던 당시, 모리츠는 프랜시스에게 연구에 도움이 될 것이라며 그곳에 있는 총상 사진 모음집에 관해 이야기해주었다. 이 말을 들은 프랜시스는 한 가지 아이디어를 떠올렸다. 더 록에서 다양한 구경의 총으로 돼지를 쏜 다음, 피부를 보존해 이때 발생한 상처를 보여주기로 한 것이다.

더 록에서 돼지를 쏠 필요는 없었다. 프랜시스는 예술가를 고용하여 직사각형의 석고판을 만들고 다양한 거리에서 여러 총알을 발사해 만들어진 상처를 흉내 내 그려 넣도록 했다. 정교하고 자세한 이 모형들은 사입구의 찰과상과 점무늬, 사출구에서 흔히 나타나는 삐죽빼죽한 형태를 보여준다. 석고판 하나당 60달러로 총상 모형 44개가 만들어졌다. 이 모음집을 만드는 데 프랜시스는 2600달러 이상을 썼을 것이다. 이는 현재 기준으로 2만 7000달러에 해당하는데, 시각적 교구에 지출하기에는 상당히 큰 액수다.

프랜시스는 모리츠의 능력과 지성을 존중했지만, 가끔은 법의학과를 만든 목적과 목표에 관한 그의 시각이 자신과 같은지 의문스러웠다. 뼛속까지 병리학자였던 모리츠는 화상 연구에 참여해 결과를 발표했다. 프랜시스도 의학자로서 마땅히 해야 하는 작업이 중요하다고는 생각했지만, 비교적 우선순위가 낮다고 보았다. 프랜시스는 법의학 분야를 앞으로 나아가게 하는 데 도움이 될 만한 훈련과 교육에 더 관심이 많았다.

1942년 11월, 보스턴으로 모리츠를 만나러 간 프랜시스는 그에게 법의학과에 관한 일련의 질문을 던지고 그의 즉각적인 답을 받아 적었다. 프랜시스의 의도는 모리츠가 법의학이나 자신이 이끄는 법의학과를 얼마나 잘 이해하고 있는지 평가하려는 것 같았다. 둘의 시각과 목표가 일치하는지 확인하기 위해서였다. 프랜시스는 더 록으

아주 작은 죽음들

로 돌아와 자신의 답을 적은 다음, 모리츠에게 보내 살펴보고 더 깊이 생각해 답을 하도록 했다.[11]

그녀는 모리츠에게 이런 편지를 썼다. "시간을 내서 좀 더 진지한 답변을 해줄 수 있었으면 좋겠습니다. 귀찮게 굴고 싶지는 않지만, 나중에 쓸 만한 자료를 모으는 중이라서요."[12]

질문 1. 최종적으로 달성하고자 하는 큰 그림이 무엇인가?

모리츠: 권한을 가지고 카운티를 관리하며 주 전체에 봉사하는 법의학 연구소를 만드는 것.

프랜시스: 불분명한 사인을 밝히고 공중 보건과 생명에 대해 예방할 수 있는 위험을 인지하며 결백한 자의 혐의를 벗기고 죄 있는 자의 죄를 밝히기 위해, 또한 달리 설명되지 않는 죽음, 사고, 개인적 부상과 사망에 관련된 범죄를 해결하기 위해 (의학, 법학, 기타 분야의) 과학적 기술과 지식을 이용할 수 있도록 하는 것.

질문 2. 이 목표를 이루기 위해서는 어떤 단계를 거쳐야 하는가?

모리츠: 우리가 하는 봉사의 유용성에 관해 대중을 최대한 많이 교육하고, 정치적인 기회를 찾는다.

프랜시스: 1. 검시관 제도가 이미 존재하는 곳에서는 이를 단순화하고 개선한다.

2. 현재 지배적인 코로너 제도 대신 검시관 제도를 도입한다.

3. 다음과 같은 방법으로 매사추세츠주에서 이용할 수 있는 의학

및 다른 과학적 서비스의 질을 개선한다.

   a. 지식과 훈련 수준을 높인다.

   b. 법의학 서비스의 윤리 의식을 제고한다.

   c. 법의학 서비스에 관해 현존하는 법규를 고치고 새로운 법을 통과시키려는 노력에 적극적으로 참여한다.

4. 매사추세츠주에서 활용할 수 있거나 활용할 가능성이 있는 과학적 서비스에 관한 정보와 지식을 전파한다.

5. 과학 연구에 참여하고 이를 증진한다.

프랜시스의 질문에 대한 모리츠의 답변은 모두 합쳐 한 페이지가 채 안 된다. 프랜시스의 답변은 세 페이지를 꽉꽉 채우고 있다. 대학 학위조차 없는 여성이 미국 최고의 법의병리학자보다 법의학과의 사명에 관해 더욱 완전하고 종합적으로 이해하고 있었다는 점은 명백했다. 거의 혼자 힘으로 창건한 학과의 발전과 방향에 제한적인 역할로밖에 참여할 수 없었다는 점은 프랜시스에게 계속해서 답답함을 안겨주었을 게 틀림없다. 질문이 아무리 친절하고 관대한 방식으로 이루어졌다 해도, 전문가가 아닌 인물이 자신을 시험하려 하는 건방짐에 모리츠가 불편함을 느꼈을 것도 분명하다.

하버드 의대에 자주 드나들었던 프랜시스는 법의학과에 자기만의 사무실을 두고 있었으며 E-1동 엘리베이터 열쇠도 가지고 있었다. 그녀가 법의학과 관련 문제에 계속 참여한다는 점에 비추어 보았을 때, 모리츠는 대학에서 프랜시스에게 공식적인 지위를 내주는 것이 적절하다고 생각했다. 버웰은 하버드재단 이사인 제롬 D. 그린에게 편지를 보내, 프랜시스를 법의학과 자문위원으로 임명할 것을 권고했다. 버웰은 이렇게 말했다. "모리츠 박사와 제가 원하는 것 중 하나는 하버드대학교와 법의학과에 눈에 띄는 애착을 가진 개인으로서 프랜시스 여사에게 이 나라의 특정한 단체 및 개인과 연락할 수 있도록 도와줄 일종의 인증을 해주는 것입니다."[13]

프랜시스에게는 학문적 자격증이 전혀 없었으므로, 이런 제안은 대단히 특이한 것이었다. 버웰은 그린에게 이렇게 말했다. "프랜시스 여사는 경제적으로나 개인적인 활동에 있어서나 법의학과의 너그러운 지지자로 기억될 것입니다."[14]

1943년 3월 18일, 프랜시스는 법의학과 자문위원으로 임명되었다. 하버드 의대는 그로부터 2년 뒤에야 여학생을 입학시키기 시작했다. 모리츠는 프랜시스에게 자문위원이라는 자리는 하버드 의대에서 임명하는 다른 교수진만큼이나 공식적인 자리라고 말했다. "당연한 이야기지만 이 직함을 가진 사람은 대학의 공식 편지지를 사용해 대학을 대표해서 발언할 권리를 가집니다."[15] 프랜시스는 자신을 임명해준 버웰에게 감사했다. "자문할 가치가 있는 일이 생기도록 최선을 다해야겠군요."[16]

보통 누군가가 자문위원에 임명되었다는 소식은 하버드대 소식지인 《하버드 가제트》에 공표된다. 하지만 하버드재단 이사실에서는 프랜시스의 임명에 대해 직접 "인쇄하지 말 것"이라는 지시를 내렸다.[17]

프랜시스는 의대 구성원 명단에 법의학과 자문위원이 아니라, 조지 버지스 매그래스 법의학 도서관의 명예 큐레이터로 실렸다.[18] 그녀가 무시당한 이유가 자격증이 없는 비전문가였기 때문인지, 전부 남성으로만 구성된 의대 교수진 중 유일한 여성이었기 때문인지, 아니면 또 다른 이유가 있었는지는 설명되지 않았다.

———

프랜시스가 오랫동안 관심을 가졌던 주제 중 하나는 법치의학이었다. 법치의학이란 치아와 치과 기록을 활용해 시신의 신원을 확인하는 학문이다. 이로쿼이 극장 화재 사건과 코코아넛 그로브 화재 사건의 끔찍한 기억은 리의 머릿속을 떠나지 않았다. 정체를 알 수 없는 사람들이 그녀를 사로잡았다. 신원미상의 시신이 나왔다는 이야기만 들으면, 프랜시스는 누가 심장을 잡아당기는 것 같은 기분을 느꼈다.

치아는 인간의 신체에서 가장 단단하고 내구력이 높은 물질이다. 치아는 부패하지 않고 물에 잠겨도 손상되지 않으며, 최고 섭씨 1093도까지 버틸 수 있고 폭발이나 극도의 물리력에도 파괴되지 않는다. 노련한 사람은 치아 하나에서도 사망자의 나이, 식습관, 성별 등 신원확인에 필요한 정보를 찾을 수 있다. 마모된 형태, 빠지거나 부러진 치아, 치과 진료 기록 등으로 치아는 지문만큼 특별하다.

프랜시스는 FBI의 지문 등록 시스템과 비슷하게 국가적인 치과 기록 데이터베이스를 만들어 치과를 통한 신원확인을 한 단계 끌어올리고 싶어했다. 그녀는 미국 내 어느 곳에서든 신원미상 시신이 발견되면, 치과 기록 정보센터를 통해 신원을 확인할 수 있으리라고 생각했다. 하지만 집중화된 데이터베이스가 작동하려면, 다시 말해 치과 기록이 분류되고 체계적으로 정리되려면 먼저 표준화된 기록이 있어야 했다. 당시 그런 기록은 존재하지 않았다. 프랜시스는 기록을 설계하는 일을 직접 떠맡았다.

1942년 2월, 프랜시스는 모리츠에게 '치과 기록 통합을 위한 계획'이라는 목록을 보냈다.

1. 주요 치의과대학의 이름과 주소 및 해당 학장 혹은 학과장의 이름과 주소.
2. 위의 단체로부터 치과 기록용 서식 견본 받기.
3. FBI로부터 기계로 분류할 수 있는 (기록을 보관하는) 서류 양식 받기. 우리가 카드를 만드는 목적을 밝히고 자문을 구할 것.
4. 상기 모든 카드와 정보, 서신의 사본(혹은 원본)을 프랜시스 글레스너 리에게 발송.[19]

당시에 프랜시스는 치아를 통해 사망 시간을 추정하고, 사망에 이른 방식을 판단하고, 시신의 신원확인에 도움을 줄 방법을 연구하는 것을 목적으로 하는 치과 연구를 제안했다. 이 연구에는 다음과 같은 내용이 포함될 터였다.

1. 여러 단계의 자연 부패

2. 여러 단계의 침잠

3. 소각

4. 산이나 알칼리로 인한 손상

5. 외상[20]

교육을 받고 지식이 풍부한 치과 의사가 있다면, 법치의학 분야를 유의미하게 발전시킬 수 있었다. 하지만 이번에도 프랜시스의 제안에 귀 기울인 사람은 없었으며, 그 이유도 기록되어 있지 않다.

———

1944년경, 프랜시스가 최선을 다해 대중을 교육하려 했음에도 코로너가 검시관으로 대체된 곳은 메릴랜드주, 매사추세츠주, 메인주, 뉴햄프셔주, 로드아일랜드주, 뉴욕주와 뉴저지주 일부 지역 및 동북부의 몇몇 주밖에 없었다. 미국 인구 중 90퍼센트에 가까운 사람들이 여전히 코로너의 관할에 있었다.[21] 폭력적이거나 불명확한 이유로 매년 발생하는 30만 건의 사망 사건 중 1만 건만이 유능한 검시관의 조사를 받을 수 있는 구역에서 벌어졌다. 매년 아무에게도 늘키지 않는 살인사건은 수천 건에 이를 것으로 추정되었고 저지르지도 않은 범죄로 기소당한 사람이 얼마나 많을지는 누구도 알 수 없었다. 매사추세츠주에서는 모리츠의 법의학 수사가 가진 가치가 저

절로 드러났다. 그가 검시관 업무를 맡은 첫 2년 동안, 그는 최소 여섯 명의 살인 누명을 벗겨주고 경찰이 더 이상 수사를 하지 않았을 만한 사건 아홉 건에서 위법 행위를 발견했다.[22]

몇몇 주에서는 어느 정도 법을 개선했다. 예컨대 오하이오주는 부검이 필요한 상황에 관한 법을 검시관 제도와 비슷하게 갱신했지만 여전히 사망 증명서에 서명할 코로너들을 뽑았다.[23]

검시관들이 활동하는 지역에서도 법의 결함으로 인해 활동에 제약이 있었다. 그중 하나가 로드아일랜드주였는데, 주 법무장관의 승인 없이는 검시관이 부검을 할 수 없었다. 많은 주에서 범죄 혹은 과실 행위의 결과로 알려진 사건에만 검시관이 참여할 수 있도록 제한을 두었다. 문제는 범죄 혹은 과실 행위가 일어난 것이 언제이고 모호한 사망 사건이 추가적 수사를 받는 것이 언제인지 늘 명확하지는 않았다는 점이다.[24]

프랜시스로서는 실망스럽게도, 국립 연구 회의의 논문이 발표된 1928년 이후로 16년이 흐르는 동안 코로너 제도를 폐지하고 집중화된 주 단위 검시관 제도를 도입한 주는 오직 메릴랜드주 한 곳뿐이었다. 메릴랜드주의 코로너들은 부패하고 무능력한 것으로 악명이 높았다. 볼티모어 같은 도시에서는 코로너들이 공직을 맡아 쏠쏠한 부수입을 올리려던 의사들과 정치적으로 연결되어 있었다. 정치 권력의 중심이 바뀌면 코로너도 함께 바뀌었으므로, 이들에게는 능력을 유지하거나 계발할 동기가 없었다. 권력자에게 충성하기만 하면 일을 제대로 하든 말든 자리를 지켰다.[25]

볼티모어와 아나폴리스의 코로너들은 믿을 수 없고 권력을 남용하는 것으로 악명 높았다. 사망 증명서에 열거된 사인과 사망의 방식은 수사 없이, 심지어 사망자를 살펴보지도 않고 지어내는 것이 보통이었다. 코로너들은 장의사와 유족에게서 사례금을 받을 다양하고 창의적인 방법들을 찾아냈다. 한 가지 전략은 일부러 사망 증명서 발급을 늦추거나, 필수 기록에 올리지 않고 보류하는 것이었다. 유언장 공증을 비롯한 여러 목적에 사망 증서 발급이 꼭 필요했으므로 가족이나 장례 지도사는 코로너를 끝까지 찾아가, 필수 기록을 통해 발급받았다면 50센트였을 서류를 10달러씩 내고 발급받아야 했다.

메릴랜드주 의사 협회는 신랄한 논평을 아끼지 않았다. 이 단체의 지도자들은 주의회 의원들 앞에 나와 현재의 제도는 사람들을 등쳐 먹기 위한 것이라고 증언했다. 1938년, 협회는 이 지역의 코로너 제도를 폐지하고 새로운 주 단위 검시관 제도로 대체하는 법안을 도입할 기회를 잡았다. 이 법에 따라 볼티모어를 근거지로 활동하는 메릴랜드주 수석 검시관이 임명되었다. 그에게는 검찰이나 경찰의 허락을 구하지 않고 부자연스러운 죽음을 수사할 자율권이 있었다.

수석 검시관을 대중의 압력이나 정치적 영향력으로부터 차단하기 위해, 이 관직은 독립적인 부검위원회의 감독을 받았다. 다른 어느 곳에서도 이루어진 적 없던 혁신적인 관리 모델이었다. 위원회 회원으로는 볼티모어 소재 의대 두 곳의 병리학과장과 메릴랜드주 보건 이사회, 법무장관, 볼티모어시 보건 위원이 포함되었다.

오늘날 메릴랜드에서 수석 검시관은 정치 관료와 장단을 맞추지 않은 데 대한 보복으로 협박이나 위협을 당할 수 없고 예산을 삭감당할 수도 없다. 오직 5인으로 이루어진 부검위원회에서 다수결로 그를 해고할 수 있을 뿐이다. 정치적·대중적 영향으로부터 차단된 메릴랜드의 집중화된 수석 검시관실은 아마 프랜시스가 생각했던 미국 법의학을 가장 온전하게 실현한 형태일 것이다.

메릴랜드주 제도의 성공을 복제하고자 프랜시스는 공직 관료와 의사 협회, 법조 단체, 오클라호마주, 오하이오주, 노스캐롤라이나주, 뉴욕주, 캘리포니아주, 워싱턴주, 콜로라도주, 루이지애나주, 미시간주, 인디애나주, 네브래스카주에서 코로너 제도의 폐지 혹은 개선을 위해 활발히 활동하던 민간단체와 개인적으로 접촉해왔다. 매그래스가 그랬듯, 프랜시스도 지치지 않고 검시관 제도를 옹호했다. 그녀는 운전기사에게 여러 동호회와 여성회에 나가 이야기할 수 있도록 뉴잉글랜드 전역으로 자신을 태워다달라고 했다. 과학적 사망 사건 조사의 복음을 설파하기 위해서였다. 프랜시스의 서신을 보면, 그녀가 콩코드의 키와니스 클럽(기업가 및 전문 지식인 중심의 국제 민간 봉사 사교 단체로, 1915년 미국 디트로이트에서 창립되었다―옮긴이), 메레디스 여성회, 도버 여성회, 샌드위치 여성회, 뉴햄프셔주 플리머스에 있는 플리머스 교육학교 과학회에서 간담회를 열었음을 알 수 있다.[26] 그녀는 대의명분을 위해 다른 사람들에게도 이를 알리고자 다양한 청중을 상대로 검시관이라는 주제에 관해 수십 번 강연한 것이 틀림없다.

1943년, 버지니아 주지사는 코로너 제도의 폐지에 관해 연구하고 검시관 제도를 위한 법을 초안할 위원회를 선발했다. 리는 리치먼드로 가서 버지니아 의대 총장인 윌리엄 T. 생어 박사와 버지니아주 경찰청장인 찰스 W. 우드슨 경무관을 만났다. 프랜시스가 콜게이트 다든 주지사와 회의를 잡을 수 있었는지는 확실하지 않다. 하지만 그녀는 주지사와 직접 이야기하려고 여러 차례 시도했다.[27]

프랜시스는 버지니아주에서 제안한 검시관 제도에 관해 다섯 장에 달하는 논평을 준비했다. 그녀는 메릴랜드주에서처럼 검시관실을 독립적인 위원회 감독하에 둘 것을 제안했다. 그녀는 이 위원회가 버지니아주 법무장관, 버지니아주 경찰청장, 버지니아 의대와 버지니아 주립대학교 의대 학장으로 이루어져야 하며 버지니아주 의사 협회와 변호사 협회의 회장도 1년씩 번갈아 가며 참여해야 한다고 말했다. 프랜시스의 제안에는 이 위원회의 임기를 3년에서 5년으로 늘릴 것과 특정 용어의 뜻을 명확히 할 것, 부검 기록을 처리하는 관리 방법도 포함되어 있었다. 프랜시스가 제안한 모든 변화에는 주석이 붙어 있었다.[28]

프랜시스가 변화를 만들어낼 수 있다고 생각한 또 한 곳이 워싱턴, 즉 컬럼비아 특별구였다. 그녀가 보기에 미국 연방 정부의 소재지이면서 매우 뛰어난 의대들의 본거지이기도 한 워싱턴에 현대적 검시관 제도가 없다는 건 말도 안 되는 일이었다. 워싱턴은 제2차 세계대전으로 인해 북적거리는 도시로 변했다. 전쟁을 위해 몸집을 불리려면 인력이 들어와야 했다. 1940~1943년에 워싱턴의 인구는 69만

명에서 90만 명 이상으로 불어났다. 성장세가 끝날 기미는 보이지 않았다. 주거가 부족해서 내셔널 몰 공원에 임시 숙소가 세워졌다. 포토맥강 바로 건너편에는 육군성에서 오각형 형태의 새 본부를 기증했다. 이 건물은 당시 세계에서 가장 큰 건물이었다. 컬럼비아 특별구는 절대 예전과 같은 모습이 될 수 없었다.[29]

프랜시스가 이처럼 인구 과밀 도시에서 자신의 명분을 내세우는 것은 쉽지 않은 일이 될 터였다. 컬럼비아 특별구에서 코로너 제도를 폐지한다는 건 말 그대로 미국 의회의 행동이 필요한 일이었다. 특별구는 1973년 자치법이 도입되기 전까지 의회의 관할 구역이었다. 의회는 예산을 통제했으며 워싱턴 전체에 대한 최종적인 권한을 행사했다.

프랜시스는 뉴햄프셔주 출신의 선출직 관료인 상원의원 스타일스 브리지스와 찰스 W. 토비, 하원의원 포스터 스턴스와 체스터 머로 등에게 로비하기 시작했다. 그녀는 워싱턴의 방송국인 WOL에 토대를 둔 MBS의 유명 라디오 진행자 풀턴 루이스 주니어에게 도움을 요청했다. 검시관 법을 통과시키는 데는 대중의 지지를 얻는 것이 매우 중요했다. "저는 당신이 라디오 진행자 그 누구보다 영향력 있는 목소리를 가졌다고 믿습니다. 이 문제에 관해 도움을 주실 것을 부탁합니다." 프랜시스는 루이스에게 이런 편지를 보냈다.[30]

마침내, 1945년 컬럼비아 특별구에 검시관실을 설치하는 법안이 의회에 제출되었다. 프랜시스는 선출직 관료들을 압박하는 행동을 시작했다.

이 법안에 대한 지지를 강하게 주장하지 않을 수 없습니다. 이 법안은 컬럼비아 특별구에 헤아릴 수 없는 가치를 가져다줄 것입니다. 이곳은 다른 곳도 아닌 워싱턴입니다. 당연히 힘겹고도 값비싼 코로너 사무실의 서툰 정례적 작업을 거치지 않고 의문사의 원인을 즉시 판단하는 데 최고의 과학적 기술을 쓸 수 있도록 해야 합니다.[31]

법안은 표결에 이르지 못했다. 이런 지체에도 불구하고, 프랜시스는 주눅 들지 않고 개혁을 위한 노력을 계속했다. 그녀는 실망감이나 패배감을 표출한 적이 한 번도 없었다. 프랜시스는 제도적 타성에 맞닥뜨렸다 해도 소극성과 체념을 받아들일 수 없었다. 중요한 건 한 번에 한 걸음씩 밀고 나가는 것이었다. 프랜시스는 어느 주에서든 자신의 목표를 진전시킬 방법을 찾았으며, 동시에 전국적으로 무슨 일이 일어나는지도 주시했다.

예컨대 일리노이주는 프랜시스가 검시관 제도라는 문제를 좇고 있을 때 딱히 이 제도를 향해 나아가지 않은 상태였다. 프랜시스는 검시관 제도를 세운다는 목표가 비현실적이라면, 코로너와 코로너의 의사들이 가진 지식과 전문성을 개선함으로써 현존하는 제도를 내부에서부터 개혁해야 한다는 것을 깨달았다. 그렇다면 그들 중 하나가 되는 것보다 나은 방법이 어디 있겠는가?

프랜시스는 더 이상 시카고에서만 묶여 지내지 않았지만, 1941년 12월 64세의 나이로 시카고시를 포함하는 쿡 카운티의 자문 부코로

너로 임용되었다. 그녀는 전문적 합법성을 부여하는 상징적 의미로 1달러를 받았다.[32]

프랜시스는 일리노이주의 개혁을 포기하려는 것처럼 보인다며 오스카 슐츠를 콕 집어 비판했다. 프랜시스는 모리츠에게 "슐츠가 시작도 하기 전에 축 처지는 스타일"이라고 털어놓았다. "공개적으로 할 얘기는 아니지만, 그 사람은 왜 무슨 일을 하지 않았는지 설명하는 데 상당한 시간과 에너지를 쓰는 것 같습니다. 그럴 시간과 에너지를 조금만 줄인다면 실제로 그 일을 해낼 수 있었을 텐데 말이에요."[33]

전국에서 수많은 사람이 프랜시스의 생각과 활동을 알고 있었다. 오클라호마주에서 코로너 문제가 제기되자 병리학자이자 오클라호마시 임상의 협회의 유명 회원인 W. 플로이드 켈러 박사가 프랜시스에게 연락해 조언을 구했다. 기존 오클라호마주의 법에 따르면, 의학적·과학적 훈련을 받지 못한 치안판사가 코로너로서 사망 사건 조사에 참여해야 했다. 코로너 제도를 폐지하면 그 법을 바꿔야 할 터였다.[34] 프랜시스는 켈러에게 무슨 일이 있어도 끝까지 버티라고 촉구했다.

나는 당신이 말한 법이 1월에 통과되기를 진심으로 희망하지만, 그렇게 되지 않더라도 멈추지 마십시오. 다른 주에서의 경험에서 얻은 바에 따르면, 이러한 변화를 일으키기 위한 노력은 마지막 순간까지 꾸준히 계속되어야 합니다. 가능하다면, 좌절할수록 더욱 노력해야 하죠. 이런 문제에서는 모든 이해 집단을 적극적으로 내편으로 끌어들여야 합니다.

코로너 제도에서 검시관 제도로의 변화가 시도되었던 다른 몇몇 주에서는, 이 목표를 이루기 위해 너무도 열심히 노력했던 의료계 인사들이 첫 시도에 실패하자 낙담하고 말았습니다. 이해할 만한 일이지만, 그들은 자신의 영업일을 이 대의명분을 지지하는 데 더 이상 바칠 수 없다고 생각했습니다. 그러므로 이들은 실망한 채 노력하기를 그만두었습니다. 나중에, 좀 더 적절하거나 편리한 시간에 다시 활동을 시작할 생각이었지요. 하지만 실제로는 이런 식으로 시간을 흘려보내다가 이미 이룩한 것을 이용할 기회를 놓치게 됩니다. 지지자들은 열정을 보이다가도, 우리가 제안한 변화의 혜택과 이득, 필요성이 잠시라도 제기되지 않으면 식어버립니다. 토대가 무너지고, 알맞은 순간이 다시 오는 것처럼 보일 때쯤에는 밑바닥에서부터 모든 작업을 다시 시작해야 합니다.[35]

오클라호마주의 개혁 노력은 실패로 돌아갔다. 그러나 오클라호마시에서는 시 당국과 카운티 관료들, 오클라호마 주립대학 병원 사이에 합의가 이루어졌다. 이들은 전국 단위의 살인사건 수사대를 꾸렸다. 《데일리 오클라호만》에서는 이 팀을 "살인사건 단서팀"이라고 불렀다. 이들은 수상하거나 폭력적인 모든 사건 현장 조사에 참여했다. 코로너가 주재하는 사인 심문 관행은 더 이상 이루어지지 않았다. 치안판사는 계속 코로너 역할을 했지만, 모든 사건에서 무언가

아주 작은 죽음들

흐트러지기 전에 오클라호마 주립대학 병원의 의사와 함께 사망자와 현장을 살폈다.[36]

법의학이라는 다리 세 개짜리 의자 중 법학의 영역인 법 개혁은 진행 중이었다. 의학적 측면은 하버드대에서 다루었고, 이후에는 다른 의대에서도 다루어졌다. 남은 건 경찰이었다.

프랜시스는 1930년대 말부터 경찰관들과 친분을 다지기 시작했다. 그녀는 주 경찰 조직과 협력하는 데 특히 관심을 두었다. 주 경찰은 시나 카운티 경찰처럼 제한된 구역이 아니라 주의 관할 구역 전체를 통할했다. 주 경찰은 공식 교육을 더 많이 받고 잘 규율되어 있으며, 주기적으로 훈련을 받곤 했는데, 프랜시스는 주 경찰의 이러한 자질과 능력, 조직이 지역 경찰에 비해 우월하다고 생각했다.

더 록에 있는 프랜시스의 오두막에 경찰 무전 수신기가 설치되었다. 그녀는 셀 수 없이 많은 저녁 시간에 경찰 출동 무전을 들었다. 운 좋게 주파수가 맞으면, 버지니아주 경찰의 방송도 들을 수 있었다. 프랜시스는 이런 방송을 너무 자주 들었기 때문에 다양한 경찰 병영 사람들의 근황을 알게 되었다. 실체 없는 경찰 무전의 목소리가 거의 가족처럼 느껴졌다.

프랜시스는 버지니아주의 우드슨에게 이런 편지를 보냈다. "나는 경찰서장과 그의 사랑스러운 아내, 귀여운 두 딸부터 버지니아주 경찰의 마법에 완전히 빠져버렸습니다. 본부부터 1~5팀 소식을 쭉 들었는데, 5팀에 여전히 가장 큰 애착이 가지만 본부와 1팀도 만만치 않다는 걸 고백해야겠네요!"[37]

경찰과의 이런 관계는 경찰의 범죄 현장 관련 기술을 향상시키려 할 때 도움이 되었다. 리는 뉴햄프셔주 경찰의 경무관인 랠프 캐스웰에서부터 시작했다. 캐스웰은 헛소리를 용납하지 않는 경찰이었다. 뉴햄프셔주 스트래퍼드 출신인 캐스웰은 1922년 금주법 시행 부서의 경찰 수장으로 임명되었다. 금주법이 종료되자 캐스웰은 법무 장관실 수사관으로 임명되었다. 수사관으로서 그는 뉴햄프셔주의 지문 데이터베이스를 만들었으며 1937년 뉴햄프셔주 경찰이 만들어지자 최초의 형사 중 한 명이 되었다.[38]

캐스웰은 뉴햄프셔주 알코올 소매업을 감독하는 주립 주류 위원회의 회원이기도 했다. 한번은 주류 판매상들이 그의 환심을 사고자 보낸 술 몇 상자가 현관에 놓여 있는 것을 보고 캐스웰이 기자회견을 열었다. 그는 술병을 모조리 깨버렸다고 발표하며, 미래에 뇌물을 주려고 시도하는 모든 상인은 뉴햄프셔주에서 주류 판매점을 운영할 수 없을 것이라고 경고를 날렸다.[39]

프랜시스는 뉴햄프셔주 정치에 활동적으로 참여했던 오빠 조지 덕분에 캐스웰을 알았다. 캐스웰은 1937년 주 경찰서장으로 임명되자 경찰들을 훈련하는 일을 대단히 높은 우선순위에 두었다. 프랜시스는 경찰 간부와 하버드대 법의학과의 구성원들을 한자리에 모으고자 학회를 열기 시작했다. 하루 이틀쯤 열리는 이런 학회는 하버드 매그래스 도서관이나 콩코드에 있는 뉴햄프셔주 경찰 본부에서, 또 대부분은 더 록에 있는 프랜시스의 집에서 열렸다. 학회는 무기와 탄약에 관한 강연, 폭력과 독극물에 의한 사망, 범죄 현장에서의 증거 보존 등 관련 주제를 포괄했다. 모리츠는 자주 부검 과정을 설명하는 강연을 했다.

경찰관들은 프랜시스의 학회에서 받은 훈련 덕분에 범죄 현장에서 더 준비된 자세로, 효과적으로 대처할 수 있게 되었다. 뉴햄프셔주 경찰에 대한 프랜시스의 공로를 인정하는 의미로, 캐스웰은 프랜시스를 이 조직의 교육담당관으로 지명했다. 캐스웰은 1943년 프랜시스를 뉴햄프셔주 경감으로 임명했다. 미국에서 여성으로서 이런 계급을 가진 사람은 프랜시스가 처음이었다. 당시 프랜시스는 66세였다. 그 덕분에 프랜시스에게는 "주의 모든 형법을 집행하고, 형사 절차에 참여하며, 모든 카운티에서 적법한 영장에 따라 체포할 수 있는 경찰력"이 생겼다.[40]

프랜시스가 뉴햄프셔주 경찰에서 맡은 역할이 그저 명예직일 뿐이라고 말하는 사람도 있었지만, 진실은 그와 전혀 달랐다. 캐스웰은 나중에 이렇게 말했다. "이건 명예직이 아니다. 프랜시스 리 경감은 실제로 이 자리에 따르는 모든 권한과 책임을 진 완전한 경감이다."[41]

프랜시스는 경찰관으로 지내며 누군가를 체포해본 적이 없었다. 하지만 그 이후로, 프랜시스는 늘 핸드백에 황금색 배지를 가지고 다니며 자신을 리 경감이라고 불렀다. 리는 경찰에 대한 흥미가 높아질수록 경찰 업무 내에서 새로운 전문성을 개발할 꿈을 꾸었다. 의학에 심장학, 신경학 등 전문 분야가 있듯이 경찰에도 지문 감식, 수상한 서류 조사 등 전문 분야가 있었다. 리는 살인사건 수사가 구체적인 전문 기술을 수련받은, 이 분야에만 매진하는 인물을 둔 전문 분야가 되어야 한다고 생각했다.

리는 자신이 생각하는 자리를 '법의학 수사관'이라고 불렀는데, 오늘날 이 자리는 살인사건 전담 형사로 알려져 있다. 당시에도 일부 경찰서에 살인사건 전담반이 있었고, 살인사건 전담 형사라고 불리는 경찰관도 있었지만 이 중에서 리가 제안한 고급 법의학 수련을 받은 사람은 없었다. 리는 이 부서의 범위에 관한 구체적인 시각을 갖게 되면서 전문화된 경찰관을 훈련시킨다는 측면에서 법의학과의 목적에 다음과 같은 내용이 포함되어야 한다고 생각했다.

1. 법의학 수사관 자리를 만들고, 그 요건을 표준화한다.
2. 법의학 수사관에게 대중은 물론 자신의 사명에 관한 적절한 태도를 심어주고, 양자 모두에 대한 책임감을 기르도록 한다.
3. 법의학 수사관에게 다른 정부 부처와의 관계는 물론, 그의 직업이 가진 역사적 배경을 인식시킨다.
4. 법의학 수사관에게 그의 업무에 따르는 특유한 기술과 능력을 훈련시킨다.
5. 법의학 수사관에게 그가 작성해야 할 일반적인 서류와 보고서 양식을 알려준다.

6. 법의학 수사관에게 협력 관계에 있는 다른 정부 부처와 넓은 아량으로 온전히 협조할 필요성을 인식하도록 한다.

7. 법의학 수사관에게 더 많은 지식을 얻겠다는 욕심을 심어준다.

8. 법의학 수사관에게 법의학은 정치 영역 바깥에 있어야 함을 가르친다.

9. 법의학 수사관에게 그는 진실을 추구하는 사람이며, 그의 임무는 진실을 제시하고 두려움 없이 그 진실을 고수하는 것임을 가르친다.

10. 법의학 수사관의 업무 능력만을 향상시킬 것이 아니라, 전문가 집단은 물론 일반인의 머릿속에서 그의 직업에 관한 평판을 높이려는 욕심과 능력을 심어준다.

11. 법의학 수사관이 자신의 직업에 대한 충심과 자긍심을 기르고, 자기 직업의 과학적 가치와 본질적 존엄성을 잘 이해하도록 돕는다.[42]

하지만 법의학과 내에서 만들어지고 있던 추동력은 의대 학장인 버웰이 1944년 4월 리에게 보낸 당황스러운 편지로 잠시 멈추었다. "걱정스러운 일이 벌어지려 합니다. 모리츠 박사가 다른 의대에서 자리를 맡아달라는 대단히 매력적인 제안을 받았습니다. 너무도 솔깃한 제안이라, 모리츠 박사는 그 기회를 진지하게 고려해볼 수밖에 없을 것이고 지금도 고민하고 있으리라 확신합니다."[43]

갑자기 지금껏 하버드대에 쌓아 올린 모든 것이 무너져내릴 위기
에 처한 듯 보였다.

아주 작은 죽음들

9장

|

손바닥 속 진실

1944년 5월 15일

모리츠는 의대 학장 시드니 버웰 박사에게 보내는 보고서에 이렇게 썼다. "5년 전, 우리 과는 신임 교수 한 명과 E-1동 3층에 있는 빈 방 몇 군데가 전부였습니다. 저 자신을 포함한 누구도 무슨 일을 해야 할지, 어떻게 그런 일을 할 수 있을지 확실히 몰랐습니다."[1] 모리츠는 5년의 운영 기간을 거친 지금, 이제는 한발 물러나 실험 결과를 평가하고 법의학과에 궁극적인 성공 가능성이 있는지 논의해봐야 할 때라고 말했다.

여러 측면에서 법의학과는 생산적으로 보였다. 모리츠는 부검을 하고 매사추세츠 전역의 사망 사건을 자문했다. 법의학과 구성원들은 연구에 참여했고 논문을 펴냈다. 하버드, 터프츠, 보스턴 대학교의 의대생들을 대상으로 강의가 이루어졌다. 하지만 예상과 달리 하버드대 법학과와의 협력은 구체화되지 않았다. 의사 네 명이 전문의 연수를 받았고, 그중 둘은 다른 대학에 취직해 자기 나름의 법의학 프로그램을 개발했다. 미국이 전쟁에 끌려 들어갔으므로, 전문의 과정에 참여할 자격이 있는 후보자들을 찾을 수 없게 되었다. 연구원 중 한 명은 징집되었다. 그 결과 하버드대에서 연구할 사람은 한 명밖에 남지 않았다.

"전쟁이 끝나면, 우리가 수용할 수 있는 규모 이상으로 법의학 전문의 과정에 지원하는 사람들이 많아질 것으로 예상됩니다." 모리츠는 보고서에 이렇게 적었다. 전쟁이 끝나고 남자들이 병역 의무에서 풀려날 때 증가할 것으로 예상되는 활동을 처리하기 위해서는 법의학과에 교수진이 절대적으로 더 필요했다.

모리츠는 과중한 업무 부담을 느끼고 있었다. 법의학과의 유일한 전임 교수로서, 그는 사방으로 압박을 느꼈다. 의학 학회에 참석해 법의학과와 하버드대의 입장을 대변하는 것은 그의 직업에 따르는 의무였다. 모리츠는 오클라호마주, 일리노이주, 버지니아주를 비롯한 여러 주의 주의회 의원들 앞에서 법의학에 관해 증언해달라는 요청을 받았다. 워싱턴대학교와 캘리포니아대학교 등 법의학 과정을 개발하려는 여러 대학에서 그에게 자문을 구했다. 동시에, 모리츠는 부검실에 들어가 학생과 연구원들의 부검을 지도해야 했다. 당연한 일이지만, 그가 맡은 사건 중 다수는 범죄와 관련되어 있었고 이는 법정으로까지 이어졌다. 그 말은 시간을 더 들여 증언을 준비하고, 실제로 법정에 나가 증언해야 한다는 뜻이었다. 마지막으로, 그는 프랜시스 리와도 관련되어 있었기 때문에 리가 검시관, 코로너, 코로너의 의사, 검사, 경찰관, 보험사 경영진들을 위해 열던 법의학 학회에도 참석해야 했다.

결론은, 하버드 의대는 전임 교수를 최소 세 명으로 늘려야 했다. 모리츠 외에 병리학자 한 명과 독성학자 한 명이 필요했다. 여기에 필요한 봉급은 어마어마한 지출인 듯 보였지만, 영연방 매사추세츠주 전역에 부검 서비스라는 공동체 차원의 보상은 상당할 것이었다. 터프츠대학교와 보스턴대학교도 보스턴의 모든 의대에 법의학 강좌를 열겠다는 합의에 따라 하버드대처럼 혜택을 보게 될 터였다.

모리츠는 보고서에 이렇게 썼다. "법의학과의 발전이라는 임무를 맡는 데 있어서, 대학 당국은 어느 정도까지 헌신해야 하는지 완전히 깨닫지 못했을 수 있습니다. 너무도 불리한 조건들을 안고 있어 실패할 것이 분명한 프로젝트를 지속하느니 프로젝트 자체를 폐지하는 것이 나을 것입니다." 모리츠의 보고서가 예산을 더 따내고 법의학과에 대한 관심을 끌어올리려는 도박이었다면, 이 도박은 통했다. 록펠러 재단은 10년에 걸쳐 법의학과에 7만 5000달러를 추가로 제공했다. 법의학과에서 쓸 비용으로 3년간 매년 1000달러를 기부해오던 리는 연간 기부액을 5년 동안 3000달러로 증액했다. 모리츠는 남기로 했다.[2]

리는 모리츠의 결정에 기뻤다. 하지만 모리츠가 계속 본인의 방식대로 학과를 이끌어가고, 가끔 리가 원하는 것이나 제안과 직접적인 갈등을 일으키자 둘의 관계에 균열이 발생한 것을 더 이상 모른 체할 수 없었다.

대학의 다른 학과, 특히 법학과에서는 법의학과에 뜨뜻미지근한 반응을 보였지만, 리는 하버드대의 명망 있는 경영학과가 기업계에 해준 일을 경찰에도 해줄 수 있으리라고 확신했다. 하버드대 경영자 과정이 사실상 미국을 운영했으며, 이 학위의 특별함은 종이 한 장의 가치를 훨씬 넘어섰다.[3]

캘리포니아대학교와 시카고대학교를 포함해 몇몇 대학에서 경찰을 위한 학위 과정이 개발된 적이 있었다. 하지만 당시 경찰관들에게 제공된 교육과정에는 법의학에 관한 내용이 포함되지 않았다. 미국에서는 살인사건 전담 형사로 훈련받을 수 있는 곳이 없었다. 리와 모리츠는 이런 경찰 훈련의 부족을 해결할 방법을 논의하는 데 엄청나게 많은 시간을 쏟았다. 경찰이 원하고 필요로 하는 것이 무엇인지, 또 하버드대 교육과정에 등록하는 데 관심이 있을지 아무도 확신할 수 없었다.

뉴햄프셔주 경찰청장 캐스웰 경무관은 리에게 뉴잉글랜드의 경찰을 돌아보고 오는 임무를 맡겼다. 리는 주 경찰이 운전하는 경찰차를 타고서 뉴햄프셔주, 매사추세츠주, 메인주 경찰청과 검시관들을 방문했다. 리 경감은 그 과정에서 프로다운 처신을 보여주었다. 리는 경찰 지도부에 법의학 수련에 관해 질문하고, 그들이 이 분야에 친숙한지 평가했다. 또 한편으로는 법의학 교육과정에서 다루어야할 주제에 관한 아이디어를 구했다. 리는 조사 결과를 바탕으로 상세한 9페이지짜리 보고서를 썼다. 리가 얻은 한 가지 통찰은 경찰 내부 사람들에게 서로 다른 것들을 가르쳐야 한다는 점이었다. 의문사를 수사하는 경찰관은 법의학의 실용적 측면을 알아야 했다. 하지만 이런 경찰관 이전에 맞닥뜨리게 되는 각 부처의 '윗사람들'에게는 법의학이 무엇이며 어떻게 수사에 도움을 줄 수 있는지를 알려줘야 했다. 리는 보고서에 이렇게 썼다. "간단히 말하면, 경찰관에게 수업을 듣도록 지시하게끔 주 경찰 수장들을 계몽하는 법의학 영업이 선행되어야 한다."[4]

경찰관들을 위해, 모리츠와 리는 법의학 수사에 필요한 심층 훈련을 제공하는 1년짜리 과정을 하버드대에 개설하는 방법을 생각했다. 모리츠는 이런 제안에 관한 흥미도를 측정하고 열두 명으로 이루어진 1기 학생들을 모집하고자 뉴잉글랜드 경찰에 편지를 돌렸다. 물리학과 화학 학습을 포함한 대학 교육 2년이라는 기초적인 선결 조건을 만족시키는 후보자가 너무 적었기 때문에 이 제안은 꽃을 피우지도 못한 채 시들었다.

그에 대한 대안으로 리는 매그래스 도서관에서 열리는 한 주짜리 세미나 형태의 집중 과정을 제안했다. 이 과정은 지나치게 전문적이지 않고, 주 경찰이 반드시 알아야 할 것만을 가르쳤다. 리는 이렇게 말했다. "우리가 상대할 사람들은 전문적인 의학 지식이 없으며 평균적인 교육을 받은 사람들입니다. 이들에게는 단순한 단어로, 의학적 관점에서 본 범죄 수사의 실용적 요령을 가르쳐야 합니다. 그래야 이들이 검사에 필요한 재료를 효율적으로 가져오도록 할 수 있습니다. (…) 경찰관의 모자에 하버드대에서 강의를 들었다는 깃털을 꽂아주는 것은 좋지만, 그 깃털에 머리가 짓눌릴까봐 겁을 먹게 해서는 안 됩니다."

———

리가 잘 알고 있었듯, 수사에서 가장 중요한 건 범죄 현장이었다. 범죄 현장을 올바른 방법으로 볼 수 있는 기회는 딱 한 번뿐이었다. 현장에서의 오류나 실수는 수사의 방향을 바꿔놓을 수 있었다. 경찰은 범죄 현장을 서툴게 헤치고 다니며 사실을 흩뜨릴 게 아니라 관찰력을 키우는 방법을 배워야만 했다. 증거를 보존하고 기록하려면 경찰에게는 중요한 증거를 알아보는 눈이 필요했다. **어떻게 보는 방법을 가르칠 수 있을까?** 리의 고민이 시작됐다.

리는 학생들에게 "현장 관찰에 관한 직접적 경험을 제공하는 문제가 대단히 중요해졌고, 모리츠와의 토론에도 자주 등장했다"고 말했다. 실제 범죄 현장을 활용하는 방법은 이상적이지만 실용적이지는 않았다.[5] 리는 이렇게 말했다. "학생들의 교육은 이들을 직접 의문사 현장으로 데려가 편하게 공부하도록 할 수 없다는 점에서 극복하기 어려웠다. 왜 데려갈 수 없느냐고? 사건 수사에서는 시간이 중요하고, 상황은 변하며, 흥미를 느낀 구경꾼들이 끼어들기 때문이다. 하지만 가장 큰 이유는 어떤 사건도 법원에서 해결되기 전까지는 공적 토론의 대상이 되어서는 안 된다는 것이었다. 그런데 일단 사건이 법원에서 해결되고 나면, 임상 자료가 너무 많은 변화를 거쳐 교육 목적으로는 쓸 수 없는 상태가 된다. 현장과 그 주변 환경도 사실상 망가진다."

범죄 현장 사진이나 영상을 보여줄 수도 있겠지만, 그런 방법은 학생의 목덜미를 잡아끌며 증거를 하나하나 짚어주는 방식이 될 것이었다. 주의를 끄는 사진이나 자료 없이 실제 범죄 현장에서 증거를 찾는 일은 이와 매우 달랐다. 리는 "시각적 교육이 대단히 중요한 건 사실이지만, 랜턴 슬라이드와 영상은 중요하긴 해도 3차원이 아니고 꼭 필요한 장기간의 연구 기회를 주지 못한다는 점이 밝혀졌다"고 말했다.[6]

문득 리는 오래전 어머니에게 만들어주었던 시카고 교향악단 디오라마와 더 록의 다락방에 있는 인형의 집 가구며 비스크 도자기 상자들을 떠올렸다. 그녀는 모리츠에게 말했다. "범죄 현장의 모습과 시신을 원래 자리에 그대로 배치한 모형을 내가 직접 만들면 어떨까요? 그걸 가지고 가르칠 수 있겠어요?"[7]

———

리는 매사추세츠주 몰든에 사는 목수 랠프 모셔에게 연락했다. 모셔는 더 록에서 목공을 비롯한 특이한 일들을 해왔는데, 가장 최근에 한 일은 와인 저장고를 만드는 것이었다. 리는 모셔에게 이런 편지를 보냈다. "약 18×18인치 정사각형 형태의 나무 상자 제작이라고밖에는 설명할 수 없는 특수한 작업을 해야 합니다. 자세한 건 나중에 설명하겠습니다."[8]

모셔는 작업 내용을 확실히 밝혀달라고 부탁했다. "자세한 내용을 보내주시면 기꺼이 일을 맡겠습니다. 어떤 도구가 필요할지 알려주시면 도움이 되겠습니다. 아마 기차로 가야 할 텐데, 불필요한 도구를 가져가고 싶지는 않아서요."[9] 더 록에는 모셔에게 필요한 거의 모든 묵직한 목공 도구와 금속공예용 장비가 갖추어진 공작소가 있었다. 리는 모셔에게 말했다. "내가 하려는 일은 방의 미니어처 모형을 만드는 것입니다. 그러니 필요한 도구라면 가장 작고 정교한 것들이 되겠군요."[10]

리는 일부러 모호하게 만든 범죄 시나리오를 일련의 디오라마로 제작하고자 했다. 그러면 학생들이 관찰하고 고민할 수밖에 없을 터였다. 그녀는 디오라마가 최대한 현실적으로 보이는 것이 중요하다고 생각했다. 그러지 않으면 경찰관들은 인형의 집을 가지고 놀라는 줄 알 테니 말이다. 그녀는 1 대 12라는 익숙한 축척에 맞춰 작업하기로 정했다. 일찍이 시카고 교향악단과 플론잘리 사중주단 모형에 사용한 비율이었다. 리의 디오라마는 키가 15센티미터인 수사관을 위해 설계될 터였다.

리가 처음으로 만든 디오라마는 매그래스가 수사했던 사건에 토대를 두고 있었다. 수상한 상황에서 한 남자가 목을 매달아 죽은 사건이었다. 사망자는 자기가 원하는 것을 얻어낼 때까지 자살 위협을 하며 계속해서 아내를 압박하는 기분 나쁘고 통제욕 강한 사람이었다. 리는 모리츠에게 말했다. "원래 사건에서, 노인은 손에 밧줄을 들고 지하실로 내려갔습니다. 머리 위의 배관에 밧줄을 걸어 한쪽 끝을 매듭짓고, 다른 쪽 끝에 올가미를 만들었죠. 그런 다음, 목에 올가미를 걸고서 상자나 양동이나 나무함에 올라선 뒤 아내가 자기를 달래서 내려오게 하기만을 기다렸습니다."[11] 그러다 어느 날, 발받침이 부서지는 바람에 그는 예상치 못하게 목이 졸리고 말았다.

디오라마에서 사망자의 진짜 신원을 감추기 위해, 리는 이 사망 사건의 배경을 지하실이 아니라 뉴잉글랜드의 헛간으로 바꾸었다. 헛간을 만들기 위해, 리는 모셔에게 더 록을 취득할 당시부터 부지에 있었던 낡은 헛간 건물에서 오래된 목재를 구해 오게 했다. 모셔는 톱을 사용해 목재에서 자연스럽게 색이 바래고 닳아버린 표면을 벗겨내고 12분의 1인치짜리 두께의 나무판 여러 장을 만들었다. 나무판을 0.5인치짜리 가는 조각으로 자른 다음, 풀로 붙여 양면에 낡은 나무가 붙어 있는 2×6인치 크기의 널빤지로 만들었다.

모셔의 헛간은 기단에서 풍향계에 이르기까지 높이가 68.5센티미터이며, 가로와 세로는 약 60센티미터다. 리는 안쪽을 지푸라기와 농장에서 쓰이는 다양한 장비로 채웠다. 그중에는 굴을 까는 데 쓰는 칼로 만든 낫도 있었다. 뒤쪽 창문으로는 리가 사는 지역의 기차역인 베들레헴 교차로에서 본 프랑코니아 산맥이 보인다. 헛간 문 위에는 말발굽이 트인 쪽을 아래로 해서 걸려 있다. 불운을 뜻하는 방향이다. 2.5센티미터 높이의 말벌 둥지는 너무 잘 위장되어 있어 간과하기 쉽지만, 처마 밑에 틀어박혀 있다. 헛간 안에는 에번 윌리스(리가 조그만 사망자에게 지어준 이름이다)가 대롱대롱 매달려 있고, 엉성한 나무 상자가 그의 발밑에 부서져 있다.

디오라마 작업은 제2차 세계대전 중에 시작됐다. 강철 등의 금속과 몇몇 종류의 목재까지 많은 재료가 배급으로만 공급됐으며 희소했다. 디오라마를 만드는 데 꼭 필요한 도구도 마찬가지였다. 모셔는 디오라마에 들어갈 미니어처 조각을 만들기 전에 먼저 초소형 정과 나무를 손질할 대패와 같은 미니어처 도구를 만들어야 했다. 리는 버몬트주 세인트 존스버리에 있는 시어스 로벅에서 보석 세공용 선반을 13.95달러에 구매하려 했지만, 전기 모터는 전쟁용으로 배급된다는 이야기를 들었으므로 전시 생산국에 허락을 구해야 했다.[12] 리는 보석 세공용 선반을 구하기 위해 PD-1A라는 선호도 평가 신청서를 작성했다. 어떤 목적으로 우선적 배정을 원하느냐는 칸에 리는 "과학 연구와 교육을 위한 디오라마(미니어처 모형) 제작"이라고 적었다.[13] 두 달이 걸렸지만, 리는 보석 세공용 선반을 얻었다. 모셔에게는 톱과 모터도 필요했지만, 이에 대해서까지 우선순위를 부여받을 정도로 운이 좋지는 않았다.[14]

전쟁은 모두에게 시련을 안겼다. 재료와 예비 부품을 구하는 일이 힘들 때가 많았다. 사랑받는 공동 창립자의 딸로서 인터내셔널 하베스터에 도움을 요청해봤지만 아무 소용이 없었다. 리가 더 록에 있는 인터내셔널 하베스터 A-6 트럭의 교체용 배기관이 필요하다고 하자 회사에서는 옛 배기관을 반환하지 않으면 대체품을 줄 수 없다고 말했다. 리는 이런 점이 마음에 들지 않았다. 그렇게 하려면 교체용 부품을 기다리는 동안 며칠씩 트럭을 사용할 수 없었다.[15] "지금 건초를 베는 중이라 사나흘 동안 이 트럭을 쓰지 못하면 대단히 불편할 겁니다." 리는 여전히 상당한 주식을 보유하고 있는 회사에 이와 같은 편지를 보냈다.[16] 소용은 없었다. 정부의 전쟁 배급에 앞서는 것은 아무것도 없었다.

철판, 못, 나사못, 경첩, 철사 등 온갖 금속제 물건들이 희귀했다. 나사못을 하나 쓸 수 있다고 해도 크기나 색깔이 맞지 않았다. 리가 디오라마에 필요하다고 여겼던 작은 크기의 못은 상업적으로 구매할 수 없었으므로 모셔가 직접 만들어야 했다. 반쯤 쓴 철사 꾸리조차 리에게는 소중했다. 1944년 겨울, 케임브리지의 어느 친구가 리에게 긴 철사를 보내주었다. 리는 이런 편지를 썼다. "당신이 보내준, 철사가 들어 있는 꾸러미는 잘 받았습니다. 사려 깊고 너그러운 선물에 대단히 고맙습니다. 하버드 의대 법의학과에서 쓸 손바닥 모형 작업에 이 철사는 당신이 상상도 하지 못할 만큼 귀중하게 쓰일 것입니다. 철사가 많이 필요했거든요. 아시다시피 철사가 값을 매길 수 없을 만큼 귀하니까요."[17]

미니어처의 문을 다는 데는 아주 작은 경첩이 필요했는데, 실물 크기 7.6센티미터의 경첩을 축척에 맞게 축소하면 0.6센티미터였다. 하지만 그런 크기의 놋쇠 경첩은 도저히 구할 수 없었다. 방방곡곡의 철물점과 판매처를 뒤져도 아무 소용이 없었다. 구할 수 있었던 것 중 가장 크기가 비슷하고 품질이 좋은 경첩은 1.2센티미터짜리였다. 리는 이 경첩을 적절한 크기로 갈아 미니어처에 썼다.[18]

리가 모형으로 만들고 싶었던 장면 하나는 한 여성 운전자가 운전대를 잡고 죽어 있는 교통사고 현장이었다. 보는 사람에게는 드러나지 않았지만, 이 여성은 남편에게 구타당해 사망했으며 이 장면은 남편이 자신의 죄를 덮기 위해 연출한 것이었다. 학생들의 과제는 운전자가 자동차 충돌로 사망했는지, 아니면 사고가 발생했을 때 이미 사망한 상태였는지 구분하는 것이었다.

강철과 고무가 배급되고 있었으므로 리는 모형에 쓸 정확한 척도의 현실적인 자동차를 찾을 수 없었다. 제2차 세계대전 중에는 장난감 자동차와 트럭 생산이 중단되었고, 일부 회사는 아예 문을 닫았다. 불굴의 의지로 자동차를 하나 찾을 수 있었으나(1 대 12 축척의 빨간색 로드스터였다) 이 소중한 장난감으로 현실적인 충돌을 모방하려 할 만큼 어리석지는 않았다.

또 한번은, 리에게 창문에 쓸 투명 합성수지가 필요했다. 두께는 0.3센티미터, 개수는 다양한 크기로 13장이 필요했다. 프랜시스는 보스턴에 있는 판매자에게 직접 잘라서 쓸 테니 크기와 상관없이 0.3센티미터 두께의 투명 합성수지를 사고 싶다고 말했다. 판매자의 대답은 이랬다. "투명 합성수지는 우선 자원으로 지정되어 있어서 판매할 수 없습니다." 이 회사에 있었던 것은 너무 쉽게 흠집이 난다는 이유로 해군에서 반려한 0.6센티미터 두께의 35.5센티미터짜리 투명 합성수지판 한 장뿐이었다.[19] 리는 가는 못을 주문하는 편지에 이렇게 썼다. "투명 합성수지판을 살 수 있다면 매우 기쁘겠습니다. 아주 유용하게 쓸 수 있거든요. 소중한 물건을 구해주셔서 감사합니

아주 작은 죽음들

다."[20] 리는 일부 모형의 창문을 액자에서 뜯어낸 유리로 만들 수밖에 없었다. 일단 전쟁이 끝나면, 창틀에 넣을 얇은 아크릴판을 얻을 수 있을 터였다.

리는 디오라마를 진짜처럼 보이게 하기 위해 노력도, 비용도 전혀 아끼지 않았다. 모형을 장식할 위스키병은 전국 증류주 제조회사 연합에서 타운 태번과 크랩 오처드 브랜드의 주류 라벨을 구해 만들었다.[21] 화가 한 명을 고용해 배경을 그리게 하고, 또 한 명에게는 더록의 오두막에 있는 유화 미니어처를 만들도록 했다. 거실 벽난로 위에 걸 그 그림은 높이 2.5센티미터에 폭은 5센티미터였다.

리는 주방을 만들기 위해 실제로 작동하는 금 핸드믹서를 구매했다. 원래는 행운의 팔찌에 매다는 작은 보석이었다. 리는 이 핸드믹서를 회색으로 칠해 강철처럼 보이게 했다. 그저 장식물일 뿐인 이 보석의 가격은 당시 노동자의 하루 임금에 해당했을 것이다.

리의 친구이자 프레리가의 이웃인 나르시사 니블랙 손이 취미로 구입한, 화려한 방을 표현한 아름다운 디오라마와는 달리 리는 자신의 모형이 현실적으로 보이기를 바랐다. 사람이 산 흔적이 남아 있는 낡고 어수선한 모형. 리가 표현하기로 선택한 죽음은 자신이 어린 시절을 보낸 사교계와는 동떨어진 가난한 사람들의 죽음이었다. 리의 디오라마에는 창녀, 재소자, 가난한 자, 취약 계층이 담겼다. 이처럼 초라한 배경에 걸맞은 가구 등을 찾는 것은 어려운 일이었다. 리는 매사추세츠주 던스터블에 사는 미니어처 가구 제작자에게 편지를 보내, "손 여사의 작품을 포함하더라도 당신 것처럼 충실하게 현실을 복제한 정교한 작품은 본 적이 없습니다"라고 했지만, 그의 작품은 리의 목적을 충족하기에는 너무 고급스러웠다.[22]

그녀는 공예가에게 이런 편지를 보냈다. "나는 최고급 가구나 특정 시대의 가구를 만들려는 것이 아니라, 중하류 계급 가정의 평범한 가구, 혹은 가난에 찌든 오두막이나 집의 가구를 보여주려는 겁니다. 대체로 중고 매장에서나 구할 수 있을, 별다른 특징 없는 가구들이죠."

일정 비율에 따라 축소한 옷장, 침대 옆 탁자, 의자 등 수많은 가구는 모셔가 직접 만들었다. 결과물을 최대한 현실적으로 만들기 위해, 리는 예일대학교의 삼림학과 교수에게 1 대 12 척도에서도 그럴싸하게 보이는 결을 갖춘 다양한 목재 목록을 부탁했다.

사망 장면에 쓰일 현실적인 인간 모형도 상업적으로 구할 수 없었다. 인형의 집 판매점에서 구할 수 있는 인형은 모두 똑바로 서 있기 위해 두 발을 기단에 댄 고정된 자세를 취하고 있었다. 리가 원하는 것으로는 적절하지 않았기에 리는 직접 모형을 만들기로 했다. 수십 년 전에 미니어처를 만들고 남은 머리에 가발이나 색을 넣은 회반죽을 붙여 머리카락을 흉내 냈다. 상체와 팔다리는 톱밥, 면, 모래, 산탄으로 채웠다. 몸체에 적절한 무게감과 형태를 부여하기 위한 것이었다. 뻣뻣한 철사를 사용해 자세를 잡고 사후 강직을 표현했다. 리는 시반과 일산화탄소 중독, 부패, 폭력의 흔적을 보여주기 위해 인형의 도자기 피부에 그림을 그렸다.

인형에 옷을 입히는 것은 까다로운 일이었다. 리는 이렇게 말했다. "가장 어려운 문제는 사용된 소재의 질감이었다. 아마 남성용 정장이 흉내 내기 가장 어려웠을 것이다. 소재가 여러 조건을 만족시켜야 했다. 얇고 잘 휘어지되 투명하지는 않아야 했고, 주름이 생길 수 있어야 했으며, 쉽게 올이 풀리지 않아야 했다. 또한 그럴싸하게 주름을 잡으려면, 젖어도 상하지 않아야 했고 색깔과 무늬도 적절해야 했다. 하지만 이 모든 특징이 한 가지 상품에서 발견된다고 해도 비율이 맞지 않으면 소재로 쓸 수 없었다."[23]

리는 아주 작은 세부 사항을 즐겼다. 그녀는 이렇게 썼다. "가구 대부분과 작은 물건들이 모두 작동한다. 문과 서랍, 스토브 뚜껑이 열리고 유리병에서는 코르크 마개를 뺄 수 있으며, 숫돌도 진짜여서 돌아가고, 홀터와 허리띠 버클도 작동한다. 일부 책을 펼치면 안에 글자가 인쇄되어 있으며 뜨개질감도 진짜다."[24] 인형들은 완전히 옷을 갖추어 입었고, 속옷도 입고 있었다. 그렇게 하지 않으면 외설적인 일이 될 터였다.

리는 벽에 튄 피와 바닥에 고인 피 웅덩이나 피 묻은 발자국을 흉내 내고자 빨간색 매니큐어를 조심스럽게 발랐다. 조명 스위치 근처의 벽은 지문으로 문대져 있었다. 리는 손가락 끝을 천으로 감싸고, 실제로 오래된 것처럼 보이도록 리놀륨의 한 자리를 몇 시간씩 문질러 닳게 만들었다. 그녀는 관찰자들이 절대 보지 못할 요소들도 담았다. 안에서 돌아다니는 15센티미터 키의 손님에게만 보일, 살롱 안의 권투 시합 광고 포스터와 교도소 감방에 휘갈겨 쓴 낙서 등이었다.

리는 모리츠에게 말했다. "나는 계속 더 많은 단서와 세부 사항을 더하고 싶은 충동을 느끼며, 그 과정에서 지나친 '기계광'이 될지 모른다는 걱정이 듭니다. 지켜보다가 내가 선을 넘으면 막아주세요."[25]

몇 달 안에 리와 모셔는 헛간, 침실, 주방, 거실을 만들었고, 최소 세 개의 디오라마를 제작했다. 모셔는 아이작 스콧을 기리는 의미에서 스콧이 지은 리의 어린 시절 놀이 집을 기초로 통나무집을 만들었다. 다른 모형의 바탕이 된 것은 프레리가에 있는 리의 부모님 집 차고였다. 훨씬 더 많은 디오라마가 계획되어 있었다. 리는 모리츠에게 말했다. "지금까지 완성하거나 앞으로 만들 계획인 디오라마로는 액사 두 건, 총격 두 건, 둔기에 의한 공격 두 건, 자연사 한 건, 익사 한 건, 불명의 죽음 한 건, 방화 한 건(이 사건에서는 남성 피해자가 어떻게 사망했다고 할지 아직 모르겠습니다. 제안 좀 해주세요), 중독사 한 건이 있습니다. 교통사고도 더 필요해요. 뺑소니와 증거가 잘 갖추어진 충돌과 비충돌 사고면 좋겠습니다(갈기갈기 찢어진 천 같은 것이 필요한데, 너무 흔하거나 뻔해서는 안 되겠죠). 총격도 한두 장면 더 필요할 테고, 칼에 찔린 경우와 더 많은 중독사, 일산화탄소 중독, 불명의 죽음 두어 건도 있어야 할 테죠."[26]

리가 만든 가장 정교한 디오라마는 거의 똑같은, 나란히 배치된 방으로 이루어져 있다. 왼쪽 방의 장면은 한 남자가 총에 맞아 사망한 이후를 보여준다. 그는 거실 바닥에 사지를 뻗고 누워 있다. 오른쪽 방은 왼쪽 방과 정확히 똑같이 마감되어 있으나, 주 경찰이 도움을 주겠다고 피해자를 소파로 옮긴 뒤의 상황을 보여준다. 아내가 남편이 쓰러질 때 깨진 도자기의 잔해를 쓸어내는 동안, 주 경찰은 서서 무언가를 메모한다. 경찰관의 손에는 이쑤시개로 만들고 끝에 진짜 연필심이 달린 연필이 들려 있다. 수첩에는 너무 작아 읽을 수 없는 글자가 적혀 있다. 경찰관의 목 주변에는 아주 가느다란 플래티넘 사슬이 걸려 있는데, 실제로 불 수 있는 호루라기다. 언뜻 보면 거의 똑같아 보이지만, 두 장면에는 관찰하는 학생들이 찾아야 하는 차이점이 서른 군데 이상 있다.

이런 디오라마에 정확한 금전적 가치를 부여하기란 어렵다. 리는 각 모형에 대해 항목별로 회계 장부를 작성하지 않았고, 일부 소재는 두 가지 이상의 모형에 쓰였다. 어떤 추산에 따르면, 디오라마 하나를 만드는 데 들어간 재료와 노동력의 가치는 3000~6000달러 사이로, 오늘날의 4만~8만 달러에 해당한다.

리의 초기 모형 중 하나는 방 두 개짜리 시골 오두막이다. 거주자는 부자가 아닌 것이 확실하다. 타르 종이로 이루어진 지붕에는 때운 자국이 있다. 하지만 기본적인 생활필수품은 갖추고 있다. 나무 난로 근처의 따뜻한 자리에는 안락의자가 있고, 널찍한 철제 틀 침대가 있으며, 방 옆에는 음식 재고가 충분히 차 있는 등유 스토브를 갖춘 단출한 주방이 있다. 리는 정교하고 상세한 디오라마를 만드느라 아주 오랜 시간 공을 들이고 수천 달러를 쓴 끝에, 이 모형에 토치로 불을 붙였다. 프레더릭 스몰의 살인 및 방화 사건에서 영감을 얻어, 침대가 널빤지 밑으로 추락하기 시작할 때까지 오두막의 한쪽 구석 대부분을 조심스레 태운 것이다. 전면의 서랍장 위에는 재가

낀 알람 시계가 놓여 있었다.

————

경찰관을 위한 최초의 살인사건 세미나는 1945년에 일주일에 걸쳐 열렸다. 세미나는 매년 4월과 10월에 두 번, 매그래스 도서관의 학회용 탁자에서 열렸다. 리는 이 세미나를 과학적 경찰 업무의 새로운 장으로서 환영했다. 그녀는 이렇게 말했다. "능력 있는 경찰관이란 지식을 갖춘 경찰관이라는 것을 굳게 믿으며 경찰관 학생들에게 가장 현대적이고 진보적인 훈련을 제공하고자 모든 노력을 기울였습니다. 과거 '튼튼한 구두를 신은 건장한 사람들'이 도시 순찰 경찰관의 필요조건이던 날은 끝났습니다. 오늘날 경찰은 잘 교육받고 훈련받은 신사입니다."[27]

리는 사교 행사를 준비하듯 살인사건 세미나를 준비했다. 초대받은 사람만 참석할 수 있었다. 리는 다양한 경찰 부서를 방문하던 중 학생이 될 만한 사람들을 따로 메모해두었다. 그녀는 머리가 좋고 대학에 다녔으며, 아직 경력이 그리 길지 않아서 특수 훈련을 받으면 전면적으로 활용할 수 있는 경찰관들을 찾았다. 어느 경찰관이 은퇴를 몇 년 앞두고 있으면, 리는 그를 세미나 참석 자격이 없는 사람으로 빼놓았다. 경찰에서 보낼 남은 시간에 훈련받은 내용을 충분히 활용할 수 없으리라 생각한 것이다. 리는 후보자의 상관들을 개인적으로 면담해, 그들이 훈련을 온전히 활용하려고 노력할지 확인

아주 작은 죽음들

하기도 했다. 리는 나중에 사무실이나 증거 보관실에 배치될 졸업생을 위해 교실의 자리를 낭비하고 싶지 않았다. 리는 모든 사법 당국이 세미나 비용을 전부 치러야 한다고 주장했다. 다만 비용을 대는 주체는 경찰관 개인이 아니라 그가 속한 부서여야 했다. 문자 그대로, 또 상징적으로 사법 당국에서 이 프로그램에 투자하도록 한 것이다.

세미나가 열리는 주에는 경찰관들이 둔기에 의한 외상과 관통상, 질식사, 중독사, 화재, 익사 등 다양한 사망에 관한 강의를 들었다. 이들은 모리츠가 집도하는 부검을 지켜보았고 리가 만든 디오라마, 즉 그녀가 '의문사에 관한 손바닥 연구'라고 부르는 모형도 다루었다.

세미나 첫째 날이 끝날 때쯤 경찰관들은 각자 연구할 디오라마를 두세 개씩 배정받았다. 이들에게는 디오라마를 관찰할 시간이 90분씩 주어졌다. 주 후반이 되면 경찰관들은 각자 교실 앞으로 나와 결과를 발표했다. 어느 정도 토의가 이루어진 다음, 각 모형이 나타내려 했던 요점이 학생들에게 공개되었다.[28]

모형은 어두운 회랑의 검은 캐비닛 안에 설치되었다. 조명은 대부분 디오라마 내부의 미니어처 조명에서 나오는 것이었다. 리는 학생들이 연구하는 동안 그 방에 앉아서 대체로 질문에 답을 하되 절대 힌트는 주지 않았다. 학생들은 디오라마가 실제 사건처럼 해결되도록 만들어진 것이 아니라는 이야기를 들었다. 이 모형에는 완전한 정보가 담겨 있지 않았다. 부검 결과도 없었고, 증인들에게 질문을 던질 수도 없었으며, 대부분은 사망자의 얼굴 전체가 보이지도 않았다. 리는 이렇게 말했다. "이 모형은 '누가 범인인가'를 나타내는 게 아니라는 점을 알아두어야 합니다. 그냥 들여다보기만 해서는 사건을 해결할 수 없어요. 이 모형은 관찰, 해석, 평가, 보고 연습을 위한 것입니다."[29]

손바닥 모형의 가장 중요한 목적은 성급한 결론이나 경솔한 판단을 내려놓고, 자기가 좋아하는 가설에 맞는 증거만을 발견하고 싶은 마음에 저항하는 법을 가르치는 것이었다. 리는 이렇게 말했다. "손바닥 모형을 연구할 때 가장 중요한 점은 열린 마음으로 모형에 접근해야 한다는 겁니다. 수사관은 '직감'을 가지고 그 직감에 맞는 증거만 찾으려다가 실제로 그런 증거만 발견하는 경우가 너무 많습니다. 있을지도 모르는 다른 증거는 전부 무시하고 말이죠. 실제 사건 수사에서는 이런 태도가 재앙으로 이어질 수 있습니다."

리는 학생들에게 손바닥 모형을 한 순간에 시간이 멈춘 것으로 생각하라고 이야기했다. "한 시점에 정지된 영상이라고 생각해보세요." 알려지지 않은 일련의 사건이 일어났고, 디오라마는 경찰관이 현장에 도착한 '그 순간'을 나타낸 것이었다. 리는 이렇게 말했다. "사건과 관련 있는 세부 사항을 놓치지 않으려면 최대한 미세하게 촉각을 곤두세워야 한다고 학생들에게 이야기해야 합니다. 모형의 많은 세부 사항은 실제 문제와 아무 관계가 없이, 배경으로서 들어가 있다는 점을 설명해주세요. 이런 것들은 일종의 무대 연출로, 거기에 사는 사람이 어떤 사람이며 그 사람의 정신 상태는 어땠는지

아주 작은 죽음들

보여주는 역할을 합니다."[30]

리는 학생들에게 왼쪽의 한 점에서 시작해 시계 방향으로, 주변부에서 시작해 방 한가운데로 디오라마를 천천히, 꼼꼼하게 관찰하라고 권했다. 그녀는 마음을 열고, 예단하지 말고 모든 것을 세세하게 살펴보라고 촉구했다. 증거가 제시하는 진실이 저절로 모습을 드러낼 수 있도록 말이다.

법의학이라는 분야가 발전하고 규모가 커지려면 경찰을 대상으로 하는 살인사건 세미나에서 심어둔 씨앗을 보살펴야 했다. 세미나에서 소개된 지식과 기술은 계속 업데이트되어야 했다. 리는 세미나에서 만난 경찰관들이 기세를 이어나가 세미나 주간에 형성된 직업 관계를 유지하고, 서로 네트워크를 형성하고 정보를 주고받으며, 필요에 따라 주요 사건에서 협력하기를 바랐다. 이를 위해 리는 살인사건 세미나를 시작함과 동시에 하버드 경찰과학협회HAPS(Harvard Associates in Police Science)라는 비영리 단체를 만들었다. 세미나 졸업생들은 이 협회의 회원 자격을 얻었고, 협회에서는 상급 살인사건 세미나를 열고 직업적 발전을 장려했다. 정관에 따르면 협회의 목적은 다음과 같았다.

· 하버드 의대에서 경찰관을 위한 법의학 세미나 과정을 완수한 사람들을 조직하고 단합한다.
· 범죄 수사에서 법의학의 역할을 확대하고 개선하도록 장려한다.
· 과학적 범죄 수사 연구를 촉진한다.

· 범죄 수사 임무를 맡은 사법 공무원의 수준을 최대한 제고한다.
· 대회를 열고, 범죄 예방과 수사에 관련해 회원에게 정확한 자료를 전파하며, 범죄 감소를 목표로 하는 모든 운동에 전력을 다한다.
· 경찰에 범죄 수사와 관련하여 실험실의 최신 연구 성과를 비롯해 과학적 도움을 준다.
· 경찰과 의학의 긴밀한 협조를 이룬다.[31]

리는 살인사건 세미나에 참석하는 경찰관들을 무척 잘 대우하고, 그들이 최대한 편하게 지낼 수 있도록 했다. 그녀는 이들이 피울 담배를 구매했고(여덟 상자면 일주일 내내 피울 양이 됐다), 영민한 마케팅의 일환으로 '법의학'이라 프린트된 성냥갑도 만들었다. 경찰관들이 성냥을 자기 본거지로 가져가 법의학에 관한 대화를 시작하기를 바라는 마음이었다.

세미나의 두 번째 밤마다 리는 보스턴 리츠칼튼 호텔에서 정찬회를 열었다. 그녀는 아주 작은 세부 사항까지 법석을 떨어가며 정찬에 호화롭게 돈을 썼다. 리는 손님들의 좌석 배치도를 직접 그렸다. 가장 먼 곳에서 온 경찰관들을 서로의 옆자리에 앉혀 친목을 다지고 대화를 하도록 했다. 음식도, 술도, 서비스도 최상급을 고집했던 리는 40명의 손님에게 대접할 저녁 식사에 2만 5000달러에 달하는 돈을 썼다. 테이블 중앙의 꽃장식만 해도 오늘날의 가치로 6000달러가 넘는다. 리는 경찰관들에게 황금색 잎사귀 무늬가 들어간 식기에 음

아주 작은 죽음들

식을 대접해야 한다고 고집했으므로, 호텔에서는 오직 살인사건 세미나에만 쓰이는 전용 도자기 세트를 구매하는 데 6만 6000달러에 달하는 돈을 지출했다.

리츠칼튼의 지배인 찰스 L. 바니노는 이렇게 말했다. "훌륭한 행사였다. 리는 손님들을 왕족처럼 대접했다. 손님들은 무엇이든지 원하는 만큼 가질 수 있었다. 신사처럼 행동하기만 하면 됐다."[32]

보통 메뉴에는 불라불라 수프, 장식용 금 조각, 셀러리 하트, 순무, 올리브, 보르드레즈 소스를 곁들인 안심 스테이크, 프랑스식 찐완두콩 요리, 폼 안나(감자를 얇고 동그랗게 썰어 꽃 모양으로 팬에 겹쳐놓은 뒤 버터를 넣고 구워낸 요리―옮긴이), 꽃상추와 물냉이 샐러드, 스웨덴식 오믈렛, 커피, 민트, 담배가 포함되었다. 세미나에 참석한 경찰관들에게는 평생 먹어본 가장 훌륭한 식사였다. 바니노는 리가 "아마 우리 손님 중 가장 안달복달하는 사람이었을 것"이라며, "모두 그녀를 무척 좋아했다"고 말했다.

호화로운 식사는 미국에서 가장 뛰어난 학자들에게 특수 훈련을 받고 있다는 특권의식을 가질 수 있게 하겠다는 리의 전반적 욕심에서 나온 것이었다. 이제 경찰관들은 엘리트 그룹에 속했으며, 이에 맞게 행동하리라고 기대되었다. 이들은 교육이라는 형태로 선물을 받았고, 새로 얻은 지식을 업무에 활용할 의무가 있었다.

세미나를 마치면 모든 이가 하버드 경찰과학협회의 졸업장을 받았다. 리에게는 이들에게 하버드라는 이름이 적힌 졸업장을 주는 것, 그들이 중요한 무언가를 달성했음을 알게 하는 것이 중요했다.

이들은 옷깃에 달 HAPS 핀과 교육생 전체 기념사진도 받았다.

세미나가 끝날 때, 리가 일어서서 경찰관들에게 연설했다.

그 어떤 경찰 업무도 지레짐작으로 이루어져서는 안 됩니다. 살인 사건 수사에서는 특히 그렇습니다. 수사관은 진실을, 반박할 수 없는 적나라한 진실을 추구하고 그 진실이 끝나는 데서 더 나아가지 않습니다. 수사관은 누군가를 지키거나 복수하는 것이 아니라 인내심 있게, 공들여서, 정확하고 성실한 작업을 통해 무슨 일이 일어났는지 알아내야 합니다. 절대로 추측한 다음 이를 뒷받침할 증거를 찾아다니지 않습니다. 인내심, 수고를 아끼지 않는 무한한 성실함, 절대적 정확성, 철저함을 대체할 만한 것은 아무것도 없습니다. 이러한 확신 없이 사건에 접근할 수 없다면 즉시 수사를 그만두어야 할 것입니다. 경찰 업무에 그런 사람이 차지할 자리는 없습니다. "그 어떤 경찰 업무도 지레짐작으로 이루어져서는 안 된다"라는 말을 되풀이하세요. 그러면 여러분도 이를 알게 될 겁니다.[33]

리는 손바닥 모형을 하버드대에 기증할 생각이었다. 그녀는 버웰에게 이런 편지를 썼다. "세무사를 통해서, 모든 점을 고려했을 때 이 모형들이 법의학과에 자리 잡을 방법을 생각해보는 중입니다. 결정되면 앞서 이야기했던 경로로 공식 제안서를 넣겠습니다."[34] 몇 달 뒤, 리는 하버드대에 공식 제안서를 넣었다. "선물에 조건을 붙이고 싶지는 않지만, 확실히 해두기 위해 이 모형이 적절히 설치되고 보호될 거라는 것을 확인하고 싶습니다. 나는 이 모형이 대중에게 공개되지 않고, 세미나를 듣는 사람들을 위해서만 보관되고 사용되기를 바랍니다."[35]

하버드대는 1946년 1월 23일, 차담회를 열어 리가 약속한 기증에 감사 인사를 전했다. 손님 명단에는 하버드대 총장 코넌트 부부와 로저 리 박사 부부, 버웰 학장 부부, 앨런 모리츠와 그의 아내 벨마 모리츠, 록펠러 재단의 앨런 그레그, 리의 아들인 존 글레스너 리와 리의 딸인 마사 배철더가 포함되었다.

겉으로는 후한 인심을 베풀었지만, 리는 하버드대와 법의학과에 점차 불만을 품게 되었다. 모리츠는 평소 하는 일 외에도 피터 벤트 브리검 병원의 수석 병리학자 자리를 받아들여, 법의학과에 들일 시간과 관심을 빼앗기고 있었다. 리는 그저 기부를 약속했기 때문에 하버드대가 자신을 참아주고 있을 뿐이라고 느꼈다. 공평하게 말하자면, 리도 하버드대를 이용하기는 마찬가지였다. 법의학이라는 분야를 발전시키기 위해 하버드대의 명망을 활용했으니 말이다. 하지만 그녀는 자신이 한 기여에 비해 진지한 관심을 받지 못한다고 느꼈다.

버웰이 남긴 회고록에 따르면, 리는 "자신이 열렬히 원하는 만큼 법의학과에서 호의적으로 받아들여지지 않고 있으며, 자신이 참여자라기보다는 명예로운 손님 취급을 당하는 경우가 너무 많다는 의견을 밝혔다."[36]

10장

|

하버드에서의 살인

1946년 봄, 버지니아주 의원들은 상원 법안 64호를 통과시켰다. 이 법은 코로너 제도를 폐지하고, 설명되지 않은 사망 사건을 수사할 수석 검시관을 둔다는 내용이었다. 여론의 압박이나 정치적 영향력으로부터 검시관을 보호하기 위해, 리가 추천했던 대로 5인으로 구성된 독립 위원회의 휘하에 검시관을 두었다. 리는 버지니아주에 하버드대 법의학과의 전직 연구원을 최초의 수석 검시관으로 고용하라고 권하며 이 제도가 순조롭게 출발할 수 있도록 했다. 리가 생각하는 최상위 후보 두 사람은 허버트 런드 박사와 허버트 브레이포글 박사였다. 둘 다 젊고 명석했으며 수석 검시관에 걸맞은 자질을 갖추고 있었다.

세 번째 후보자인 러셀 피셔 박사는 버지니아 의대에서 의학 교육을 받았다. 버지니아 의대 총장인 윌리엄 생어 박사는 언젠가 피셔가 검시관이 되어 버지니아에 돌아올지 모른다는 생각으로 그를 하버드대 전문의 과정에 추천했다. 리는 피셔가 똑똑하고 유능하기는 하지만, 병리학 수련이 끝나는 몇 년 뒤까지는 그렇게 핵심적인 역할을 맡을 준비가 되지 않을 것이라고 생각했다.[1] 리는 생어와 버지니아주 경무관 우드슨에게 이런 의견을 공유했다. 둘 다 검시관실을 감독하는 위원회의 위원이었다. 만장일치로, 위원회에서는 브레이포글을 버지니아의 첫 수석 검시관으로 임명했다. 수석 검시관실 설치를 규정한 법에서는 버지니아 의대에 법의학과를 창설할 것도 인준했다. 브레이포글이 조교수로 임명됐고, 새로운 학과는 1948년에 출범했다.[2]

신문기자들은 머잖아 하버드대에서 경찰관을 대상으로 열리는 과학적 살인사건 수사 세미나와 교구로 사용되는 독특한 범죄 현장 모형에 관한 소식을 들었다. 살인과 인형의 집이라는 기이한 조합은 특집 기사를 내기에 안성맞춤이었다. 《보스턴 글로브》, 《프로비던스 선데이 저널》 등 여러 언론에서 하버드대 법의학과와 과학적 검시관이라는 새로운 세대의 영웅적 업적을 다루었다.

이런 기사에서 리는 전혀 언급되지 않거나, 언급되더라도 무시무시한 인형의 집을 만든 부유한 노부인이라는 주변적 인물로만 등장했다. 리가 법의학 분야의 선구자이자 법의학과를 설립한 배후의 원동력이었음은 축소해서 전달되었다. 리는 자신이 유용한 흥밋거리가 되고 법의학에 관한 이야기를 퍼뜨리는 데 도움이 될 수만 있다

아주 작은 죽음들

면 기꺼이 이런 식의 삭제를 받아들일 생각이었다. 모리츠는 리의 이름이 익명으로 처리되고 그녀가 한 선구적 작업에 대해 인정받지 못했다는 점에 관해 그녀에게 사과했다.

리는 모리츠에게 말했다. "'완전한 익명성'이라고 하셨지만, 사실은 그렇지 않습니다. 나는 처음부터 온갖 논평 기사를 써왔으니까요. 법의학이라는 주제를 사람들 앞으로 끌어내, 인기를 얻을 뿐 아니라 제대로 이해되고 가치 평가를 받을 수 있게 하는 데 모든 노력을 기울입시다. 누가 이 노력을 뒷받침하고 있는지는 오직 소수의 사람에게만 중요한 문제이고, 그 사람들은 이미 알고 있으니 그걸로 됐습니다."[3]

가장 큰 행운은 1946년 봄, 기사를 싣고 싶다며 《라이프》에서 리에게 연락을 해온 일이었다. 《라이프》는 미국 유수의 사진 주간지로, 독자 수가 약 1300만 명이었다. 판형이 큰 이 잡지는 뛰어난 사진으로 유명했으며, '의문사에 관한 손바닥 연구'를 특집 기사로 싣고 싶어 안달이었다. 《라이프》의 사진기자는 하버드대에 며칠을 머물면서 디오라마를 촬영했다. 《라이프》는 세미나에서 학생들에게 보여줄 때처럼 각 디오라마에 짧은 예비 보고서를 붙여 독자에게 손바닥 모형을 제시하고 싶어했다. 한 가지 문제가 있었다. 잡지사에서는 답을 싣고 싶어했다.

잡지사 직원 제프 와일리가 리에게 말했다. "《라이프》는 기삿거리를 얻는 데 큰 관심을 두고 있지만, '모범답안'을 빠뜨릴 수는 없다고 생각합니다. 저는 여사님께서 저희가 자유롭게 결론을 내도 된다고 말씀하셨다는 점을 편집자들에게 설명했고, 여사님께서 우리가 내린 추론이 맞는지 확인해주실 거라고도 말했습니다. 그랬더니 편집자들은, 신경을 긁어대는 그들 특유의 방식으로 (여사님께서 어차피 추론을 확인해주실 거라면) 해답을 알려주지 않는 이유가 무엇인지 알고 싶다고 합니다. 달리 말해, 어림짐작을 하고 싶지 않다는 거죠."[4]

특집 기사는 분명 많은 이에게 법의학을 알릴 기회였다. 하지만 해답을 아는 사람이 생기면 손바닥 모형이 가진 교재로서의 가치는 없어지기 마련이었다. 리는 타협했다. 목격자 증언은 활용해도 좋지만, 살인사건 세미나에서 활용되는 완성된 보고서는 쓰지 못하게 했다. 일부 단서는 드러내되 모범답안은 제시하지 않은 것이다.

'손바닥 모형'은 1946년 6월 3일자 《라이프》를 통해 전국에 데뷔했다. 필자 이름이 적히지 않은 특집 기사가 잡지 전면에 세 페이지에 걸쳐 실렸다. 〈편집장에게〉 코너 이후로 나오는 첫 번째 사진 특집 기사로서 중요한 위치에 실린 것이었다. 리는 법의학과의 창립자로 언급되었으나 사진이 실리지는 않았다. 거실, 어두운 화장실, 방 두 개와 줄무늬가 들어간 침실 사진이 실렸다. 사람 사진은 헛간을 살펴보는 남자 네 명의 사진뿐이었다.[5]

———

하버드대 세미나에 참석한 주 경찰들은 리에게 실제 수사에서 훈련

아주 작은 죽음들

을 적용했다는 점을 기쁘게 알려왔다. 한 세미나 이후로, 인디애나 주 경찰 실험실 R. F. 보켄스타인 경위는 리에게 약 3개월간 물에 잠겨 있던 사람이 발견된 최근 사건을 이야기해주었다. 그는 시신이 너무 심하게 부패해 있어서, 지역 경찰과 코로너는 지문으로 그 사람의 신원을 확인할 가능성이 없다고 봤다고 전했다.

살인사건 세미나에서 피부 박리(피부 아래층에서 표피가 분리되는 현상)에 대해 배웠던 보켄스타인은 사망자가 발견 당시에 끼고 있던 장갑 안쪽을 살펴보기로 했다. 장갑은 사망자의 의복과 함께 버려졌지만, 아직 손상되지는 않은 상태였다. 장갑 안에는 읽을 수 있는 지문이 남아 있었고, 덕분에 사망자의 신원을 확인할 수 있었다.

보켄스타인은 리에게 말했다. "장의사였던 코로너는 이런 상황에서 손 피부가 박탈된다는 점을 잘 몰랐습니다. 부검은 하지 않았으니 아마 사인은 밝혀지지 않을 겁니다. 저는 이런 상황을 대비하여 횃불을 밝히려 합니다. 미래에 무언가 결과가 있기를 바랍니다."[6]

살인사건 세미나에서 전한 지식은 경찰들이 집으로 돌아가면서 전파되었다. 델라웨어주의 한 경찰은 하버드대에서의 경험을 바탕으로 동료 경찰에게 훈련 과정을 알려주었는데, 여기에는 부검 참관도 포함되어 있었다. 이처럼 이차적으로 전달된 정보에 기반해, 그의 수련생 중 한 명은 사망자의 두개골을 절개하는 데서부터 부검을 시작하려던 코로너의 의사를 제지했다. 주 경찰은 의사에게 그건 잘못된 방법이라고 말했다. 두개골보다 복부를 먼저 절개해야 한다고, 하버드대에서는 그렇게 한다고 말이다. 두개골을 톱으로 자르는 과정에서 뇌막의 혈관이 손상될 수 있는데, 그러다 보면 두개 내 출혈의 징후가 감춰질 수 있었다. 복부를 먼저 절개하면 머리와 목의 혈관 내용물이 상체로 빠져나가므로, 이때 뇌 표면에 보이는 혈액은 톱으로 생긴 것이 아닌 셈이었다.[7]

코로너의 의사는 원치 않은 조언에 그리 따뜻한 반응을 보이지 않고 자리를 떠나버렸다. 지휘관은 주 경찰을 자기 사무실로 불러 해명하라고 했다. 경찰은 이렇게 말했다. "저희한테 그 교육을 들으라고 한 건 실제 사건에 적용을 원했기 때문인 줄 알았는데요. 맞는 방법이 있고 틀린 방법이 있는데, 그건 틀린 방법이었습니다."[8]

1947년 4월 16일

4월 첫째 주에 열린 살인사건 세미나에서, 모리츠는 자신을 비롯한 보스턴 검시관실 직원들이 코코아넛 그로브 화재에서 피해자 492명의 시신을 수습해 신원을 확인한 방법과 수많은 사람의 죽음을 초래했을지도 모르는 연기에 대한 화학적 분석 결과를 발표했다.[9] 텍사스주 경찰 실험실의 화학자인 J. H. 아넷이 참석해 모리츠의 발표를 들었다. 그가 텍사스로 돌아가고 일주일 뒤, 2000톤의 비료를 싣고 이 도시의 항구에 정박해 있던 화물선이 폭발했다. 아넷은 막 세미나에 참석하고 왔으므로 사상자를 수습해 신원을 확인하는 과정을 정확히 알고 있었다. 아넷은 유해 수습 절차를 집중화하고자 현장 중심에 사령부를 설치하고, 현장에서 유해를 실어나가기 전에 그

들의 신원을 확인하기 위해 이름표를 붙였다.[10]

최소 581명이 사망했다. 텍사스시 의용 소방대원은 28명 중 딱 한 명만 살아남았다. 60명 이상은 신원이 확인되지 않았으며 161명은 유해조차 발견되지 않았다. 미국 역사상 최악의 산업 사고였다. 리의 세미나가 끼친 영향이 아니었다면, 지역 경찰은 사고 이후의 기가 질리는 상황에서 어찌할 바를 몰랐을 것이다.[11]

———

하버드대 법의학과가 창설되고 나서 10년 동안 전문의 과정을 밟은 사람은 18명이었다. 그중 절반은 1947년에도 여전히 매사추세츠주, 버지니아주, 버몬트주 등지의 검시관으로서 현장에서 근무하고 있었다. 나머지는 일반 병리학 분야로 돌아가거나 다른 분야에서 일했다.[12]

이 시기에는 열 개 주에서 검시관이 코로너를 대체했다. 리의 목표를 향해 어느 정도 진전이 이루어졌지만, 미국인 네 명 중 세 명은 여전히 코로너 관할에 살고 있었다.[13]

모리츠와 리의 노력으로 법의학과는 매사추세츠주, 로드아일랜드주, 버몬트주, 메인주, 코네티컷주, 뉴욕주, 오하이오주, 루이지애나주, 오클라호마주, 미시간주, 노스캐롤라이나주, 캘리포니아주, 콜로라도주, 아이오와주의 법을 개혁하는 데 적극적으로 참여했다.[14] 모리츠를 비롯한 하버드대 사람들의 도움으로 워싱턴대학교,

신시내티대학교, 콜로라도대학교, 버지니아 의대, UCLA에서 법의학 프로그램이 시작됐다.[15]

그러나 법의학과는 전국 단위의 법의학 기관은커녕 매사추세츠주 전역의 수사 지원 기관이 된다는 목표에도 한참 못 미쳤다. 통계적으로, 당시 매사추세츠주에서 매년 발생하는 5만 건의 사망 사건 중 유능한 검시관이 살펴보면 도움이 될 만한 사건은 약 1만 건이었다. 그중 절반에는 부검이 필요했는데, 그 말은 1년에 약 5000건의 부검이 필요했다는 뜻이다. 그러나 법의학과 구성원들은 1947년에 오직 1400건의 수사에만 참여했다. 이들은 부검 385건을 실시했는데, 그중에는 서퍽 카운티 검시관을 위해 집도한 121건과 공공안전부에서 수행한 수사의 일환으로 실시한 204건의 부검이 포함되어 있었다. 검시관들이 전문성을 얻기에 부검 건수는 턱없이 적었다.

리는 록펠러 재단의 앨런 그레그에게 모리츠가 법의학에 헌신하는 것이 맞는지 의아하다고 말하고, 법의학과에 했던 재정적 지원을 거두겠다는 암시를 흘렸다. 그레그는 일기장에 이렇게 적었다. "리 여사는 모리츠의 마음이 여전히 병리학에 있으며, 앞으로도 그러리라고 생각한다. 그녀는 다음번 기부는 유언장을 쓸 때나 하게 될 거라고 상당히 직접적으로 알려왔다. 하버드대가 '사업가들에게 해준 일을 경찰에게도 해주는 것'이 리 여사의 바람인데, 그녀가 최근 상태를 보며 그 목표를 이루려면 아직 멀었다고 느끼는 것도 이해할 만하다."[16]

법의학과는 기대를 만족시키지 못하고 있었으나 리의 살인사건 세미나는 계속 성공을 거두었다. 매년 약 30명으로 이루어진 두 기수가 연수를 받았다. 1949년경에는 세미나에 캐나다 지역의 두 경찰관과 FBI 특수요원, 미군 헌병은 물론 19개 주 출신 경찰관들이 참석했다.[17]

리는 하버드대로부터 재정적·행정적 도움을 받지 않고 살인사건 세미나를 전적으로 혼자 운영했다. 리의 개인 비서인 카라 콩클린이 모든 편지를 관리했다. 리는 대체로 법의학과와 제휴를 맺고 있는 강사진을 주선했고, 보스턴 외의 지역에서 오는 사람들에게는 여행비를 지급했다. 그녀는 세미나가 열리기 전에 보스턴에서 일주일을 머물며, 교실과 연회 준비를 개인적으로 감독했다. 리는 모두에게 리츠칼튼에서 우아한 정찬을 대접했고, 담배와 성냥을 제공했으며, 학위와 옷깃에 꽂는 핀 값을 치르는 등 살인사건 세미나에 관련된 모든 비용을 개인 차원에서 부담했다. 한편, 등록금 형태의 세미나 수익금은 법의학과로 들어갔다. 리는 여전히 법의학과도 재정적으로 지원하고 있었다.

경찰 살인사건 세미나는 성공을 거두었지만, 하버드대의 모두가 이 세미나를 지지한 것은 아니었다. 경찰이 아이비리그 캠퍼스에 있는 건 어울리지 않는다고 생각하는 사람들이 있었다. 악성 빈혈에 관한 선구적 연구로 1934년 노벨상을 공동 수상한 조지 미노 박사는 버웰에게 보내는 편지에 자기 생각을 휘갈겨 적었다. "하버드 의대에 경찰이나 경찰 관련자를 훈련시키는 과정이 왜 있어야 하는 겁니까? 제가 보니 하버드 의대에서는 학위를 따보겠다는 최소한의 생각조차 해보지 않은 사람들에게 수업이나 강좌를 제공하려는 것 같더군요. 물론 소위 경찰 실험실이라는 곳에 제대로 훈련받은 사람들을 배치하는 건 틀림없이 가치 있는 일이겠지요. 그러나 저는 어떤 식으로든 하버드대가 이런 일에 참여해야 할 이유를 자문하게 됩니다."[18]

리는 경찰의 업무가 아이비리그에 못 미치는 것이라고 생각하지 않았고, 살인사건 세미나가 하버드대에서 계속될 수 있도록 영향력을 행사했다. 1949년부터는 여성 경찰관도 살인사건 세미나에 초대하기 시작했다. 1949년 4월에 처음으로 참석한 여성은 코네티컷주 최초의 여성 경찰관 중 한 명인 에블린 J. 브리그스와 캐스린 B. 해거티다. 그 이후로 열린 모든 세미나에는 최소 두 명의 여학생이 참석했다.

리는 여성들이 살인사건 세미나에서 환영받는다고 느끼도록 비상한 노력을 기울였다. 당시 여성 경찰관이 듣도 보도 못한 존재인 건 아니었다. 그러나 여성을 보면 비서이거나 엉뚱한 방에 실수로 들어온 사람이라고 생각할 만큼 여성 경찰관은 여전히 드물었다. 주 경찰로서 1949년 10월 살인사건 세미나에 참석한 2기 여성 중 한 명인 루시 E. 볼런드는 이렇게 말했다. "우리는 세미나의 남성 참석자들에게서 첫날 우리가 참여한 것이 그들에게는 좀 불편한 일이었다는 얘기를 들었다. 그들은 리 경감님이 우리를 주 여성 경찰이라고 소개하자 놀랐다."[19]

볼런드는 쥐에게 끼치는 독극물의 영향을 관찰했던 실험에서 있

아주 작은 죽음들

었던 일을 설명했다. 볼런드는 자신이 쥐를 두려워하지 않는다고 리를 안심시킨 다음, 주변 시야에서 뭔가가 갑자기 움직이는 것을 보고 놀라 뒤로 펄쩍 뛰다가 리와 부딪혔다. 볼런드는 이렇게 말했다. "나는 리 경감님을 쳤다는 사실에 당황하기도 했지만, 겁나지 않는다고 자랑한 다음 그렇게 물러났으니 부끄럽기도 했다. 하지만 리 경감님은, 자기는 쥐가 두렵지 않으나 어디로 튈지 모르는 개구리만 보면 몸이 얼어붙는다는 말로 나를 즉시 편안하게 해주었다."

여성 경찰관과의 상호작용은 세미나에 참석한 남성들에게도 좋은 일이었다. 쉬는 시간에 남성들은 여성 경찰관 주위에 모여들어, 경찰 업무를 어떻게 해나가고 있는지에 대해 이야기를 나누었다. 볼런드는 이렇게 말했다. "세미나에 참석한 여러 주의 경찰 중 여성 경찰관과 접촉해본 사람은 드물었고, 이들은 코네티컷주에 그토록 건실하게 여성 경찰 인력이 공급된다는 점을 알고 놀라워했다. 그들 중 다수는 여성을 충원해야 한다고 몇 년째 싸워왔으나 성공을 거두지는 못했는데, 우리와 이야기를 나눠보니 화력을 보태 상관과 위원회에 다시 건의할 수 있겠다고 했다."[20]

1948년 2월 9일

일반 대중에게 법의학을 소개하겠다는 더 큰 목표는 잡힐 듯 잡히지 않았다. 리에게는 야심 찬 생각이 하나 더 있었다. 법의학과에 관한 극영화를 만드는 것이었다. 뉴욕시 출판계의 한 친구를 통해, 리는 메트로골드윈메이어 스튜디오의 시나리오팀에서 일하는 편집자 새뮤얼 마크스에게 연락할 수 있었다. "여사님의 작업을 다루는 다큐멘터리 성격의 흥미로운 영화가 범죄물로 만들어질 수 있다고 생각합니다."[21] 마크스는 리에게 말했다. 마크스는 젊은 작가 앨빈 조지 피를 보스턴에 파견했다.

리는 더 록에 돌아와 있었는데, 무전 덕분에 길고 외로운 나날을 경찰 가족들과 연락하며 지낼 수 있었다. 그녀는 버지니아주 경무관으로서 우드슨의 뒤를 이은 제임스 넌 총경에게 이렇게 말했다. "나는 여러분 한 명 한 명이 내 친구로 느껴질 때까지 버지니아주 경찰의 방송을 점점 더 흥미롭게, 감사하며 듣고 있습니다."[22]

리는 모든 경찰관에게 개인적으로 크리스마스 편지를 보냈고, 훈제 칠면조와 귤 여러 상자, 르모인 스나이더 박사가 쓴《살인사건 수사: 코로너와 경찰관을 위한 책》을 버지니아와 뉴햄프셔주의 경찰에게 보내는 등 버릇을 망칠 만큼 그들을 후하게 대접했다. 하버드대에서 의학 교육을 받은 스나이더는 미시간주 경찰의 법의학 감독관이었다. 그는 미시간 주립대학교 경찰행정학과(현 형사사법학과)와 미시간주 범죄 실험연구실 창설에 참여했다.[23]

1944년에 출간된 《살인사건 수사》는 30년 이상 경찰학교와 대학교의 형사사법학과에서 표준 교과서로 사용되었다. 초판이 발행되었을 때, 리는 스나이더에게 편지를 보내 책을 칭찬했다. 스나이더도 어깨를 으쓱하며 답했다. "여사님 말씀을 들으니 정말로 기분이 좋습니다. 여사님께서 이 주제에 관해 전국적으로 진정한 권위자로 인정받고 계시니 더욱 그렇고요."[24]

1948년, 스나이더는 친구이자 페리 메이슨 소설 시리즈의 작가인 얼 스탠리 가드너의 문의를 전달했다. 미국의 베스트셀러 작가인 가드너는 미국 전역에 있는 주요 잡지에 정기적으로 기고해왔다. 작가이자 개업 변호사인 가드너는 최근 당국에 밀려 자기가 저지르지도 않은 살인에 대해 유죄 판결을 받았다고 주장하는 사람들의 사건을 재수사하는 프로젝트를 시작했다. 가드너는 자신이 '최후의 법정'이라고 부르는 곳에 경찰, 수사관, 법의학자 등의 도움을 요청했다. 가드너는 결국, 그간 다루던 픽션이 아닌 범죄 실화 기사를 실어 이미지 쇄신을 위해 노력 중이던 펄프 매거진 《아르고시》에 특집 기사를 쓰게 되었다.

얼마 뒤, 가드너는 《로스앤젤레스 타임스》에서 하버드 살인사건 세미나에 관한 소식을 듣고 자기 자리를 어떻게든 마련해볼 생각을 품었다. 세미나는 색달랐으며, 글을 쓸 때 필요한 아이디어로 이어질지 몰랐다. 가드너의 '최후의 법정' 전문가 패널 중 한 명이었던 스나이더가 리 경감에게 그를 소개했다.

처음에 리는 긴가민가했다. 그녀는 하버드 경찰과학협회 이사회에 말했다. "그동안 외부인을 초대하는 일은 극히 피해왔기 때문에 오랫동안 고민했습니다. 하지만 가드너가 우리에게 도움이 될 수 있을지도 모른다는 생각이 들더군요."[25] 가드너는 1948년 10월 살인사건 세미나에 초대받아 참석했다. 현대적이고 과학적인 사망 사건 수사에 관해 배우는 것은 그에게 눈이 뜨이는 경험이었다. 리는 이렇게 말했다. "그는 자기가 만나는 사람들에게 누구보다 큰 흥미를 느꼈으며 그들의 영향을 많이 받았다."[26]

리는 작가에게 직접 페리 메이슨 시리즈에 관한 문제를 제기했다. 그녀는 가드너에게 이야기가 너무 양식화되어 있다고 불평했다. 이 시리즈에서 경찰은 무지렁이로 그려졌다. 그들은 저지르지 말았어야 할 실수를 저질렀고, 그 실수를 근거로 의뢰인의 무죄를 이끌어내는 변호사에게 된통 당하곤 했다. 경찰을 정확하게 묘사하는 이야기를 써보면 어떨까?

가드너는 이렇게 말했다. "솔직히 말해, 그러면 한 페이지 반 만에 소설이 끝날 겁니다. 그런 사람들이 주 경찰을 채우고 있다고는 믿을 수가 없는걸요."[27]

리는 이렇게 말했다. "하지만 그게 사실이에요. 페리 메이슨과 그의 주변을 맴도는 경찰 이야기는 빨리 마무리할수록 좋을 거예요."

살인사건 세미나 주간에 가드너는 우연히 페리 메이슨 시리즈 중 《수상한 신랑 사건》을 마무리하고 있었다. 강의 중간중간 쉬는 시간에, 가드너는 캘리포니아 터메큘라에 있는 비서에게 전화를 걸어 소설 내용을 받아쓰도록 했다.[28]

리는 가드너에게 기억에 남을 만한 강한 인상을 남겼다. 가드너는 그녀가 "모든 의미에서 완벽주의자"라고 말했다. "연회를 베풀 때면, 리 여사는 좌석 배치와 꽃 장식, 프로그램을 신중히 고민하느라 몇 시간을 보낸다. 그녀에게 조심스럽게 생각해보지 않아도 될 만큼 소소하거나 중요하지 않은 세부 사항은 하나도 없었다. 리 여사는

아주 작은 죽음들

질서 잡힌 논리적 정신의 소유자이므로, 무슨 일이 벌어지고 있는지에 대한 전반적 계획과 무엇이 이루어져야 하는지에 관한 정확한 추정은 물론, 개별 사건에 대한 영민하고도 정확한 평가를 할 수 있게 해주는 방식으로 경찰 업무를 이해한다."[29]

법의학의 가치를 인정하게 된 가드너는 《아르고시》의 발행인이자 또 다른 최후의 법정 전문가 패널인 해리 스티거에게 전화를 걸었다. 그는 뉴욕시에서 하버드대까지 와서 살인사건 세미나 마지막 날에 참석했다. 이후 가드너와 스티거는 책에 관해 의논했다. 최신의 과학 도구를 활용해 살인사건을 해결하는 주 경찰이나 검시관이 나오는 시리즈였다.

《수상한 신랑 사건》은 리 경감에게 헌정되었다. 가드너는 서문에 이렇게 썼다.

이 책은 상당히 특이한 상황에서 쓰였다. 특히 마지막 부분은 내가 보스턴에 있는 하버드 의대 법의학과 살인사건 수사 세미나에 참석하고 있을 때 받아쓰도록 한 것이다.

"나는 얼마 전부터 뉴햄프셔주의 프랜시스 G. 리(뉴햄프셔주 경찰, 경감)가 후원하는 이 세미나에 관한 이야기를 들었다. 배우 지망생 사이에서 할리우드 초대장이 그렇듯 경찰 사이에서 이 세미나 참석 초대장은 수요가 많다."

"이 모든 것의 배후이자 이 세미나를 이끄는 사람이 바로 프랜시스 G. 리 경감이다. 나는 그분이 살면서 한 번도 세부 사항을 간과한

적이 없으리라고 본다. 리 경감은 (1 대 12 축척의) 소형 모형으로 경찰이 맞닥뜨린 가장 아리송한 범죄 일부를 만들어냈다."

"리 여사가 하는 놀라운 작업이 이것이다. (…) 나는 감사하는 마음을 조금이나마 표현하고, 기찻길의 시계처럼 정확하게 작동하는 정신을 통해서 의사나 변호사만큼 전문적이고 유능한 주 경찰을 만드는 데 도움이 되는 훈련과정 전반을 위해 힘써준 그분의 정신에 감탄하며 이 책을 그분께 헌정한다."[30]

가드너는 《수상한 신랑 사건》 첫 인쇄본이 인쇄기에서 나오자마자 사인해 리에게 보냈다. 또한 살인사건 세미나에 참석하는 경찰관 모두에게 책을 주었다.[31] 리는 윌리엄 머로 앤드 컴퍼니의 편집장에게 접지라 불리는, 《수상한 신랑 사건》의 첫 32페이지가 담긴 재단되지 않은 인쇄용 종이를 달라는 특이한 요청을 했다. "내 모형의 축척에 맞게 축소 복사해서 손바닥 모형에 쓸 작은 책으로 만들고 싶어요. 너무 과한 요구가 아니었으면 좋겠네요. 이렇게 쓸 수 있도록 책을 복사할 수 있게 허가해주시기를 바랍니다. 당연히 판매용은 아니고요! 가드너 씨에게는 이야기하지 말아주세요."[32]

법의학의 열렬한 신도가 된 가드너는 리에게 "주 경찰 조직이 호의적으로 그려진 책"을 쓰겠다고 약속했다.[33] 이 책은 가드너 본인의 이름으로 나올 수도, 찰스 J. 케니, 칼턴 켄드레이크, A. A. 페어 등 가드너가 사용하는 수많은 가명 중 하나로 출간될 수도 있었다. 가드너는 리에게 한 가지 부탁을 했다. 주 경찰에 대한 진짜 배후 사정을 알 수 있게 도와달라는 것이었다. 그는 소설에 쓸 현실적인 세부 사항을 얻고, 실제 살인사건 수사의 진행 과정을 좇기 위해 경찰과 함께 시간을 보내고 싶어했다. 개인정보 침해나 소송 위험을 피하기 위해 이름 등의 구체적인 정보는 바꾸고 이야기에 맞게 허구화할 생각이었다. "제가 원하는 것 중 하나는 주 경찰 조직이 실제로 까다로운 살인사건 수사를 하는 모습을 보는 것입니다. 모든 것이 처리되는 과정을 지켜보고, 실제로 작동하는 조직을 보면서 지식을 쌓는 거죠." 가드너가 리에게 말했다.

리는 가드너가 법의학의 발전에 도움을 줄 수 있으리라 보고 그와의 관계를 발전시켰다. 가드너의 이름이 붙는다면, 현실을 반영한 경찰에 우호적인 책은 법의학을 일반 대중에게 알리는 데 어마어마한 가치가 있을 터였다. 그녀는 모리츠에게 말했다. "얼 스탠리 가드너와 의욕적인 편지를 주고받게 되었습니다. 가드너의 마음을 움직여, 우리가 원하는 거의 모든 것을 쓰게 할 수 있을 겁니다."[34]

매사추세츠주, 뉴햄프셔주, 코네티컷주, 펜실베이니아주, 메릴랜드주, 버지니아주에 있는 주 경찰 친구들에게 연락함으로써 리는 가드너를 위한 장거리 여행을 계획했다. 그녀는 버지니아주 경찰청장인 우드슨에게 가드너가 "경찰에 대한 잘못된 태도를 취해, 웬 아마추어 탐정 주인공을 편들어주며 경찰을 무시하는 경향을 보인 것"을 인정하고 "주 경찰을 주인공으로 삼는 책을 쓸 생각이라고" 전했다. "가드너가 완전하고 정확한 지식을 갖추고 경찰의 입장에서 책을 쓴다면 경찰에게 큰 도움이 될 것이며, 나는 이 점이 매우 중요하다고 생각합니다."[35]

가드너는 1949년 4월 마지막 주에 열린 두 번째 살인사건 세미나에 참석했다. 이번에는 《아르고시》 발행인 해리 스티거를 비롯해 최후의 법정 패널인 르모인 스나이더, 사립 탐정 레이먼드 쉰들러, 거짓말 탐지 전문가 레너드 킬러도 함께였다.[36] 살인사건 세미나가 끝난 직후, 리와 가드너는 리의 운전기사가 모는 차를 타고 보스턴에서 리치먼드까지 주 경계를 넘나들며 2주간 여행했다. 가드너는 카메라와 받아쓰기용 장비를 가져와 여행하는 도중에도 글을 썼다.

볼티모어에서, 리와 가드너는 엘크리지 컨트리클럽에서 메릴랜드 검시관 위원회 회원들을 만났다. 10년 전 검시관 제도가 도입된 이후 수석 검시관으로 활동해온 하워드 말다이스 박사가 예상치 못하게 병에 걸려 1월에 사망했다. 메릴랜드주에는 새 수석 검시관이 필요했다.[37]

메릴랜드주의 검시관은 독립적인 위원회의 감독을 받았으며, 이들의 독립성과 자율성을 보장하는 법률도 있었다. 볼티모어에는 좋은 평가를 받는 의대 두 곳, 존스홉킨스대학교와 메릴랜드대학교가 있었다. 이 도시는 법의학에서 핵심적인 역할을 수행할 수 있었다.

리는 위원회 사람들에게 러셀 피셔가 모리츠의 기대를 가장 많이 받는 후보자라고 말했다. 피셔는 병리학 수련과 3년짜리 전문의 과정을 마쳤다. 젊고 야심 찬 피셔는 버지니아주 수석 검시관이 되어 리치먼드로 돌아갈 수 있었으나 그 기회를 놓쳤다. 리는 메릴랜드주 수석 검시관 자리에 강력히 피셔를 추천했다.[38] 가드너도 피셔의 능력을 보장하며, 이 병리학자가 똑똑한 데다 정치적 영향력에 저항할 강한 성격의 소유자라고 위원회 사람들을 설득했다.

1949년 9월, 피셔는 메릴랜드주 수석 검시관으로 임명되었다.[39] 1년 이내에 피셔는 연구 수련 프로그램을 시작했다. 메릴랜드 수석 검시관실의 궁극적 비전은 하버드대 같은 법의학 연구소가 되는 것이었다.[40]

초창기부터 1000권의 장서를 갖추고 있어 세계에서 가장 큰 법의학 도서관이었던 매그래스 도서관은 리의 성실한 도서 수집을 통해 3000권의 도서와 정기간행물을 갖춘 도서관으로 성장했다. 장서 중에는 희귀한 문헌과 매그래스의 사건 파일, 세상에 하나밖에 없는 서류들, 미국에서 벌어진 사코와 반제티 사건에 관한 가장 종합적인 서류 모음집이 포함되어 있었다.

1949년 초, 의학 도서관 관장이 법의학과의 도서를 중앙 도서관에 통합할 것을 모리츠에게 제안했다. 모리츠는 이렇게 답했다. "매그래스 도서관에 관해 리 여사께서 1938년 11월 15일에 제게 보낸 개인적인 편지를 있는 그대로 복사해서 전달하고 싶지는 않습니다만, 한 가지 확실한 건 당시 리 여사께서 법의학과 도서관의 장서를 조금이라도 옮기는 데 단호히 반대하셨으며 생각을 바꾸셨다고 볼 만한 근거가 전혀 없다는 점입니다."[41]

메트로골드윈메이어MGM 스튜디오는 허구화된 실화를 다큐멘터리로 전달하는 색다른 영화를 만드는 데 관심이 있었다. 미국 관객의 취향은 제2차 세계대전 이후로 변했다. 그들은 좀 더 현실적이고, 비교적 덜 이상화된 방식으로 일상생활을 반영하는 영화를 원했다. 범죄 관련 이야기와 미스터리는 여러 해 동안 인기 있는 장르였으나, 법의학은 전인미답의 접근법을 보였다.

MGM의 보고서에는 이렇게 적혀 있었다. "우리 생각은, 이 소재에서 아주 효과적인 이야기를 끌어낼 수 있다는 것이다. 이때 가장 흥미로운 점은 사건을 담당하는 탐정이 평범한 딕 트레이시 유형의 인물이 아니라 의사, 즉 검시관이라는 것이다. 이것은 새로운 변화다. 사실, 검시관은 실제 경찰 사건에 참여하고 있으나 어떤 이유에선지 영화에는 한 번도 등장하지 않았다. 적어도, 드물게만 등장해 왔다."[42]

MGM은 잠정적으로 〈하버드에서의 살인〉이라는 영화를 만들기로 모리츠와 계약을 맺었다. 시나리오는 레너드 스피걸개스에게 맡겨졌다. 그는 최근 〈나는 전쟁 신부〉의 시나리오를 공동 집필한 인물이었다. 스튜디오에서는 법의학과의 협력과 도움에 대한 대가로 1만 달러를 지불하기로 했다. 모리츠가 기술적 정확성을 담보하기 위해 시나리오를 감수하기로 했다.

대학 관료들은 대중 오락 사업에 하버드의 이름을 빌려주는 것이

과연 적절한 일인지 확신하지 못했다. 의대 학장 버웰은 이 문제를 하버드 재단으로 가져갔다. 그는 법의학이 낡은 법과 경제적 지원의 부족으로 좌절을 겪어왔다고 주장했다. 일반 대중이 개선의 필요성을 인식하기 전에는 상황이 달라지지 않으리라고도 했다. 버웰은 하버드 재단 이사에게 보내는 편지에서 이렇게 썼다. "저는 잘 만든 영화 한 편이 의학 저널에 실린 수천 페이지의 글이나 의사 협회와 변호사 협회 앞에서 하는 수천 번의 연설보다 법의학적 관행의 개선에 필요한 대중 계몽에 더 효과적이리라 생각합니다."[43] 결국 하버드 재단은 MGM에 대학 이름을 사용하는 것을 허가했다.

스피걸개스는 의심스럽고 폭력적인 죽음에 관한 수사에 참여한 전문가들이 매그래스 도서관의 회의용 탁자 주변에 둘러앉아 있는 장면으로 시작하는, 10페이지짜리 〈하버드에서의 살인〉 시놉시스를 초안했다. 스피걸개스는 이렇게 썼다. "그때 리 여사가 참여했다. 학회가 정지되었고, 우리는 잠시 이야기를 멈추고 '의문사에 관한 손바닥 연구'라는 교육용 소장품에 대한 리 여사의 최근 공헌에 대해 이야기하기 시작했다. 지금까지 리 여사가 왜 학회에 참여했는지는 설명되지 않았다. 그녀는 출연진 중 분명 변칙적인 인물이다. 지금까지의 이야기에는 주인공이 없었고, 응집력 있는 행동도 벌어지지 않았다. 이 영화는 의문사로 발생하는 문제의 규모와 이런 문제 해결에 전문성을 가지고 접근할 때의 놀라움을 그리는, 대학과 사법 당국의 협력을 조명한 다큐멘터리였다."[44]

스피걸개스가 상상한 대로라면, 카메라는 타버린 오두막 디오라마를 클로즈업했다가 페이드아웃 되어 플로런스 스몰의 살인 방화 사건에 대한 조지 버지스 매그래스의 수사를 플래시백으로 보여준다. 여기서부터 영화는 법의학과의 창설에서부터 오늘날까지의 이야기를 전할 예정이었다. 리는 스피걸개스에게 개인적으로 유명해지고 싶지 않으며, 대중의 관심이 법의학이라는 분야에 집중되기를 바란다고 말했다. 리는 아이린 페리 살인사건을 기초로 이야기를 쓰라고 권했다. 스피걸개스는 리를 빼놓고 이야기를 썼다. 리가 이야기의 주변부로 물러난 건 자신이 아니라 법의학에 대중의 관심을 집중시키고 싶다는 그녀의 희망에 따른 것이었다. 개혁가, 교육자, 활동가로서 그녀가 한 기여는 대부분 역사에 묻혔다.

리가 영화 시나리오를 검토하고 나서 얼마 지나지 않아, 미국 과학증진협회의 월간지 《사이언티픽 먼슬리》에서 과학 범죄 수사 기법에 관한 기사를 쓰고 싶다며 모리츠에게 연락해왔다. 모리츠는 잡지사에 리에게 기사를 청탁하라고 제안했고, 잡지사에서는 이 제안에 따랐다.[45] 미국 과학증진협회 같은 단체가 전문적인 자격증은커녕 사실상 고등학교 졸업장조차 없는 사람의 기고문을 받는다는 건 놀라운 일이었다. 리도 그렇게 생각했다. 그녀는 협회의 문의에 이렇게 답했다. "제안을 받아들이고 싶지만 나에겐 요청하신 기사를 쓸 자격이 전혀 없습니다."[46]

리는 글을 쓸 시간도 없었다. 모임과 지역 단체에서 할 연설 일정으로 가득 차 있었던 것 말고도, 그녀는 스나이더의 《살인사건 수사》를 출간한 출판업자 찰스 C. 토머스에게 주고자 살인사건 세미나에서 발표된 논문들을 모아 편집하느라 바빴다.

1949년 1월 31일

하워드 카스너가 웨스턴리저브대학교 병리학 연구소장 자리에서 은퇴하자, 모리츠는 오랫동안 탐냈던 그 자리를 차지할 기회를 덥석 물었다. 리는 그가 하버드대를 떠나기로 했다는 걸 알고도 놀라지 않았다. 모리츠는 어르고 달래야 간신히 법의학에 끌어들일 수 있었던 사람이었고 임상병리학과 연구에 대한 선호를 감추지 않았다. 법의학은 아직 청춘기라 임상 의학의 한 분야로 받아들여지지 않았다. 법의학은 여전히 의사가 '경찰과 도둑' 놀이를 하는 추하고 저속한 일로 여겨졌고, 하버드대 캠퍼스의 세련된 환경에서 따뜻한 환영을 받은 적이 한 번도 없었다.

리는 이렇게 말했다. "하버드 의대 교수진은 법의학을 깔보았다. 그들은 저명한 병리학자인 모리츠 박사가 기꺼이 법의학과 학과장 자리를 맡자 이것이 한 단계, 혹은 몇 단계쯤 격이 떨어지는 일이라고 생각했다."[47]

모리츠는 부탁받은 대로 의대의 한 학과를 발전시켰으니, 이제는 자기 관심사로 눈을 돌릴 시간이라고 느꼈다. 그는 리에게 보내는 편지에서 자신의 동기를 이렇게 설명했다.

여사님과 하버드대학교, 록펠러 재단에 대한 의무를 의식하지 않는 것은 아닙니다. 제가 떠나면 작게든 크게든 동요할 이 학과의 수많은 사람을 의식하지 않는 것도 아닙니다. 그러나 저는 인생에서 가장 생산적인 시기의 약 3분의 1에 해당하는 12년을 법의학에 헌신했으며, 남은 15년 동안 무엇을 하고 싶은지에 관한 중요한 결정을 마주하고 있습니다. 사회복지의 측면에서는 덜 중요할지 모르지만, 제게는 더 큰 기쁨을 줄 게 확실한 일에 관심을 돌리기로 했습니다.[48]

이때쯤 모리츠와 리의 관계는 열기가 식었으나 여전히 우호적이었다. 모리츠는 리가 학과 일에 간섭하고 세미나에 관해 뭔가를 계속 요구하는 것에 신경을 곤두세웠다. 리는 모리츠가 늘 법의학보다는 자기 경력에 더 관심을 둔다고 느꼈다. 시간이 지나면서 리는 모리츠의 이중성을 알게 되었다. 모리츠가 리의 공로를 가로채는 한편, 그녀에 대한 지지를 약화할 만한 이야기를 뒤에서 하고 다닌 것이다.

모리츠가 법의학과를 떠난 직후, 의대 학장 시드니 버웰이 은퇴를 발표했다. 리에게는 발밑의 유사층이 무너져내리는 것처럼 모든 것이 불확실했다. 리가 쓰고 있던 《하버드에서의 살인》도, 살인사건 세미나도, 법의학과 자체도 그랬다.

11장

—

쇠퇴와 몰락

1949년 2월 28일

모리츠가 떠나면서 법의학과는 소용돌이에 빠졌다. 법의학과의 사명을 계속 밀고 나갈 강력한 후계자를 찾지 못하는 한, 리가 뒤를 받쳐주고 모리츠가 학과를 이끌며 지금껏 10년 동안 만들어온 모든 것이 위험에 빠질 터였다. 모리츠만 한 지명도를 가진 학과장이 없었기에, 다른 구성원들도 더 안정적이고 보상이 큰 직장으로 옮길지 모른다는 우려가 있었다.

리는 친구인 내과 전문의 로저 리 박사에게 말했다. "이런 시기에 구성원 일부 혹은 전부가 자기 보호라는 이유로 떠나버린다면 우리는 망하고 말 거예요. 나와 함께 이 위기의 심각성을 생각해주시면 좋겠어요. 지금 하는 특별한 작업을 위해 훈련받은 유일한 사람들을 잃으면, 다른 일꾼들을 고용할 수 없으니 우리는 어마어마하게 뒤처지게 될 겁니다."[1]

모리츠는 법의학과장 자리를 대신 맡을 사람으로 리처드 포드 박사를 지명했다. 포드는 하버드 의대를 졸업했으며, 보스턴시 병원에서 외과 수련의로 일하다가 제2차 세계대전 중 태평양에서 3년 반 동안 복무했다. 그는 휴대용 수술 도구를 가지고 전쟁터에서 일했으며, 전쟁 기간 중 18개월 동안은 기내 병원을 지휘했다. 그는 1945년 고향으로 돌아오기 전에 소령으로 임명되었다.[2] 법의학과에서 전문의 과정을 밟은 뒤, 포드는 서퍽 카운티 서던 구역에서 리리의 뒤를 잇는 검시관으로 임명되었다. 포드는 뛰어난 법의병리학자로, 검시관 업무에 헌신했다. 병리학 중에서도 그의 주요 관심사는 외상, 즉 전쟁 기간에 그가 치료해온 부상이었다.

전쟁은 포드에게 깊은 영향을 미친 듯했다. 그에게는 어두운 면과 불같이 성질을 터뜨리는 성향이 있었다. 그의 사무실을 방문한 사람들은 전시되어 있는 끔찍한 범죄 현장 및 부검 사진을 불편해하는 경우가 많았다. 성격 문제는 있었지만, 법의병리학자이자 검시관으로서 그의 능력에는 의문의 여지가 없었다. 리는 포드의 작은 결함을 눈감아주고, 법의학과에서 기꺼이 그와 함께 일할 생각이었다. 그녀는 로저 리에게 이렇게 말했다. "포드 박사를 보면 볼수록 그를 높이 평가하게 됩니다."[3]

1949년 봄, MGM 제작자인 프랭크 테일러는 〈하버드에서의 살인〉 극본을 모리츠에게 보냈고, 모리츠는 그 극본이 받아줄 만하다고 생각했다. 모리츠는 더 이상 하버드대 소속이 아니었으므로 영화 제작이 계속될 수 있을지는 현직 법의학과장인 포드의 동의를 포함해 몇 가지 결정에 달려 있었다. 포드는 MGM과 협력하기로 했다.

모리츠는 버웰에게 편지를 보내 MGM이 법의학을 위한 영화를 만들 수 있도록 촉구했다. 모리츠는 이렇게 말했다. "지난 10년간, 저는 미국 전역에서 법의학 관련 업무를 개선해야 할 필요성에 관해 대중의 관심을 불러일으키려 노력했습니다. MGM 같은 회사에서 준비하고 배급하는 영화라면 다른 어떤 수단이든 몇 년씩 걸릴 일을 몇 개월 안에 달성할 수 있을 것으로 보입니다."[4]

하버드대는 영화에 대해 한 가지 반대 의견이 있었다. 바로 제목이었다. 하버드대는 "충격적이거나 기타 불쾌한" 제목의 영화가 배급되는 것을 원하지 않았다.[5] 그렇게 〈하버드에서의 살인〉은 〈미스터리 스트리트〉가 되었다.

리가 제안했듯, 〈미스터리 스트리트〉의 이야기는 아이린 페리 사건을 기초로 삼았다. 사건을 허구화하기 위해 세세한 내용은 바꿨다. 영화에서는 리카르도 몬탈반이 연기한 반스터블 카운티 경찰관 피트 모랄레스가 케이프코드 해안에서 발견된 백골화 시신을 조사한다. 증거라고는 상자 하나에 다 담기는 뼈밖에 없는 상황에서 모랄레스는 하버드대 법의학과에 도움을 구한다. 브루스 베넷이 연기한 법의학과장으로, 모리츠와 포드를 토대로 한 인물인 아서 매커두 박사는 신원확인, 탄도학, 럭스턴 살인사건에서 핵심적인 증거가 되었던 법의학 사진 등 최신 신문 기사에서나 볼 수 있었던 과학적 방법을 써서 사건 해결을 돕는다. 매커두는 법의인류학을 활용해 사망자의 나이, 성별, 직업과 사인이 총상이라는 것까지 알아낸다. 모랄레스는 범인을 찾았다고 생각하지만, 감정에 치우치지 않고 과학적 사실에만 매진하는 매커두의 태도에 부끄러움을 느끼고 더욱 깊이 사건에 파고들어 진짜 살인자를 체포하게 된다. 간단히 말해, 과학이 결백한 사람의 누명을 벗기고 범죄자에게 유죄 판결을 내린 것이다.

〈미스터리 스트리트〉는 보스턴에서 현지 촬영을 한 최초의 주요 극장 영화다. 영화에 등장하는 하버드 스퀘어, 비컨힐, 하버드 의대 교정 등에서 1949년 10~11월에 촬영했다.[6] 법의학과를 묘사한 장면에는 리가 수집한 총상 모형과 마네킹 머리 컷이 들어 있지만, 의문사에 관한 손바닥 연구 모형은 영화에 등장하지 않는다.

MGM과의 합의에 따르면, 10월에 영화 촬영이 시작되자마자 하버드대 법의학과에 1만 달러가 지급되어야 했다. 그러나 하버드대는 12월까지도 그 돈을 받지 못했다.[7] 사업 감각이 뛰어났던 리는 MGM에 약속을 지키라고 요구했다. 그녀는 포드가 전면에 나서서 법의학과장으로서 책임지고 스튜디오에서 돈을 받아와야 한다고 주장했다. 이에 포드는 버웰의 뒤를 이어 의대 학장이 된 조지 P. 베리 박사에게 지침을 달라고 했다. 이 거래는 포드가 하버드대에 오기 전에 이루어진 것으로, 스튜디오와 대학의 합의에 포드는 상관이 없었다. 포드는 베리에게 말했다. "리 여사께서는 돈이 아직 들어오지 않았는지 제게 반복적으로 물으셨습니다. 이 영화에 관한 최초의 합의가 오직 여사님과만 이루어진 것이라고 강조하시던데 (…) 리 여사와 몇 차례 대화해본 바로, 이 모든 문제에 대단한 소유 의식을 갖고 계신 것 같습니다."[8]

하버드대가 받아야 할 돈을 받지 못하면, 미래에 리가 줄 선물도 불확실해질 수 있었다. 포드는 이렇게 말했다. "저는 법의학과에 지급이 이루어지지 않으면 리 여사가 약속한 25만 달러도 지급되지 않을 가능성이 있을 뿐 아니라 우리의 특별 기금에 지난 10년 동안 들어온 후한 선물도 삭감될 것이라고 절대적으로 확신합니다."

하버드대는 돈을 받아냈다.

〈미스터리 스트리트〉는 개봉해 호평을 받았다. 《뉴욕타임스》의 평론가는 "이 '경찰 대 살인자' 이야기는 미스터리보다 과학을 더 많이 다루고 있지만, 저예산으로 촬영되었는데도 취향 면에서나 기술적 세부 사항에 대한 관심, 배경이나 개연성 면에서나 저급한 점이 없는 모험 영화다. 핍진성이 강하다"[9]고 평했다. 스피걸개스는 아카데미 각본상 후보에 올랐다.

오늘날 〈미스터리 스트리트〉는 잘 알려져 있지 않은 필름누아르 살인사건 미스터리다. 법의학 애호가들에게 〈미스터리 스트리트〉는 첫 번째 현대 범죄 드라마 시리즈로 알려져 있다. 〈형사 Q〉, 〈CSI:

과학수사대〉 같은 프로그램의 전신인 〈미스터리 스트리트〉는 영화, 책, 인터넷 및 케이블 TV 프로그램, 팟캐스트, 실화 기반 프로그램 등에서 가장 인기 있는 장르 중 하나의 초석을 놓았다. 이로써 법의학에 대한 관심이 일반 대중 사이에서 피어났고 과학적 증거에 대해 비합리적일 정도로 높은 기대감을 갖는 소위 'CSI 효과'가 나타나기도 했다.

———

포드의 성품이 법의학과를 이끌기에 부족하다는 점은 금세 드러났다. 그는 학과장 자리에 따라오는 연구나 교육, 행정 업무에 별 관심이 없었다. 리는 자신이 보기에 심각한 이런 문제들을 포드에게 퉁명스럽게 제기했다. 그녀는 포드에게 이런 편지를 보냈다. "솔직히 말해서 법의학과가 가만히 서서 죽어가는 이유를 모르겠습니다만, 법의학과가 현재 소멸 단계에 있는 것은 확실합니다. 그리 완벽하다고는 할 수 없지만, 그나마 예전에는 존재했던 법의학과의 활동을 재건하는 어마어마한 작업을 생각하니 몸이 떨리는군요. 학과를 되살릴 방법에 관해 제안하실 게 있습니까?"[10] 포드에게는 제안할 만한 게 없었다.

리는 자신이 사랑하는 학과가 처한 상황에 대한 실망감을 록펠러 재단의 앨런 그레그와 나누었다. 그녀는 그레그에게 말했다. "솔직히 말해, 포드 박사에게 대단히 실망했습니다. 포드 박사는 법의학에 정말로 열정이 있는, 잘 훈련받은 유능한 사람으로 보였으나(이런 의견은 지금도 마찬가지입니다) 저로서는 도저히 알 수 없는 이유로 손에 기회가 들어와도 알아보지 못하는 것 같습니다. 포드 박사의 성급하고 불같은 성미는 이미 맛보았고, 학과 사람한테서 느낄 수 있는 온갖 불쾌감은 이미 다 겪었으므로 이런 문제를 그분과 상의하고 싶지는 않군요."[11]

모리츠와도 늘 의견이 같은 것은 아니었지만, 최소한 모리츠는 일을 성사시켰다. 포드는 가만히 앉아서 무슨 일이 일어나기를 기다리는 것으로 만족하는 듯 보였다. 그가 이끄는 법의학과는 연구 실적도 거의 없었고, 주목할 만한 성과도 없었다. 특히 리는 살인사건 세미나에 관해 좌절을 경험했다. 하버드대는 주 경찰을 의대 캠퍼스에 들어오게 해주는 것도 무리였다며 시 경찰 대상 세미나에 선을 그었다. 세미나는 전적으로 리가 준비하고 운영하는 것이었는데도 하버드대에서는 보스턴시 경찰이 살인사건 세미나에 참석하지 못하게 했다.[12]

리는 그레그에게 말했다. "내 생각에, 법의학과는 빠르게 몰락하고 있습니다. 이런 식의 침체가 1년 더 계속되면, 경제적으로나 정신적으로나 법의학과를 더 이상 지원하지 말아야겠지요." 그레그는 리에게 개인적으로도 경제적으로도 하버드와 관계를 줄여나가라고 조언했다.[13]

리는 몇 가지 결정을 내렸다. 살인사건 세미나에 계속 하버드대를 이용하되, 법의학과에 대한 다른 지원은 취소했다. 리가 살아 있는 동안에는 더 이상 기부금이 없을 터였다. '의문사에 관한 손바닥 연구'도 하버드 의대에 직접 기증하지 않기로 했다. 1950년 세금에 관해 프랜시스가 은행업자에게 보낸 편지를 보면 이런 의도가 명백히 드러난다. 리는 은행업자에게 고급 가구 제작자인 올턴 모셔에게 임금으로 지급한 3720달러를 공제하는 것이 합법적이냐고 물었다. "1950년에 하버드대에 모형을 기증하지는 않았지만, 세미나가 열릴 때마다 두 가지 모형을 임대해주었습니다. 내가 이런 질문을 하는 이유는 하버드대에 기증하지 않게 된 모형에 관해 세금 공제를 받는 것이 합법인지 하비 씨가 의문을 제기했기 때문입니다."[14]

———

얼 스탠리 가드너는 약속을 지켜 1950년작 《음악가 암소 사건》으로 법의학 분야에 돌아왔다. 모리츠에게 헌정한 이 소설은 스코틀랜드에서 전문의 과정을 밟던 병리학자가 연루된 사건을 기초로 하고 있다. 책을 산 많은 독자에게는 분한 일이었지만, 가드너는 페리 메이슨을 등장시키지 않았다. 대신 경찰의 범죄 실험실을 활용해 결백한 용의자의 누명을 벗기고 범인에게 유죄 판결을 내리도록 하는 주 경찰을 주인공으로 삼았다. 가드너는 1955년에 출간된 페리 메이슨 시리즈 《화려한 유령 사건》을 조지 버지스 매그래스에게 헌정해 매그래스도 기렸다.

　리와 법의학과는 가드너의 1952년작 《최후의 법정》에서 특별한 찬사의 대상이 된다. 이 책은 하버드에서의 살인 세미나에 한 장을 할애하고 있다. 가드너는 이렇게 썼다. "프랜시스 G. 리 경감은 대단한 인물로, 하버드대학교에 법의학과를 설립하도록 상당한 재산을 기부한 70대 여성이다."[15]

《라이프》에 사진과 함께 특집 기사가 나간 이후로, 리와 의문사에 관한 손바닥 연구는 《새터데이 이브닝 포스트》, 《코로넷》, 《양키》, 《파퓰러 메카닉스》 등 수많은 신문과 전국 단위 잡지에 실렸다. 죽음이 가득한 인형의 집을 만드는 부유한 노부인이라니, 쓰지 않고는 못 배길 기삿거리였다. 리는 가드너 같은 작가와 《아르고시》의 발행인인 해리 스티거 같은 이들이 독자를 끌어오는 데 자신을 이용한다고 느꼈다. 그녀는 자신보다는 법의학에 관심이 집중되기를 바랐다. 최소한 살아 있는 동안에는 말이다.

리는 자문위원회에 이야기했다. "가끔은 그들의 열정을 제약할 필요가 있었습니다. 출판물에 등장할 극적 인물로 나를 이용하고 싶어하는 듯했으나, 나는 법의학이라는 주제 자체가 충분히 흥미로우며 개인적 편향은 빼는 편이 더 낫다고 보았습니다. 하지만 제가 죽고 나서 어느 정도 시간이 흐르면 어쩔 도리가 없겠지요. 작업의 발전에 도움이 된다면, 여러분 보기에 적당한 방식으로 나를 이용하라고 하십시오. 하지만 그게 아니라면 나는 빼놓으세요. 살아 있는 동안에는 눈에 띄지 않는 곳에 머물도록 최선을 다할 것입니다."[16]

리는 유명해지고 싶어하지 않았으나, 신문과 잡지를 통해 만들어진 명성은 리에게 원치 않는 관심을 가져다주었다. 경찰 과학에 관심 있는 백만장자에 대해 들은 사람들이 편지를 퍼부었다. 도와달라는 부탁, 돈을 달라는 요청, 투자를 원하는 소망이 담긴 편지였다. 리에 관한 이야기를 읽은 사람들은 딱하고 억울한 사연이나 알쏭달쏭한 수수께끼로 가득한 이야기를 전해왔다. 그녀는 유죄 판결을 받은 살인자와 사랑하는 사람이 실종돼 절망에 빠진 사람들, 손 글씨로 여러 페이지를 휘갈겨 쓴 편지를 보내는 강제 수용자들과 정신병자들의 요청을 사양해야만 했다. 강제로 매독균이 몸에 주사되었다고 주장하는 메이뷰 주립 병원의 환자는 이런 편지를 보냈다. "절망적인 마음으로, 이곳에서 나가기 위해 제가 무엇을 할 수 있을지 조언해주시거나 도와주시기를 바라며 이 편지를 씁니다. 저는 미치지 않았으니까요."[17]

리가 무시한 것이 분명한 어떤 편지는 그냥 "매사추세츠주 케임브리지 하버드대학교, 프랜시스 글레스너 리 여사 앞"으로 되어 있었는데, 이런 문장으로 시작했다. "여사님, 《선데이 스타》에서 여사님에 대해 실린 〈하버드에서의 살인〉이라는 기사를 읽고 흥미를 느꼈습니다. 여사님이라면 제가 계속 알쏭달쏭하게 여기던 몇 가지 문제를 풀어주실 수 있으리라 생각합니다. 제가 그들의 속임수를 처음으로 눈치챈 것은 1897년에서 1898년으로……."[18]

리에게는 수사 및 법의학 기술 서비스 제안이 들어왔고, 다양한 사업 제안도 왔다. 자동차 안전 협회에서는 교통안전에 관해 리의 주의를 끌려 했다.[19] 롱비치의 한 사업가는 전국 좀도둑 데이터베이스를 만들어 소매 업장에서 사용하도록 할 생각이라며 리의 도움을 요청했다.[20] 보스턴 코플리 스퀘어의 트리니티 교회에서 일하는 젊은 사제 존 크로커 주니어는 종신형을 받고 찰스타운 교도소에서 복역 중인 찰스 E. 워런을 대신해 리에게 편지를 보냈다. "워런은 행형 중 얼 스탠리 가드너의 책《최후의 법정》을 읽고 여사님의 관심사와 작업에 관해 알게 되었습니다. 워런도 자신과 찰스타운 교도소에 관한 책을 쓰는 중입니다. 저는 그 책을 읽어보지 않았지만, 워런은 현재 그곳에 있는 사람 중 누구보다 오랫동안 복역 중입니다. 자기 사건의 진짜 위상에 관해 무척 관심을 끌고 싶어합니다."[21]

리의 답장은 교양 있으면서도 직설적이었다. "찰스 E. 워런 씨를 대신해 당신이 하는 활동에는 전적으로 공감합니다. 그러나 유감스럽게도, 나는 그 사람을 도울 만한 입장이 아닙니다. 나는 오직 법의학적 주제에만 관심이 있으며, 범죄학이라는 주제에 관해서는 아무것도 모르고, 이미 지고 있는 부담에 아주 조그만 짐이라도 더할 수 없습니다. 나는 얼 스탠리 가드너 씨를 존경하고 좋아하지만, 지나치게 열정적인 그분의 우정 때문에 독자들에게 내가 하는 일에 관한 인상이 잘못 전달됐다고 봅니다."[22]

10대 아들이 자위 질식으로 사망해 완전히 제정신이 아니게 된 어머니에게는 예외가 적용되었다. 자위 질식이라는 위험한 행동은 자위행위 중 성적 만족감을 높이기 위해 목을 조르거나 입과 코를 막는 행위를 말한다. 밧줄이나 허리띠에 부분적으로 매달리거나 목이 졸린 채 실신의 경계까지 나아가다 보면 의도치 않게 사망에 이를 수 있다.

사망자의 어머니는 캘리포니아주 애너하임에 사는 라이트 부인으로, 리에게 아들이 발견된 충격적이고 심란한 상황에 관해 이야기했다. 아들은 옷을 벗은 채 몸에 끈을 감고 있었다. 이 죽음은 자살로 판정되었다. 라이트 부인은 혹시 살인이 아닐지 궁금해하며 이런 일이 일어나기도 하느냐고 물었다.

리는 라이트 부인의 사건을 하버드대 전문가들에게 알리고, 라이트 부인에게 결과를 알려주었다. 어머니 대 어머니로서 연민을 담아 하는 얘기지만, 슬픔에 빠진 어머니가 남아 있는 의구심을 떨쳐낼 수 있도록 눈 하나 꿈쩍하지 않고 솔직함을 담아 사실만을 이야기했다. "이번 사건은 청소년의 성적 실험에서 어느 모로 보나 어긋나는 점이 없는 사고사로 보입니다. 이런 형태의 사건은 드물기는 해도 잘 알려져 있을 정도로는 자주 일어납니다."[23]

경찰에서 사용하는 양식에 따라 라이트 부인의 질문에 대한 답변이 이루어졌다.

Q1. 체중 전체가 목에 감긴 올가미에 실리지 않았을 때에도 목이 매달렸다는 이유로 기도 골절이 일어나나요?

A1. 흔하지는 않지만 그럴 수 있습니다. 특정한 상황에서는 부검 시 목의 장기를 제거하는 과정에서 이러한 골절이 일어날 수 있습니다.

Q2. 목이 매달렸을 때 사망자에게 의식이 있었다면, 눈이 완전히

감겨 있어야 하지 않나요?

A2. 확정적이지 않습니다. 어느 쪽이든 가능합니다.

Q3. 목이 매달렸을 때 이미 사망자의 의식이 없었을 수도 있지 않나요?

A3. 가능하지만, 가능성은 떨어집니다. 현재까지는 발견된 증거가 없으며, 이를 시사할 만한 증거도 없는 것으로 보입니다.

Q4. 남자가 스스로 고환을 묶은 사례가 있나요?

A4. 아니요, 하지만 그 이상으로 설명되기 어려운 행동들은 알고 있습니다. 성적 실험에서는 종종 엄청난 창의성이 발휘됩니다.

1950년, 리는 73세의 나이로 지금까지 겪었던 것 중 가장 큰 어려움에 직면했다. 암 진단을 받은 것이다. 그녀는 보스턴의 필립스 하우스에 입원했다. 몇 년 전 매그래스와 많은 시간을 함께 보낸 곳이었다. 죽음이 다가온다는 불안과 함께 리는 자신이 죽더라도 법의학의 불길이 꺼지지 않도록 하기 위한 단계를 밟아갔다. 그녀는 신탁을 만들고 경찰관과 하버드 경찰과학협회를 위해 살인사건 세미나 후원을 계속해줄 프랜시스 글레스너 리 재단을 설립했다.

리는 가장 믿음직스럽고 법의학에 대한 그녀의 비전을 잘 알고 있는 것으로 생각되는 다섯 사람으로 자문위원회를 구성했다. 리의 딸

인 마사 배철더, 전직 미군 법무관인 보스턴의 랠프 G. 보이드, 버지
니아주 경찰청 경무관 찰스 우드슨, 전직 공군 범죄 수사관이자 FBI
특수요원인 프랜시스 I. 맥개러기, 프랜시스의 은행업자인 앨런 B.
허샌더였다.

리는 위원회에 말했다. "자문위원회의 모든 위원은 내가 직접 선
발했으며, 그 이유는 주로 해당 위원의 능력과 훌륭한 판단력을 절
대적으로 신뢰했기 때문입니다. 하지만 동시에 해당 위원이 내 목
표를 잘 이해하고 있으며 이에 공감한다는 믿음 때문이기도 합니
다."[24] 1951년, 리는 '일급비밀'이라는 제목의 편지를 자문위원회에
보냈다.

하버드 의대에서 법의학과를 시작할 때 내가 겪은 문제에 관해 여
러분에게 알려주어야 할 것 같습니다. 나는 지금도 그렇지만 늘 혼
자 일하는 사람으로서, 최초의 의미와 정신이 전부 닳아빠질 때까
지 다른 사람들이 계속해서 거치고 또 거친 작업을 하는 데서는 한
번도 만족감을 느끼지 못했습니다. 그러므로 의학 부문에서 완전
히 새로운 일을 시작할 기회가 왔을 때 그 기회를 기꺼이 잡았습니
다. 소녀 시절에 나는 의학과 간호학에 깊은 흥미를 느꼈으며, 그
중 한 과정의 수련을 받았어도 즐거워했을 것입니다. 하지만 그럴
수가 없었습니다. 그러므로 의학과 평범한 상식, 여기에 약간의
탐정 업무가 곁들여진 법의학은 내게 즉시 매력적으로 다가왔습
니다. 통탄하게도, 1930년 즈음이던 당시에는 나 자신을 포함한

그 누구도 법의학이 정확히 무엇인지 몰랐습니다. 내가 법의학 발전에 처음으로 적극적인 역할을 하기 시작했을 때는 도움이 될 만한 인쇄물이 거의 없었습니다. 따라서 나는 억지로, 어색하게 나아가는 수밖에 없었습니다. 다만, 다행히도 매그래스 박사님의 기술과 지식, 수련이 길잡이가 되어준 덕분에(그러고 보면 매그래스 박사님은 정말로 아무것도 없는 무에서 시작한 셈입니다) 상당히 많은 것을 이룰 수 있었습니다. 1930년은 일반적인 세상과 의학계라는 특수한 세상, 더 정확하게는 나 자신까지도 '이게 다 무슨 일인지' 거의 모르고 있었다는 점을 생각하면 하버드대 법의학과가 창설된 이후 20년 동안 큰 진전이 있었다고 생각합니다.

첫째, 시기가 적절했다고 생각합니다. 둘째, 나는 그 시기에 학장이 된 시드니 버웰 박사님이 법의학과가 여러 해 만에 의대에 처음으로 생기는 완전히 새로운 학과라는 점을 인식하고 법의학과를 통해 개인적 성공을 거두기로 결정했다고 생각합니다. 셋째, 나는 법의학과의 적극적인 초대 학과장이었던 모리츠 박사님이 개인적 명성을 얻는 데 열의가 있었으며, 법의학을 통해 그런 명성을 얻을 수 있으리라 판단했다고 봅니다.

내게 이 과정은 사소한 질투와 무신경한 어리석음, 배우기를 싫어하는 고집과의 길고도 진 빠지는 투쟁이었습니다. 나는 내가 끌어모을 수 있는 모든 열정과 인내심, 용기로 이와 맞서야 했습니다. 천성도 그렇고, 받아온 교육도 그래서 다소 수줍고 소심한 사람인 내게 이런 삶은 외롭고 상당히 겁나는 것이었습니다. 내가 맞닥뜨려야 했던 어려움 중 가장 큰 것은 내가 학교에 다닌 적이 없고, 학위가 없으며, '할 일 없는 부유한 여성'이라는 범주에 있었다는 점입니다. 또한 내가 여성이기에 남자들이 내가 추진하는 프로젝트를 신뢰하기 어려워하는 경우도 종종 있었습니다. 간혹 여성이라는 점이 유리하게 작용하기도 했다는 걸 인정해야겠지만 말입니다. (…) 사기를 꺾는 가혹한 일도 여러 차례 있었습니다. 그럼에도 나는 그중 대부분을 극복했고, 내 목표를 성공적으로 이루었습니다. 내게는 과분하지만 내가 다루는 주제를 생각하면 이 정도의 성공으로는 만족할 수 없습니다.

일단은 법의학을 통해 혜택을 볼 수 있는 일반 대중은 물론, 법의학을 후원할 수 있는 사람과 법의학을 실천할 수 있는 모든 사람에게 법의학이 무엇인지, 또 그 잠재력이 무엇인지 가르쳐야 했습니다. 하버드 재단을 가르쳐야 했고, 하버드 의대 학장을 가르쳐야 했으며, 의사와 변호사들을 가르쳐야 했습니다. 경찰도 가르쳐야 했는데, 경찰 대부분은 배우기를 꺼리며 선뜻 호응하지 않았습니다. 경무관도 가르쳐야 했지만, 이들은 거의 예외 없이 배움의 의지가 있었기에 부하들을 보내주었습니다. 나는 탐탁지 않아 하는 학과장을 설득해서 마침내 강좌를 개설했고, 경무관이 파견한 부하들은 그 강좌를 들을 수 있었습니다. 여기에 희망이 있었습니다. 경찰 교육생들은 처음부터 열정적으로 수업에 참여하고 이 과정을 응원해주었습니다.

긴 인생을 살아오며 상당히 혼종적인 집단의 사람들을 연합시키는 경험을 많이 해본 나는 우리 수업을 '그저 그런 하나의 학교'로 만들고 싶지 않았으므로, 학급 인원을 소수로 유지하고 이들에게 상류사회의 특권을 부여하고자 했습니다. 그러한 이유에서, 나는 학생들에게 정찬을 제공해야 한다고 고집했습니다. "정찬에는 많은 비용이 들어갑니다. 차라리 그 돈을 더 좋은 목표에 맞게 학과에 쓰는 게 좋을 겁니다"라던 학과장의 반대를 무릅쓰고서 말입니다. 정찬을 제공한 햇수는 그리 많지 않으나, 나는 이를 통해 진전된 사회적 접촉의 가치를 뚜렷이 볼 수 있었습니다. 하버드 경찰과학협회라는 작은 단체의 설립 역시 우정을 향해 나아가는 디딤돌이었습니다. 이 협회가 좋은 목적을 위해, 경찰 훈련의 개량과 의학적 수사의 개선에 큰 힘을 발휘하리라는 것을 나는 분명히 믿습니다.

세상에 대체할 수 없는 자리는 없다고들 하지만, 나는 내가 죽으면 법의학이 조금은 침체기를 맞으리라 생각합니다. 내 입으로 이런 말을 하기에는 민망하지만, 내게는 열정과 의지, 용기, 인내심, 끈질김이 있었고 이런 성격이 내가 이루려던 일에 효과적이었다고 생각하기 때문입니다. 나는 우리 졸업생들을 무척 사랑했습니다. 그들이 거둔 성공이 자랑스럽고 행복했으며, 그들에게 운이 따라주지 않을 때는 이해와 공감을 보냈습니다. 그들은 놀랍도록 사랑스럽고 다정하게 나를 대했으며 내 말년에 아름다운 행복을 가져다주었습니다. 나는 그들에게 어떤 부탁이나 요구도 하지 않으려고 세심한 주의를 기울였으며, 여러분도 그렇게 해주기를 기원합니다.

내 목표는 사법 행정을 개선하고, 기법을 표준화하고, 기존의 도구를 버리고, 경찰관들이 '제대로' 일을 해내며 대중에게 '공평한 대우'를 해주도록 돕는 것뿐입니다.

하버드대는 법의학과에 대해 그리 개방적이지도 않았고 너그럽지도 않았으나 록펠러 재단은 훨씬 큰 공감을 보였습니다. 모리츠 박사는 무언가 얻을 것이 있으면 기꺼이 장단을 맞췄지만, 그러기 위해서는 늘 그와 싸워야 했습니다. 포드 박사도 거의 비슷합니다. 다만 모리츠 박사는 적극적이었고, 포드 박사는 무기력했습니다. 처음부터 진정한 협력이 이루어졌다면 법의학은 오늘날보다 훨씬 더 발전할 수 있었을 것입니다. 하지만 그건 지나치게 빠른 성장이었겠지요.

아무튼, 우리는 여기까지 왔습니다. 부디 모든 것이 침체되고 사라지지 않도록 해주십시오. 여러분 다섯 명은 아무리 여러 번 얻어맞고 쓰러지더라도 앞으로 나아가는 법을 배워야 할 것입니다. 아마 나보다 이 점을 훨씬 더 잘 알고 있겠지요. 그러고 나면 누가 얼마나 더 많이 맞았고 멍들었는지 서로 견줘볼 수 있을 것입니다.[25]

자문위원회에 보낸 편지 뒤에는 빽빽한 5페이지짜리 서류가 첨부되어 있었는데, 그 내용은 일주일짜리 살인사건 세미나를 수행하는 방법에 관한 자세한 지시 사항이었다. 학생을 선발하고 심사하는 방법, 세미나 조직을 위한 일정표, 강의를 맡아줄 강사들의 명단, 정찬의 좌석 배치도와 메뉴 같은 것들 말이다. 세미나의 어떤 부분도 간과되지 않았다. 리에 따르면, 정찬은 "눈에 띄도록 우아하고 너그럽고 친절하게 베풀어야" 했다.

이어서 리는 자신의 작업을 이어가달라는 이야기로 돌아온다.

여러분 대부분이 남성이므로 내가 처음부터 겪어왔던 어려움 중 몇 가지에는 부닥치지 않으리라 생각합니다만, 이쯤에서 하버드대 법의학과 사람들이 세미나의 가치나 의미를 전혀 이해하지 못한다는 점을 경고하고자 합니다. 이들은 주제를 특정한 순서로 다루는 이유를 알지 못합니다. 어떤 주제든 세미나 주간에 다루기만 하면 순서는 중요하지 않다고 생각합니다. 그러나 사실은 엄청난 차이가 있습니다. 먼저 가르쳐야 할 것을 가장 먼저 가르쳐야지, 미리 대비시키지 않으면 학급 전체가 특정한 주제를 다룰 준비를 하지 못합니다. 학생들은 과학자가 아니며, 우리 또한 이들을 과학자로 만들 의도가 없음을 기억해야 합니다. 이들은 실험실에서 활용하는 기술을 훈련받지 않았습니다. 그러나 이들이 몇몇 검사를 쉽게 할 수 있다는 걸 알고, 또 필요시 그런 검사를 할 수 있는 사람을 경찰 내에 둔다면 법의학의 발전에 좋은 일이 될 것입니다. 또, 화학 실험 시연을 하면 지나친 집중력을 요구하는 빡빡하고 긴 하루로 전락해버리기 쉬운 수업 시간을 쪼갤 수 있습니다. 이들은 성인이고 학교를 졸업한 지 이미 몇 해가 지난 터라, 아무것도 하지 않고 9시에서 5시까지 거의 일주일 내내 앉아 있는 것은 어려운 일입니다. 내가 이들에게 담배를 제공하는 이유이기도 하고, 지금 처럼 과정 곳곳에 특정한 활동을 배치한 주된 이유이기도 합니다. 내가 지금까지 이런 일을 해온 건 미국 경찰을 개선함으로써 경찰 이 마땅히 받아야 할 존경과 명예를 누리도록 그 위치를 격상하기 위해서입니다. 나는 여러분도 이 나라의 사법 행정이 개선될 수 있 도록 이런 노선에 따라 끝까지 나의 길을 계속 걸어갈 것을 요구합 니다. 내가 홀로 이 정도를 이룩할 수 있었다면, 나보다 경험도 많 고 남성으로서 안정적인 판단을 할 수 있는 여러분은, 여러분 다섯 명은 기적을 일궈낼 수 있을 것입니다. (…) 나는 여기에서 여러분 에게 이미 밝혀진 횃불을 전달합니다. 나는 여러분이라면 불길이 꺼지도록 놔두지 않으리라고 완전히 확신합니다. 그러니 내 작업 에 대한 흥미와 신뢰를 보여주세요. 여러분이 이미 베풀어준 도움 과 내가 떠나야 할 순간이 오더라도 이 작업이 내가 할 수 없었던 곳까지 멀리, 널리 이어지리라는 것을 아는 데서 얻는 위안에 대해 진심 어린 감사를 전합니다.

하버드대에 대해 리는 자신의 의견을 감추지 않았다.

지난 20년간 나는 시간과 에너지와 생각, 사실상 깨어 있는 시간 전부를 미국의 법의학을 탄탄히 자리 잡도록 하는 데 쏟아부었습 니다. 하버드대 법의학과가 전체 그림의 기초적인 부분이기는 했 지만, 내 목표가 여기에서 그치는 것은 아니었습니다. 하버드대는 고루하고 은혜를 모르며 어리석다는 평판을 얻고 있는데, 나도 그 평판에 나름대로 근거가 있다는 것을 알게 되었습니다. 그러므로 더 이상 하버드대를 지원하고 싶은 마음은 특별히 없습니다. 하지만 이미 하버드대에 도서관을 비롯한 시설을 갖춘 법의학과가 있고, 이런 시설 대부분이 독특하며 복제될 수 없는 것이라는 걸 알고 있습니다. 게다가 하버드대는 미국 최초의 법의학과를 둔 대학교로 명백한 명성을 얻었습니다. 그러므로 자문위원회와 재단에 가능하면 늘 하버드대를 우선할 것을 권고합니다. 단, 나는 하버드대에 몇 가지 제약을 걸어두었습니다. (…) 모두에게 경고하는데, 하버드대는 영리하고 교활하며 계속해서 감시하지 않으면 여러분을 이용하고 여러분이 줄지 모를 자금을 제멋대로 써버릴 것입니다. 내 평생 이런 경향이 너무도 두드러졌기에, 나는 성과를 하버드대에 주느니 내가 원하는 것을 얻기 위해 직접 돈을 쓰는 편을 택했습니다. 가능하다면 여러분도 그렇게 하기를 바랍니다.

리는 자문위원회에 전하는 마지막 조언으로 일급기밀 편지를 마무리했다.

잊지 마십시오. 우리가 세워야 할 것은 법의학이지 하버드 의대가 아닙니다.

심장병과 반복적인 골절을 포함해 나이가 들면서 발생하는 장애가 많아졌으나, 리는 남은 11년의 인생을 살면서도 바쁜 일정을 유지했다. 전문가 협회에서 활동하던 리는 미국 법의학회의 두 번째 회의에 참석했다. 국제 경찰 간부 협회의 첫 여성 회원으로서 자주 회의에 참석했으며, 매사추세츠주와 뉴햄프셔주의 법의학회와 뉴잉글랜드 여성 경찰관 협회를 비롯한 수많은 협회에도 적극적으로 참여했다.

랠프 모셔의 아들 올턴과 함께 리는 '의문사에 관한 손바닥 연구' 디오라마를 몇 개 더 만드는 작업을 재개했다. 올턴은 리의 주택에 있는 스웨덴식 현관의 축소 모형을 만들었다. 벽난로가 딸린, 벽으로 둘러싸인 석재 테라스였다. 모형에 사용된 모든 미니어처 석재는 실제 스웨덴식 현관 형태와 짝을 이루어, 가장 작은 세부 사항까지 진짜를 똑같이 복제했다. 리는 방 여러 개짜리 디오라마와 아파트 건물을 본뜬 대형 모형도 만들었다.

더 록은 계속해서 경찰관들이 모이는 장소가 되었다. 리의 아들 존은 주말 모임 때 어머니의 집에서 벌어지는 활동에 대해 이렇게 묘사했다.

집에 들른 지 몇 시간 되지도 않았는데, 다름 아닌 코네티컷주 경찰의 슈워츠 경감 부부가 도착했다. 말할 필요도 없지만, 남은 주말은 경찰 업무와 법의학 관련 업무에 관한 무거운 대화로 이루어졌다. 흥미롭긴 했지만 나는 끼어들 여지가 별로 없었다. 내가 지은 죄는 공개적으로 이야기할 만한 것들이 아니었기 때문이다. 최근에 내가 저지른 죄는 아침 먹는 시간까지 합해서 딱 5시간 30분 만에 리틀턴까지 354킬로미터를 갔다는 것이다. 아침 먹는 시간을 포함해 평균 64킬로미터라는 속도는 내가 시속 104킬로미터 이상으로 달린 시간이 아주 많다는 뜻인데, 이 정도는 버몬트주의 구불구불한 길을 달리기에는 지나치게 빠른 속도다. 그러므로 같은 길을 지나온 경감님이 경과 시간에 관한 기록을 비교하기 시작했을 때 내가 말을 흐린 것도 이해할 만한 일이다.[26]

1951년 12월 21일

리는 다시 FBI를 방문해, 신원미상 시신의 신원을 확인하는 데 매우 값진 역할을 하게 될 전국 치과 기록 데이터베이스의 필요성을 이야기하고자 J. 에드거 후버와 약속을 잡으려 했다. 후버는 유감스럽게도 공식 업무 때문에 리가 워싱턴에 머무는 동안 그녀를 만날 수 없다며, 자기 직원 한 명을 그녀에게 연결해주었다.[27] FBI 부국장 클라이드 톨슨에게 전달된 국장실 메모에 따르면, "리 여사는 후버 국장이 자리에 없다는 말을 듣자 다른 사람과의 대화는 거절하고, 자신이 편지에 쓴 문제를 의논하기 위해 후버 국장과 약속을 잡고 싶다고 밝혔다."[28]

이번에 리는 후버를 만나지 못했다.

1950년대 중반에 하버드대 관료들은 리를 조심조심 내보내는 방법을 생각하기 시작했다. 1954년에 리는 76세가 되었는데, 하버드대에서는 의무 정년에 해당하는 나이였다. 하버드 재단에서는 리의 생일이 지나고 며칠 후 이 사실을 알게 되었다. 4월에 재단 이사가 의대 학장 베리에게 연락해, 매그래스 도서관 명예 큐레이터라는 리의 직위를 종료해야 하는지 물었다.

이 시기에 리는 하버드대에 제한적으로만 참여하고 있었다. 그녀는 대체로 1년에 두 번 열리는 경찰관을 위한 살인사건 세미나 때에만 학교에 나왔으며, 대학에서 그녀의 직함은 거의 의례적인 것이었다. 살인사건 세미나에 나와 강연해달라고 간혹 요청한 것을 제외하면 리가 하버드대에 지운 부담은 아주 적었다. 베리는 아무리 살살 묻다지만 대학에 먹이를 주는 손을 무는 것이 신중한 일인지 의문을 던졌다.

베리는 재단 이사에게 말했다. "하버드대에서는 리 여사에게 봉급을 지급하지 않습니다. 리 여사는 우리 작업에 후한 지원을 해왔습니다. 리 여사가 재산 처분에 관한 계획을 우리에게 말해준 이후로 시대의 변화에 따른 재정적 문제를 경험하지 않았다면, 법의학과는 리 여사가 유언장을 통해 상당한 금액을 법의학과에 남겼다는 것을 알게 될 것이라고 봅니다. 이런 상황에 비추어볼 때, 재단에서도 리 여사에 관해서 예외를 두는 것이 정당하다는 데 동의해주시기를 바랍니다."[29]

재단 이사 데이비드 W. 베일리는 베리에게 리가 명예 직함을 계속 유지해도 좋다고 했다. "퓨지 총장님과 이 문제에 관해 다시 이야기해보았는데, 리 여사가 시편에 나오는 80세에 거의 이르렀음에도 ('우리의 연수가 칠십이요, 강건하면 팔십이라도'라는 시편 90장 10절의 말을 인용한 것이다―옮긴이) 현 상황에서는 리 여사의 직함을 가만히 놔두는 것이 좋은 생각이라는 데 동의했습니다."[30]

베리는 포드와 이 기쁜 소식을 나누었다. "확신컨대, 재단을 설득해 리 여사가 명예직을 계속 유지하도록 한 것이 우리에게는 가장 이익이 된다는 점에 동의하시겠지요!"[31]

이듬해 리의 '은퇴' 문제는 해결되었다. "서면 기록을 남겨두실 수 있도록, 리 여사께서는 정년퇴직 연령이 지나셨음에도 리 여사가 조지 버지스 매그래스 법의학 도서관의 명예 큐레이터로서 하버드대 직원 명단에 계속 등재되기를 바란다는 점을 알려드리고자 이 편지를 씁니다. 나아가 리 여사의 명예직은 무한히 연장되리라고 생각하셔도 좋습니다."[32]

———

버지니아주 경찰청 경무관 우드슨은 리의 재단에서 보낸 매력적인 초대를 받았다. 각국의 경찰 제도를 연구할 목적으로 영국에서 2주, 독일에서 1주를 보낼 기회였다.

경찰 공동체의 유명 구성원이자 국제 경찰 간부 협회의 관료였던 우드슨은 리를 오랜 세월 알아왔고 그녀의 자문위원회에 속해 있기는 했지만, FBI에서 그가 개인으로 이루어진 체제전복적 집단과 연락하고 지낸다고 생각하는지 확인해보는 것이 현명하다고 생각했다. 당시는 냉전이 절정에 이르렀던 1955년이었고, 공산주의와의 연관성은 경력을 망칠 수 있었다.[33]

보스턴 현장직을 담당하는 FBI 특수요원은 리가 더 록에서 주최하는 전국 법무장관협회의 연례 학회에서 리를 만났다는 보고서를 후버에게 제출했다. 보고서에는 이렇게 적혀 있었다. "이 연회로 리 경감은 약 3500달러를 지출한 것으로 알려져 있다. 리 경감은 뉴욕시에서 출장 뷔페를 불러 모든 것을 준비하도록 했다. FBI에서는 예전에도 리 경감의 배경에 관해 조언을 받은 적이 있다. 리 경감은 75세로, 사실상 무력한 상태이며 범죄학과 법의학에 오랜 세월 깊은 관심을 보여왔다."[34]

보스턴 현장 요원은 FBI에 아무 문제가 없다는 텔레타이프를 보냈고, 이는 우드슨에게 전달되었다. **"해당 인물에 관한 보스턴 기록에는 비판적 정보가 없음."**[35]

1950년대의 어느 날, 뉴햄프셔주 고속도로 부서에서 보낸 작업자들로 더 록의 평온이 깨졌다. 새로운 고속도로를 위한 측량이 이루어지고 있었는데, 이 도로는 글레스너의 토지를 횡단하면서 부지의 3분의 1가량을 나머지 토지로부터 떼어놓을 터였다. 거의 80세가 되어 사실상 귀도 들리지 않고 눈도 보이지 않던 리는 여느 때처럼 기

아주 작은 죽음들

꺼이 투지를 끌어올렸다. 그녀는 아들 존에게 보내는 편지에 이렇게 썼다. "망할 도로를 다른 데다 깔라고 고속도로 부서와 싸워왔지만, 아무 소용이 없더구나."[36]

리에 따르면, 고속도로 직원은 그녀에게 이렇게 말했다. "여사님의 땅에서 얼마만큼을 가져가게 될지 정확히 결정되면, 그에 대해서 정당한 보상을 받게 되실 겁니다." 리는 이렇게 대답했다. "아니, 정당한 보상일 리가 없지. 당신들은 문제없이 빠져나갈 수 있다고 생각되는 가장 적은 액수를 부를 거예요. 그렇게 하지 않으면 당신들이 형편없는 사업가라는 걸 드러내는 셈이지요."

작업반 사람들과 리는 친구가 되어 헤어졌다. 그녀는 말했다. "어차피 농장을 잃어야 한다면, 착한 사람으로서 잃도록 하지요. 불필요하게 당신들을 곤란하게 하지 않고, 내 힘이 닿는 대로 최대한 협조하겠습니다." 그들도 리를 똑같이 대하기로 했다. 리는 작업자들을 점심에 초대해 식사가 나오기 전에 칵테일을 대접했다. 그녀는 아들에게 이런 편지를 썼다. "2주 전 그 사람들을 점심에 초대해 근사한 식사를 대접했단다. 점심 식사 전에 우리 모두 술을 나눠 마셨고, 나는 그 사람들 한 명 한 명의 이름을 부르고 건배하며 '고속도로 부서를 타도하라!'라고 덧붙였지."

작업자들은 이 지역의 기초 지질을 평가하기 위해 코어 시료를 파냈다. 리는 말했다. "유사층이 나오기를 기도했지만, 단단한 화강암이 나왔다." 작업자들은 리에게 그녀의 땅에서 나온 화강암 시료를 주었다. 약 60센티미터 길이의 묵직한 회색 원기둥 형태였다. 리는 화강암에 윤을 내고, 그것으로 식탁 등을 만들었다.

작업자들이 측량한 도로는 I-93번 고속도로가 되었는데, 이 길은 현재 보스턴에서 콩코드와 화이트산맥을 지나 버몬트주 워터퍼드까지 이어진다. 리는 시간이 더 지나 걷기가 어려워져 움직임에 제약이 생길 때까지 더 록의 오두막에 계속 살았다. 1957년, 리는 조립식 트레일러를 사서 오두막 뒤에 설치했다. 흰색과 라벤더색 에나멜로 마감한 반짝이는 알루미늄으로 이루어진 이 이동식 주택은 더 록이라는 시골 풍경에 설치된 우주 시대의 부품처럼 보였다. 리는 축소된 새집에 행복해했다. 트레일러 안에서라면 그녀도 휠체어나 보행기 없이 움직일 수 있었다. 모든 것이 새것이었고 잘 작동했다. 빛도 잘 들었고, 한 사람이 쓰기에 충분한 온수가 나왔으며, 리로서는 어디에 써야 할지 알 수 없을 만큼 콘센트도 많았다. 올턴 모셔가 워싱턴 산이 보이는 커다란 창문 앞에 탁자와 안락의자를 설치해주었고, 리는 그곳에서 자신만의 책을 쓸 계획이었다.

건강 문제가 계속되었고 뼈도 반복적으로 부러졌지만, 리의 정신과 에너지는 한 번도 시들지 않았다. 1958년 여름, 그녀는 바닥에 떨어진 편지를 주우려고 안락의자에서 허리를 숙였다가 갈비뼈가 부러졌다. 어떤 장애물이 있든, 리는 하루가 끝날 때면 차갑고 맛있는 마티니를 한 잔 만들어 마시며 훌훌 털어버렸다. 리는 가족에게 보내는 편지에 이렇게 썼다. "칵테일 마시는 시간은 내게 중요한 일과가 되었단다. 술을 마실 수 있어서가 아니라, 이런 행위에 따르는 휴식과 이완, 앙증맞고 어여쁜 느낌 때문에 말이야. 하루하루를 살아

아주 작은 죽음들

갈 때 모든 일상이 실용적으로 변하게 놔두는 것은 현명하지 않아. 어느 정도의 우아함과 격식을 차린 품위 있는 생활 방식을 끌어들이지 않으면, 완전히 쓸쓸해지고 말거든."[37]

가족에게 보내는 다른 편지에서 리는 자신의 인생을 돌아보았다. "늙은 여자로서 조용히 여기에 앉아 있다 보면, 내 인생이 얼마나 놀랍도록 풍요로웠는지 깨닫게 된단다. 젊었을 때는 아직 직접 경험해보지 못했기에 노인의 문제를 이해할 수 없고, 나이가 들면 어렸을 때 겪은 문제를 대부분 잊게 된다는 이야기를 어디선가 읽었어. 하지만 나는 잊지 않았고, 그들로서는 생각지도 못할 만큼 그 어느 때보다 젊은 사람들의 문제에 공감하며 그들을 이해한다고 생각한단다. 어쨌거나 이곳은 좋은 세상이고, 그 세상에 참여할 기회가 있었다는 게 감사하구나."[38]

1961년 2월, 법의학과에서 포드를 돕던 파커 글래스는 리에게 가슴 아픈 소식을 전했다. E-1동 지붕에 눈과 얼음이 쌓이는 바람에 의문사에 관한 손바닥 연구에 물이 샜다는 것이다. 디오라마 몇 개가 물로 손상됐다. 글래스는 이렇게 썼다. "가장 심각한 손상은 방 중앙에 있던 커다란 모형에 생긴 것으로, 지붕에서 물이 직접 흘렀습니다. 발견될 당시에 이 모형은 (아마 습기가 지나쳤기에 그런 것으로 보입니다만) 가죽과 천으로 된 부품 다수에 곰팡이가 슬어 있었습니다. 정말로 보기 딱한 모습이었습니다."[39]

리는 손바닥 모형을 살펴보고 가능한 만큼 꼭 필요한 수선을 한 뒤, 1961년 가을에 경찰 살인사건 세미나가 열릴 때를 대비해 다시 보관함에 넣어두도록 했다. 암이 재발해 번져나가기 시작했으므로 이 세미나는 그녀가 참석한 마지막 세미나가 되었다.

아주 작은 죽음들

12장
|
리의 죽음, 그 이후

1962년 1월 27일

프랜시스 글레스너 리는 84번째 생일을 맞기 한 달 전에 더 록의 집에서 별세했다. 직접적인 사인은 장폐색으로, 유방암에서 전이된 간암과 관련되어 있었다. 그녀는 몸 전체가 부어오르는 심부전에 더해, 간부전으로 복수까지 찼다.

리를 기리는 미사는 리틀턴 성당에서 열렸다. 더 록의 직원들과 법의학과 직원들, 제복 차림의 뉴햄프셔주 경찰 여섯 명, 다른 주에서 온 경찰관 열 명 정도가 참석했다.[1] 그녀는 뉴햄프셔주 베들레헴의 메이플가 묘지에 매장되었다.

리의 사망 소식이 전해지자 미국과 해외 각지에서 그녀를 기리는 찬사를 보내왔다. 매그래스 시절부터 법의학과 비서로 일해온 파커 글래스는 이렇게 말했다. "리 여사는 의문의 여지 없이 세계에서 가장 빈틈없는 범죄학자입니다. 리 여사께서는 전 세계 최고 범죄학자들을 알고 있으며, 그들로부터 존경받고 있습니다."[2] 스코틀랜드 야드에 법의학 실험실을 설립한 시릴 커스버트는 리가 "경찰관에게 살인사건 수사에 관해서 가르쳐야겠다는 생각을 한 유일한 인물"이었다고 말했다.[3]

얼 스탠리 가드너가 쓴 리의 부고는 《보스턴 선데이 글로브》 전면에 실렸다. 가드너는 사랑의 표현으로, 부고에 대한 원고료를 받지 않았다.

리 경감은 엄격하고 가차 없이 목표를 좇았고 타협 없이 최고만을 고집했으며, 자신이 신봉하는 대의명분과 친구들 대부분에게 신의를 지켰습니다. 나는 이런 점을 높이 사 리 여사와 개인적으로 친구가 되었습니다.

리 경감은 강한 개성과 독특하고 쉽게 잊을 수 없는 성품의 소유자였고, 치열하고 유능한 투사였으며, 현실적인 이상주의자였습니다.

법의학과 사법 당국을 위한 대의명분은 리 경감의 별세로 크나큰 타격을 입었으나, 이 나라는 그녀의 끈덕진 결단력과 눈앞에 닥친 문제에 대한 현실적 이해력, 끈질김과 외교력, 매력을 활용할 뿐 아니라 다른 모든 방법이 실패할 경우 상대를 파고들어 직접 강타를 날림으로써 해결책을 찾아내려는 흔들리지 않는 의지로 앞으

아주 작은 죽음들

로 몇 년 동안 혜택을 보게 될 것입니다.

리 경감은 훌륭한 여성이었습니다.⁴

살아 있을 때 리는 수많은 표창과 상을 받았다. 그녀는 1956년 뉴잉글랜드대학교에서 명예 법학 박사 학위를 받았고, 2년 뒤에는 드렉설대학교에서 명예 법학 학위를 받았다.⁵ 리는 메인주, 버몬트주, 매사추세츠주, 버지니아주, 코네티컷주 주립 경찰과 시카고 경찰청의 명예 경감이었고, 켄터키주 경찰의 명예 총경이었으며, 미 해군의 명예 대령이었다.⁶ 그녀가 법의학과 법의병리학의 발전에 기여한 특별한 공로를 인정하는 의미에서, 시카고 의학 연구소에서는 리를 위해 의학 연구소 시민 연구원이라는 직함을 만들었다.

리에게는 아마 가장 의미 있었겠지만 절대 주어지지 않은 한 가지는 하버드대의 명예 학위였다.

———

리의 지원이 끊기자 하버드 의대 법의학과는 죽음으로 치닫기 시작했다.

1963년, 하버드는 1년에 거의 400건에 달하는 부검에 자문하려면 대학에 연간 5만 달러의 비용이 발생한다고 추산했다. 이 액수는 의대에서 수용할 수 없는 부담으로 여겨졌다. 하버드대 총장 네이선 M. 퓨지와 의대 학장 베리 휘하의 위원회는 법의학과를 병리학과의

하위 부서로 통합하라고 권고했다.[7]

동료들과 반복적으로 충돌한 끝에 포드는 대학에서의 의무를 벗었고, 법의학과장 임기는 1965년 6월에 끝났다. 그는 서퍽 카운티 검시관으로 계속 활동했다. 하버드대는 1967년 6월 30일에 법의학과 운영을 중단했다.[8] 매그래스 법의학 도서관의 모든 도서와 자료는 현재 카운트웨이 의학 도서관이라 불리는 의대 도서관의 장서로 통합되었다.

리가 하버드대에 남긴 유산은 프랜시스 글레스너 리 법의학 교수라는 직을 둠으로써 기리게 되었다. 이 글을 쓰는 시점에, 이 자리는 생명 윤리 센터장인 소아 마취 전문의가 맡고 있다. 하버드 의대 교수진 중에는 법의병리학자가 없다.

웨스턴리저브대학교 병리학과장으로서, 모리츠는 미국 최고의 법의학 교육 연구소가 되는 것을 목표로 하는 법의학 센터 창설에 관여했다.[9] 1958년의 《트루 매거진》 기사에서, 모리츠는 당시 매년 5000건의 살인사건이 적발되지 않고 있다고 추산했다. "미국의 대부분 지역에서 불명확한 죽음에 대한 공식적인 검시가 너무도 태평하고 비전문적으로 이루어지기에 영리한 살인자들이 아무 처벌을 받지 않는 경우가 많다는 건 놀라운 진실이다."[10]

모리츠는 1954년 7월 4일에 열린 오하이오주 베이 빌리지에서의 매릴린 리스 셰퍼드 살인사건 재판에 전문가 증인으로 참여했다. 쿠야호가 카운티 코로너로서 평판이 좋았던 의사 새뮤얼 거버 박사의 수사에 따르면; 피해자의 남편인 신경외과 전문의 새뮤얼 셰퍼드 박

아주 작은 죽음들

사가 범인이었다. 새뮤얼 셰퍼드는 경상을 입은 채 발견되었으며, "머리가 덥수룩한 남자"가 매릴린을 죽이고 자신을 공격했다고 주장했다.

수사는 범죄 현장 확보에서부터 실패하는 등 처음부터 형편없이 이루어졌다. 셰퍼드의 집은 가족의 친구인 클리블랜드 브라운스의 쿼터백 오토 그레이엄을 포함한 구경꾼들에게 개방되었다. 지역 신문은 셰퍼드에게 덤벼들었다. 이 사건에 대한 보도 열기가 너무 강해서, 미국 연방 대법원은 지나친 언론보도로 인해 셰퍼드에게 공정한 판결을 내릴 수 없다고 판단했다.[11]

셰퍼드는 1966년 재심을 통해 살인 혐의를 벗었다. 그때쯤엔 더 이상 의사 업무를 할 수 없는 알코올 중독자가 되었기에, 그는 나중에 '살인자' 샘 셰퍼드라는 이름의 프로레슬러로 활동했다. 셰퍼드 살인사건은 TV 시리즈인 〈도망자〉와 후속작으로 나온 영화의 토대가 되었다.

모리츠는 1986년 88세의 나이로 자연사했다.

1970년 8월 3일, 리처드 포드 박사가 자기 머리에 총을 쏴 사망했다.[12]

———

리는 사망 당시 거의 백만 달러에 달하는 재산을 남겼다. 유언장에 따라 재산의 상당 부분은 살아 있는 그녀의 두 자녀인 존 리와 마사 배철더가 나누어 가졌다. 상당량의 재산은 프랜시스 글레스너 법의학 연구 기금으로 분류되었다. 하버드대는 리의 유언장에 언급되지 않았다. 하버드대에 남겨진 재산은 없었다.

1978년, 존 리와 마사 배철더는 더 록을 뉴햄프셔주 삼림 보호협회에 기증해 할아버지인 존 제이컵 글레스너가 100년 전 시작했던 보조 및 복원 노력을 계속했다.[13] 기증의 조건으로, 더 록의 들판에는 언제나 작물을 한 종 키워야 했다. 30년 이상 그 작물은 크리스마스트리였다. 더 록은 대중에게 개방되어 잘 관리된 산책길을 거니는 프로그램부터 학령기 아이들이 메이플 시럽 만드는 법에 대해 배울 수 있는 수련회에 이르기까지 1년 내내 다양한 활동을 개최한다.

2018년 8월, 뉴햄프셔주 역사 자원부에서는 302번 고속도로 중 더 록으로 들어가는 곳에 역사 명승지 팻말을 설치해, 리를 법의학의 어머니이자 '의문사에 관한 손바닥 연구'의 창작자로 기렸다.[14]

글레스너의 프레리가 주택 소유권은 세월이 지나면서 여러 사람의 손을 거쳤다. 글레스너 가문 재산의 상속자는 이 저택을 아머 공과대학교 연구소 앞으로 등기했는데, 현재 이 연구소는 일리노이 공과대학교다. 일리노이 공대에서는 이 저택을 석판 인쇄술 재단에 임대했다. 저택은 1965년까지 직업 학교로 활용되다가 7만 달러에 매물로 나왔다. 아무도 건물을 매입하지 않았으므로 H. H. 리처드슨의 기념비적 건물에 대한 철거 계획이 세워졌다.

프레리가의 저택은 몇 안 되는 지역 건축가들과 보존 활동가들이 합류해 시카고 건축 재단을 만들면서 철거당할 운명을 피하게 되었

아주 작은 죽음들

다. 1966년 12월 재단에서는 3만 5000달러에 저택을 사들였다. 1년 안에 여러 행사와 전시회가 열리기 시작했고, 1971년에는 정기적인 투어 프로그램이 시작됐다.[15]

1994년, 재단은 글레스너 저택 박물관을 독립적인 비영리 법인으로 분할했다. 글레스너 저택 박물관은 일반 대중이 구경할 수 있도록 공개되어 있으며, 시카고 사우스사이드의 프레리가 역사 지구에서 열리는 특별한 행사에도 활용된다. 원래의 평면도가 보존되어 있는 이 저택은 최초의 외관과 가구를 복원하고자 확장 작업을 거쳤다. 글레스너 가문 가족들이 수많은 가구와 장식품을 돌려주어 저택은 전성기 때 모습으로 돌아왔다. 프레리가의 저택이 지금까지 살아남은 것은 글레스너 3대 덕분이다.

2019년 3월, 글레스너 저택 박물관은 아이작 스콧이 디자인한 리의 침대를 포함해 그녀의 어린 시절 침실을 복원해 공개했다.

———

리는 죽기 직전까지도 어김없이 살인사건 세미나를 주재했다. 말년에 그녀에게 이야기하려면 리가 들고 있는 담뱃갑 크기의 보청기에 대고 소리를 질러야 했다. 세미나는 리의 딸인 마사 배철더의 감독하에 1967년까지 하버드대에서 열리다가 이후 하버드대 측에서 세미나를 종료했다.

모리츠와 함께 수련을 받았고 리가 가장 좋아하는 사람 중 한 명이었던 메릴랜드주 수석 검시관 러셀 피셔는 볼티모어에서 살인사건 세미나를 계속하겠다고 하버드대에 제안했다. 리의 후손들로부터 동의를 얻어, 하버드대학교 재단은 '의문사에 관한 손바닥 연구'를 '프랜시스 글레스너 리 살인사건 수사 세미나'라는 새로운 이름의 프로그램으로 메릴랜드주 법의학 재단에 영구적으로 임대하기로 표결했다.

프랜시스 글레스너 리 살인사건 수사 세미나가 1968년 5월 6~10일에 처음 볼티모어에서 열렸을 때, 피셔는 손바닥 사건들을 참가자들에게 할당했다. 사건을 검토한 인물이자 디오라마에 대한 리의 비밀 해법을 보관하는 사람은 리 자신을 제외하면 한 명뿐이었는데, 그는 누구보다 이 디오라마들과 많은 시간을 보낸 법의학과 비서 파커 글래스였다. 20년 이상 손바닥 연구를 들여다본 글래스는 제자리에서 벗어난 부품들을 알아차리지 않을 수 없었다. 아마 보스턴에서 운반하면서 거칠게 다룬 결과일 터였다.

그는 피셔의 비서인 도로시 하텔에게 보낸 편지에서 이렇게 썼다. "교체해야 할 곳이 두 군데 있습니다. 목이 잘린 채 옷장에서 사망한 여자를 보여주는 장면에 작은 칼이 빠져 있습니다. 칼이 여자의 손 옆 바닥에 놓여 있어야 합니다. 계단에 아내가 죽어 있는 모습을 보여주는 거실 장면에는 긴 의자 옆 바닥에 화병이 있는데 거기에 있으면 안 됩니다. (세미나에 참석한) 친구 중 한 명이 이 칼이 방에서 격투가 있었던 징표라고 했습니다. 다음 세미나에 제가 초대된다면, 이사 후 모형에 오해를 일으키는 변화가 있었는지 살펴볼 수 있을 겁니다."[16]

오늘날 프랜시스 글레스너 리 살인사건 수사 세미나는 볼티모어에 있는 메릴랜드주 법의학 센터에서 열린다. 오직 초청에 의해서만 참석자를 선발했던 리의 엄격한 규율에 비하면 입학 기회가 열려 있지만, 세미나는 리가 세운 전통에 따라 실시된다. 학생들은 여전히 '하버드 경찰과학협회'라고 적힌 졸업장과 옷깃에 다는 핀을 받는다. 모든 세미나 참석자가 모여 단체 사진을 찍는다.

둘째 날 밤, 세미나 참석자들은 볼티모어에 있는 최고의 스테이크하우스 중 하나로 정찬을 먹으러 간다. 황금색 잎사귀가 그려진 그릇에 음식이 담겨 나오는 것은 아니지만, 꽤 괜찮은 식사다.

반세기 동안 세미나가 볼티모어에서 열린 뒤인 2017년에는 하버드대학교 기금을 대리하는 로펌에서 하버드 경찰과학협회에 편지를 보냈다. 변호사들은 의뢰인이 "귀 단체와 하버드 의대가 제휴 관계에 있다는 함의에 곤란해하고 있다"고 말했다.[17] 하버드대 재단의 요청에 따라, 학생들이 하버드대 학위를 받았다고 오해하지 않도록 하버드 경찰과학협회 웹사이트와 살인사건 세미나가 끝날 때 주어지는 졸업장은 이제 '하버드대학교와는 관련 없음'이라는 경고문을 담고 있다.

의문사에 관한 손바닥 연구는 지금도 리가 의도한 대로 경찰관들이 발견한 내용을 관찰하고 보고하기 위해 쓰이고 있다. 디오라마 중 하나인 〈두 개의 방〉은 1960년대에 복구할 수 없게 손상되고 파괴되어, 이를 제외하고 현재까지 교구로 사용되는 디오라마는 18개다. 〈두 개의 방〉이 어떻게 처분되었는지는 알려지지 않았다. 70년도 더 됐지만, 의문사에 관한 손바닥 연구는 다른 어떤 매체로도 따라할 수 없는 용도로 쓰인다. 최첨단 가상현실조차 3차원 무대를 살펴보는 경험에는 미치지 못한다.

디오라마는 계속 유용하게 사용됐지만, 시간이 흐르면서 리가 손바닥 연구를 만드는 데 사용한 소재는 망가지게 되었다. 소재가 갈라지거나 구부러졌다. 여러 해에 걸쳐 열기와 자외선에 노출되자 표면 가까운 곳에 손상이 갔다. 디오라마 몇 개에 들어 있던 석면판이 부스러지기 시작했고, 이는 모형을 보관하는 사람에게 위험할 수 있었다. 노후한 전기 시스템은 원인을 알 수 없는 화재 위험성을 품고 있었다.

2017년, 리의 주도로 모인 이래 처음으로 손바닥 연구는 스미스소니언 미국 미술 박물관의 전문가들에 의해 광범위한 보존 작업을 거쳤다. 예술품 관리 위원 애리얼 오코너의 지휘하에, 노후화를 막기 위한 정성스러운 세척, 수선, 강화 작업이 시작됐다. 스미스소니언 조명감독 스콧 로젠펠드는 손바닥 연구 안에 있는 백열전구를 맞춤 제작한 컴퓨터 제어식 발광 다이오드로 교체했다. 이 다이오드를 복고풍 조명을 흉내 내기 위해 작은 유리 전구 안에 넣었다. 현재의 전기 시스템은 에너지 소모가 적고 열기와 손상을 일으키는 파장을 덜 내보내므로 화재의 위험성이 적다. 예술품 관리 위원과 미술가, 모형 제작자, 조명 전문가로 이루어진 팀이 디오라마 작업을 마치자 손바닥 연구는 여러 세대에 걸쳐 보존될 수 있게 되었다.

아주 작은 죽음들

의문사에 관한 손바닥 연구는 워싱턴의 백악관 길 건너에 있는 스미스소니언 렌윅 갤러리에서 3개월간 최초로 공개 전시되었다. 이 전시가 마지막 공개 전시일 가능성이 크다. 10만 명이 넘는 사람들이 〈그녀의 취미는 살인〉을 보러 왔다. 당시로서 이 박물관 역사에서 두 번째로 많은 관객이 보러 온 전시였다. 전시가 끝나자마자 디오라마는 맞춤 제작된 상자에 조심스럽게 포장되어 볼티모어 법의학 센터의 보관장으로 돌아왔다. 지금까지도 이 디오라마들은 살인 사건 세미나에 사용된다. 손바닥 연구는 일반 대중에게 공개되지 않는다.

———

오늘날 미국에서는 2342개의 독립된 사망 사건 수사 시스템이 작동하고 있다. 일부는 주에서, 일부는 카운티에서, 일부는 광역 단위에서 작동한다. 의문사 수사 방식에 관한 연방법이나 전국 표준은 존재하지 않는다.[18] 사망 사건 수사를 하는 사람이 누구인지, 그 사람의 자격 요건은 무엇인지, 법의학 수사가 지시되는 상황은 언제인지, 그 수사는 어떤 방식으로 실시되는지는 장소에 따라 달라서 일관성이 거의 없다. 사망 사건이 수사되는 방식은 사람이 죽는 장소에 따라 달라진다. 보스턴에서 1877년 검시관 제도를 도입한 이후로 미국 전역에서 검시관 제도의 성장은 견디기 어려울 정도로 느렸다. 미국의 3137개 카운티 중 3분의 2 이상에서 여전히 코로너가 활동하고 있다. 미국 인구의 절반가량이 여전히 코로너의 관할 아래 있다.

미국에서는 매년 대략 100만 건의 갑작스럽고 폭력적인 사망 사건에 대한 법의학 수사가 의뢰된다. 의문사 100만 건 중 최소 절반은 자격을 갖춘 법의병리학자의 조사를 받지 못한다. 미국에서 매일 얼마나 많은 살인사건이 레이더에 걸리지 않고 빠져나가는지 추산할 방법은 없다.

이 글을 쓰는 시점에 검시관 제도는 컬럼비아 특별구와 알래스카주, 애리조나주, 코네티컷주, 델라웨어주, 플로리다주, 아이오와주, 매사추세츠주, 메릴랜드주, 메인주, 미시간주, 노스캐롤라이나주, 뉴햄프셔주, 뉴저지주, 뉴멕시코주, 오클라호마주, 오리건주, 로드아일랜드주, 테네시주, 유타주, 버몬트주, 버지니아주, 웨스트버지니아주 등 22개 주에 존재한다. 가장 최근에 코로너 제도를 검시관 제도로 대체한 주는 1966년에 전환한 알래스카주다.

코로너 제도를 둔 28개 주 가운데 법의학 관련 수련을 받도록 규정한 주는 3분의 1도 안 된다. 일리노이주에서는 코로너들이 직을 맡기 위해 일주일간 40시간 기초 수사 훈련을 받아야 한다. 이와 비교해, 일리노이주에서 미용사 자격증을 따려면 1500시간을 수련해야 한다. 네일아트를 하려면 최소 350시간의 훈련을 받아야 한다. 인디애나주, 미주리주를 비롯한 수많은 지역에서도 요건은 비슷하다.

캔자스주, 네바다주, 콜로라도주, 아이다호주, 루이지애나주, 네

아주 작은 죽음들

브래스카주, 노스다코타주, 오하이오주, 펜실베이니아주, 사우스다코타주, 와이오밍주 등 11개 주는 오직 코로너 제도만을 활용하며, 17개 주는 코로너와 검시관을 둘 다 두고 있다. 예컨대 로스앤젤레스시, 벤투라시, 샌프란시스코시, 샌디에이고시 등에는 검시관실이 있으나 캘리포니아주의 나머지 지역은 코로너들이 관리하는 식이다.

리와 오스카 슐츠를 비롯한 사람들이 1940년대 이전부터 노력해 왔지만, 시카고시가 포함된 쿡 카운티는 1976년까지도 검시관을 두지 않았다. 일리노이주의 유일한 검시관실에서는 일리노이주 전체 인구의 절반을 관할한다. 일리노이주의 나머지 지역은 다양한 배경을 가진 코로너 101명의 관할에 들어가는데, 이들 중 일부는 선출된 사람이고 일부는 임명된 사람이다.[19]

매사추세츠주에는 1983년까지 주 단위 검시관 제도가 없었다.

검시관 제도에서 코로너 제도로 돌아간 유일한 관할 구역이 사우스캐롤라이나주의 찰스턴시다. 1972년, 찰스턴시는 검시관이 코로너와 책임을 나누어서 지는 이중 제도를 도입했다. 예상 가능하게도, 이런 방법은 갈등으로 몸살을 앓았다. 사망 사건 수사에 대한 대중의 불신은 검시관실의 모든 예산을 삭감하는 수준에 이르렀다. 2001년 이후로 찰스턴시는 선출된 코로너가 관리한다.[20]

검시관 제도 채택을 방해하는 무기력의 이유는 리의 시대와 같다. 정치적 반대, 지역적 권위를 포기하지 않겠다는 저항, 제대로 준비된 검시관실을 마련하는 최초 투자 비용의 부담 등이다. 검시관 제도가 널리 수용되지 못하는 방해물 중 하나는 극심한 인력난이다. 미국 전역에는 그야말로 법의병리학자 수가 충분하지 않다.[21]

전국 검시관 협회에 따르면, 미국에서 검시관으로 활동하는 법의병리학자는 400~500명이다. 인구 전체를 넉넉히 관리하려면 그 두세 배에 달하는 검시관이 필요하지만, 의대에서는 법의학자를 다수 배출하지 않고 있다.[22] 매년 의대를 졸업하는 1만 8000명의 젊은 의사 중 약 3퍼센트에 해당하는 550명만이 병리학을 전공한다. 3년의 전공의 과정을 거치고 나면, 이 병리학자들 대부분이 병원이나 임상 연구실에서 일한다. 1년의 전공의 과정을 더 거쳐 법의병리학자가 되는 사람은 10퍼센트 미만이다. 검시관은 보통 정부 기관에서 일하며, 민간 영역에서 임상병리학자에게 제시하는 것보다 대체로 낮은 봉급을 받는다. 소득이 더 적을 것이 불 보듯 뻔한데 거기다가 추가적인 훈련까지 받도록 후보생을 끌어들이는 것은 해결하기 어려운 과제다.

리가 하버드대 법의학과의 첫 훈련 프로그램을 만든 이후로, 미국의 법의학 연구 과정은 39개로 불어났다. 현재 미국 대학원 의학 교육 인증 위원회에서 승인한 법의병리학 연구원 자리는 78개다. 그중 실제 예산 지원을 받는 자리는 54개뿐이며, 어느 해에 조사하든 이 가운데 약 20퍼센트는 적절한 연구생 후보자가 없어서 비어 있다.

최근에는 매년 평균 38명의 면허가 있는 법의병리학자가 업계에 진입한다. 이 숫자는 은퇴할 나이에 이르러 직장을 떠나는 병리학자를 대체할 만큼 많은 수가 아니며, 전국적으로 검시관 제도를 확대하기에는 훨씬 모자란다. 미국에서는 자격을 갖춘 법의병리학자가 계속해서 부족한 상황이다. 의사에게 법의병리학 관련 경력을 쌓도록 유도하기는 어렵다. 검시관은 보통 공무원이므로 봉급이 병원이나 민간 영역의 병리학자로 일하면서 벌어들일 때보다 낮다. 작업이 불쾌감을 주는 경우도 많고, 시설은 노후화된 데다 예산도 부족하다. 이런 추세가 바뀔 수 있을지 두고 봐야 할 것이다.

코로너 제도와 비교했을 때 검시관 제도의 우월성에 관해 리는 변치 않는 믿음을 가지고 있었지만, 검시관 제도에 아무 문제가 없다는 주장은 틀렸다. 최근 신문 기사를 찾아보면 보스턴, 코네티컷, 로스앤젤레스, 시카고, 델라웨어 등 수많은 검시관실의 스캔들과 위기가 드러난다.

미국 법무부의 연구에 따르면, 수사관들은 살펴본 범죄 현장 중 62퍼센트에 관해서만 법의학적 수사를 의뢰한다. 의문사에 신중히 접근하려면 모든 현장에 훈련받은 수사관을 두어야 한다.[23] 법의학 수사의 절반에 못 미치는 사건만이 부검 의뢰된다. 범죄 드라마 시청자들이야 뭐라고 생각할지 모르지만, 범죄의 증거가 있는지 사망 현장을 살펴보는 경우는 전체 수사의 5퍼센트 정도밖에 안 된다.

전국 검시관 협회의 전 회장인 랜디 핸즐릭 박사에 따르면, 미국 검시관실 약 3분의 1에 독성학 실험실이 없다. 동일한 비율의 검시관실에는 조직학 실험실이 없으며, 같은 수의 연구실에서는 자체 엑스레이 검사가 불가능하다. 이처럼 필수적인 도구가 없다는 점은 지나친 생략이나 불필요한 지연 등 비극적이고 예기치 못한 상황으로

이어질 수 있다.[24]

2013년에는 11세 소년이 노스캐롤라이나주 분에 있는 베스트웨스턴 모텔에 투숙하던 중 사망했다. 사인은 일산화탄소 중독으로 보였다. 수영장 펌프에서 나온 배기가스가 환기 시스템을 통해 피해자의 방으로 들어온 것이다.[25] 다른 두 사람이 2개월 전 같은 모텔 방에서 사망했다. 그러나 이 사람들이 일산화탄소에 중독되었음을 알게된 건 검시관이 주립 실험실로 혈액검사를 의뢰한 다음이었다. 결과가 나오기까지는 6주가 넘게 걸렸고, 아이가 죽기 일주일 전에야 결과가 나왔다. 자체 독성학 실험실을 갖춘 법의학 센터라면 일주일도 걸리지 않아 일산화탄소 중독에 관한 결과를 냈을 것이다. 모텔 방으로의 일산화탄소 누출 가능성이 늦지 않게 경고되었다면 한 사람의 죽음을 피할 수 있었을 것이다. 많은 경우 법의학 센터에 영향을 주는 문제는 자원과 예산의 부족, 훈련이나 업무 기준에 대한 준수부족, 지원의 부족 때문에 일어난다.

법의학은 늘 발전한다. 'DNA 지문 감식'이 좋은 사례다. 이노센스 프로젝트(억울하게 유죄 판결을 받은 사람들의 무죄를 입증할 수 있도록 돕는 미국의 인권단체—옮긴이)에 따르면, 1990년대 이후로 DNA가 대중에게 인식되면서 360명 이상이 DNA 증거로 누명을 벗었다. 결백하지만 사형당하거나 교도소에서 죽은 사람의 수는 영영 알 수 없을 것이다.[26]

DNA 증거의 문제는 결과가 잘못 해석될 수 있다는 것이다. 몇몇 유명한 뉴스 기사에서는 결백한 사람에게 범죄 혐의를 씌우는 데 잘

못 활용된 DNA 문제를 조명한다. 미국 국립표준기술원에서 수행한 최근 연구에 따르면, 기술원에서 시험한 108개 범죄 실험실 중 74곳이 가상의 범죄에 대해 결백한 사람에게 거짓된 혐의를 씌웠다.[27] DNA와 지문 감식은 과학적 신뢰성의 측면에서 다시 살펴봐야 할 분야 중 하나다. 치흔, 방화 증거, 흔들린 아이 증후군(어린이의 팔이나 어깨를 심하게 흔들어 뇌나 눈에 내출혈이 발생하는 증상―옮긴이)도 마찬가지다.

리 경감이 우리에게 일깨워주듯, 진실에 대한 추구는 가차 없어야 한다. 결백한 사람의 누명을 벗기고 범죄자에게 유죄 판결을 내리기 위해서는 어디서든 과학적 사실이 이를 뒷받침해야 한다.

2012년 어느 겨울 아침, 나는 볼티모어에 있는 메릴랜드주 최첨단 법의학 센터를 10여 명의 편집자와 함께 돌아보고 있었다. 당시 우리는 모두 AOL-허핑턴포스트가 소유하고 있던 대단히 지역적인 뉴스 사이트인 패치에서 일했다. 내가 맡은 지역의 뉴스를 취재하다가 나는 우리 공동체에서 적극적으로 활동하는 마이크 이글을 알게 됐다. 그는 수석 감시관실 IT 부장으로 일하는 사람이었다. 나는 마이크에게 메릴랜드주의 새로운 시설을 구경시켜달라고 했고, 그는 친절하게도 내 부탁을 들어주었다.

우리는 4층 회의실에서 수석 검시관 데이비드 파울러 박사를 만나 한담을 나누었다. '435호 병리학 전시실'이라는 팻말이 붙은 옆방에는 의문사에 관한 손바닥 연구로 알려진, 유명하고도 놀라울 정도로 세밀한 18개의 디오라마 수집품이 있었다.

나는 손바닥 연구나 그 작품을 만든 프랜시스 글레스너 리에 관해 아주 많은 것을 알고 있었다. 최소한 나 스스로는 그렇다고 생각했다. 1992년 미국 의학협회에서 발간하는 주간지인 《미국 의학 신문》에 처음으로 손바닥 연구에 관한 글을 썼다. 당시 《미국 의학 신문》

은 특이한 취미를 가진 의사에 관한 글처럼 의학적 관점에서 쓴 특집 기사에 대단히 후한 값을 치렀다. 나는 의사 오토바이 동호회에 관한 글을 썼다. 이들은 의사를 비롯해 관련된 보건 인력으로 이루어진, 상당히 친절한 오토바이 갱단이었다. 또 고대 이집트의 의학 문헌을 연구하는 외과 의사에 관한 글을 쓰기도 했다.

내가 몇 년에 걸쳐 쓴 수천 건의 이야기 중에서 손바닥 연구와의 인연은 특히 길었다. 나는 손바닥 연구를 보러 다시 돌아갔다가 우연히 전직 수석 검시관인 존 스미알렉 박사를 비롯한 검시관실의 몇몇 사람을 알게 되었다. 내 연줄을 아는 친구와 가족들은 주기적으로 디오라마를 구경하러 가고 싶다며 약속을 잡아달라고 했다. 모형을 볼 때마다 나는 새로운 사실을 발견하곤 했다. 손바닥 연구는 한결같이 나를 놀라게 했다.

그 겨울날 아침, 파울러 박사를 만나고 나서 마이크는 우리 일행을 데리고 눈이 아찔해지는 3400평의 법의학 센터를 구경시켜주었다. 우리는 환하게 밝혀진 2층짜리 부검실에 갔다. 부검실은 하나하나 커다랗고 환하며 널찍한 공간이었다. 또 음압이 적용된 비교적 작은 부검실을 갖춘 생물학 안정성 특별실과 CT 촬영기와 저선량 전신 엑스레이 장비가 갖추어진 방사선실도 봤다. 모두 무척 인상적이었다. 미국 최고 중 하나로 여겨지는 메릴랜드주의 수석 검시관실에는 명성에 어울리는 시설이 갖춰져 있었다.

소설가 퍼트리샤 콘월이 기증한 수석관실 4층의 원룸 아파트형 법의수사관 훈련 시설인 스카페타 하우스를 보여주면서, 마이크는 우리 일행에게 수석 검시관실이 새로운 보직을 만들어 사람을 뽑는 중이라고 말했다. 수석 검시관실 공공정보관 역할을 할 수석 검시관의 보조관이었다. 수석 검시관실에서는 언론에서 일한 경험이 있는 사람을 찾고 있었다. 의학적 배경지식이 있으면 이상적이고, 법에 대한 기초 지식이 있으면서 경찰, 법조인, 대중을 상대하는 데 불편함이 없는 사람을 원했다. 수석 검시관실에는 공공정보관이 있었던 적이 없으므로 완전히 새로운 자리였다.

내 이력이 기준에 맞는 듯 보였다. 나는 언론계로 들어오기 전에 구급 의료사로 활동한 적이 있고, 심지어 간호학교를 거의 수료한 상태였다. 나는 병원 안팎에서 여러 해 동안 일해왔다. 경찰과 법조인들은 내게 큰 문제가 아니었다. 손바닥 연구가 보관돼 있는 건물에서 일하고 싶으냐고? 물론이었다.

나는 그 자리를 얻었다. 언론계에서 법의학계로의 이동은 보기와 달리 그리 어렵지 않다. 두 분야 모두 사실을, 즉 '누가, 무엇을, 언제, 어떻게, 어디서, 왜'를 확립하는 데 헌신한다. 둘 다 비판적 사고와 회의적 태도가 필요하다. 어떤 면에서 검시관은 한 사람의 인생 마지막 장을 쓰는 것이나 마찬가지다.

다양한 디오라마 관련 작업을 내 잡다한 업무에 더하기까지는 오래 걸리지 않았다. 극비인 손바닥 연구 해법 자료를 보관하는 일을 하는 제리가 내게 닳아버린 디오라마의 전구를 교체해달라고 부탁하더니, 보관장 열쇠가 있는 곳을 보여주었다. 디오라마에 관한 설명서나 지시 사항이 따로 없었으므로, 나는 디오라마에 관해 많은 것을 혼자 힘으로 알아내야 했다. 영화 제작자와 사진사들이 손바닥 연구 자료를 보여달라고 요청하면, 그들은 내게 안내되었다. 그들에게 기꺼이 시간을 내줄 사람이 나뿐이었기 때문이다. 나는 프랜시스 글레스너 리의 가족들이 방문하면 그들과 만났고, 프랜시스 글레스너 리 살인사건 수사 세미나 때는 그녀의 두 손자인 존 맥심 리와 퍼시 리 랭스태프와 함께 화려한 저녁을 먹는 영광을 누렸다. 시카고에 있는 글레스너 가문 박물관의 총책임자 겸 큐레이터인 윌리엄 타이어 같은 사람들과 어울리면서 프랜시스 글레스너 리에 대한 내 이해는 더욱 깊어졌다.

공식적인 직함은 없었지만, 나는 사실상 손바닥 연구의 큐레이터가 되었다. 나는 이 모형과 관련된 그림, 미술품, 서류를 모았다. 복구할 수 없는 손상을 입을 위험이 있는 70년 된 약한 골동품인 이 디오라마들이 처음이자 마지막으로 공개, 전시되기 위해 스미스소니언 박물관 전문가들이 보존 작업을 할 때, 나는 그 자리에 함께하며 모든 단계를 하나하나 지켜보았다. 관리 위원 애리얼 오코너를 비롯한 팀원들에 의해 리가 사용한 재료의 구성과 그녀가 모형을 만든 방식에 관해 전에는 알려지지 않았던 풍부한 정보가 드러났다.

손바닥 연구 모형을 본 사람들은 보통 똑같은 질문을 던졌다. 리는 어쩌다가 법의학에 관심을 두게 됐나요? 디오라마로 만들 사건은 어떻게 선택했나요? 왜 대학에 가지 않았나요? 리는 어떤 사람이었나요? 나는 리를 안 지 25년이 되었고 매일 더 많은 것을 배워나가고 있었지만 이런 질문에 대한 답을 할 수 없었다.

리는 다큐멘터리와 커피 테이블에 놓는 그림책, 최소 두 권의 시집, 심지어 유명 법의학 TV 드라마의 주제가 되었다. 하지만 그녀의 인생에 관한 이야기는 다루어진 적이 없었다. 내가 인쇄본으로 혹은 온라인에서 읽은 리와 손바닥 연구에 관한 글은 오류와 잘못된 정보로 구멍이 숭숭 나 있었다. 리는 기괴한 인형의 집을 만든 부유하고 늙은 여성으로 그려졌다. 나는 리가 그런 이미지를 훨씬 뛰어넘는 사람이라는 걸 알고 있었다. 그녀는 변화를 만들어낸 인물이었고 개혁자, 교육자, 법의학의 수호자였다.

리의 이야기를 전해야 할 필요성은 점점 분명해졌다. 공정하게, 정직하게, 성실하게, 철저하게 이야기를 전할 거라고 믿을 수 있는 사람은 누구일까? 리를 어떤 목적에 이용하지 않고, 사실만을 제시할 거라고 믿고 맡길 만한 사람이 누구일까? 내가 믿을 사람은 나 자신뿐이었다. 나는 프랜시스 글레스너 리의 유산에 대한 존중과 의무감으로 이 작업을 맡았다.

리는 수사관들에게 가차 없이 진실을 찾으라고, 사실을 판별하고 그 길이 어디든 단서를 좇으라고 집요하게 요구했다. 그녀의 이야기 역시 같은 대접을 받아야 마땅했다. 나는 기자로서 이 주제에 접근해 역사적 사건을 보도했다. 나는 추정이나 윤색 없이 사실을 전달하고자 애썼다. 내가 리의 까다로운 완벽주의를 만족시켰을지는 모르겠지만 최소한 리에게 부당한 일은 아니었기를 바란다.

주

ARM Alan R. Moritz

CHM Center for the History of Medicine at Countway Library, Harvard University

CSB C. Sidney Burwell

FGL Frances Glessner Lee

GHM Glessner House Museum

RAC Rockefeller Archive Center

1장 | 법의학

1   Letter from FGL to ARM, August 10, 1944, CHM.

2   Pete Martin, "How Murderers Beat the Law," *Saturday Evening Post*, December 10, 1949.

3   Letter from FGL to ARM, August 10, 1944, CHM.

4   Letter from ARM to FGL, October 6, 1944, CHM.

5   약 10퍼센트는 폭력이나 부자연스러운 원인 때문이고, 약 10퍼센트는 조사가 필요한 알려지지 않았거나 불명확한 원인 때문이다. Committee on Medicolegal Problems, "Medical Science in Crime Detection," *Journal of the American Medical Association* 200, no. 2 (April 10, 1967): 155-160.

6   코로너에 대한 역사적 설명은 다음을 참고하라. Jeffrey Jentzen, *Death Investigation in America: Coroners, Medical Examiners and the Pursuit of Medical Certainty* (Cambridge, MA: Harvard University Press, 2009), and Russell S. Fisher, "History of Forensic Pathology and Related Laboratory Sciences," in *Medicolegal Investigation of Death*, 2nd ed., ed. Werner U. Spitz and Russell S. Fisher (Springfield, IL: Charles C. Thomas, 1980).

7   Theodore Tyndale, "The Law of Coroners," *Boston Medical and Surgical Journal* 96 (1877): 243-258.

8   Bruce Goldfarb, "Death Investigation in Maryland," in *The History of the National Association of Medical Examiners*, 2016 ed., 235-264; Julie Johnson-McGrath, "Speaking for the Dead: Forensic Pathologists and Criminal Justice in the United States," *Science, Technology, and Human Values* 20, no. 4 (October 1, 1995): 438-459; Michael Clark and Catherine Crawford, eds., *Legal Medicine in History* (Cambridge, UK: Cambridge University Press, 1994); Jentzen, *Death Investigation in America*; Fisher, "History of Forensic Pathology."

9   William G. Eckert, ed., *Introduction to Forensic Sciences*, 2nd ed. (New York: Elsevier, 1992), 12.

10   Aric W. Dutelle and Ronald F. Becker, *Criminal Investigation*, 5th ed. (Burlington, MA: Jones & Bartlett Learning, 2013), 8.

11   J. Hall Pleasants, ed., *Proceedings of the County Court of Charles County, 1658-1666*, Archives of Maryland 1936, xl-xli; "An inquest taken before the Coroner, at mattapient in the county of St maries, on Wednesday the 31. Of January 1637," USGenWeb Archive.

12   "Early medicine in Maryland, 1636-1671," *Journal of the American Medical Association* 38, no. 25 (June 21, 1902): 1639; "Judicial and Testamentary Business of the Provincial Court, 1637-1650," Maryland State Archives, vol. 4: 254.

13   Julie Johnson, "Coroners, Corruption and the Politics of Death: Forensic Pathology in the United States," in Clark and Crawford, *Legal Medicine in History*, 268-289.

14   Raymond Moley, *An Outline of the Cleveland Crime Survey* (Cleveland: Cleveland Foundation, 1922).

15   Leonard Michael Wallstein, *Report on Special Examination of the Accounts and Methods of the Office of Coroner in New York City* (New York: Office of the Commissioner of Accounts, 1915).

16   Jentzen, *Death Investigation in America*, 25.

17   Raymond Fosdick, "Part I: Police Administration," *Criminal Justice in Cleveland* (Cleveland: Cleveland Foundation, 1922), 34-35.

18   Moley, *Cleveland Crime Survey*, 8.

19   James C. Mohr, *Doctors and the Law: Medical Jurisprudence in Nineteenth-Century America* (Baltimore: Johns Hopkins University Press, 1996), 214.

20   Tyndale, "Law of Coroners," 246.

21   Martin, "How Murderers Beat the Law."

22   "History," Chicago Police Department, accessed April 20, 2018, https://home. chicagopolice.org/inside-the-cpd/history/; on Orsemus Morrison, see *A History of the City of Chicago: Its Men and Institutions* (Chicago: Inter Ocean, 1900), 440-441.

23　Richard L. Lindberg, *Gangland Chicago: Criminality and Lawlessness in the Windy City* (Lanham, MD: Rowman & Littlefield, 2015), 3-5.

24　Timothy B. Spears, *Chicago Dreaming: Midwesterners and the City, 1871-1919* (Chicago: University of Chicago Press, 2005), 24-50.

25　Percy Maxim Lee and John Glessner Lee, *Family Reunion: An Incomplete Account of the Maxim-Lee Family History* (privately printed, 1971), 354; David A. Hanks, *Isaac Scott: Reform Furniture in Chicago* (Chicago: Chicago School of Architecture Foundation, 1974).

2장 | 특별한 이들의 햇살 가득한 거리

1　Lee and Lee, *Family Reunion*, 348.

2　Frances Macbeth Glessner Journal, Glessner Family Papers, GHM (hereinafter cited as Journal), July 22, 1878.

3　Lee and Lee, *Family Reunion*, 348.

4　Robert Shaplen, "The Beecher-Tilton Affair," *New Yorker*, June 4, 1954.

5　Lee and Lee, *Family Reunion*, 350.

6　Lee and Lee, *Family Reunion*, 350.

7　Journal, July 29, 1883.

8　더 록에 대해서는 다음을 참고하라. *A Historical Walk Through John and Frances Glessner's Rocks Estate* (undated booklet); "Heritage and History," The Rocks Estate, accessed September 14, 2018, http://www.therocks.mobi/about.html.

9　Lee and Lee, *Family Reunion*, 357-358.

10　Journal, 356-357.

11　William H. Tyre, *Chicago's Historic Prairie Avenue* (Chicago, IL: Arcadia Books, 2008).

12　Lee and Lee, *Family Reunion*, 327-330.

13　Finn MacLeod, "Spotlight: Henry Hobson Richardson," *ArchDaily*, September 29, 2017.

14　Journal, 327.

15　Journal, May 15, 1885.

16　Lee and Lee, *Family Reunion*, 322.

17　Lee and Lee, *Family Reunion*, "House Remarks," May 1887, 340.

18 Lee and Lee, *Family Reunion*, 338.

19 Lee and Lee, *Family Reunion*, 329.

20 Lee and Lee, *Family Reunion*, 326.

21 Lee and Lee, *Family Reunion*, 326.

22 Journal, May 11, 1884.

23 Genevieve Leach, "The Monday Morning Reading Class," *Story of a House* (blog), August 4, 2016; Genevieve Leach, "The Monday Morning Reading Class, Part2," *Story of a House* (blog), August 14, 2016.

24 John Jacob Glessner, *The Story of a House* (privately printed, 1923).

25 Judith Cass, "Monday Class in Reading to Hold Reunion," *Chicago Tribune*, April 2, 1936.

26 Lee and Lee, *Family Reunion*, 325.

27 Lee and Lee, *Family Reunion*, 325.

28 Lee and Lee, *Family Reunion*, 326.

29 Lee and Lee, *Family Reunion*, 349, 351.

30 Journal, July 26, 1885.

31 William Tyre, "Tableaux Vivants," *Story of a House* (blog), September 1, 2014.

32 Journal, July 27, 1884.

33 Journal, May 15, 1887.

34 Journal, July 3, 1887.

35 FGL, manuscript written for *Yankee Yarns* radio show, 1946, GHM.

36 FGL, *Yankee Yarns* manuscript.

37 Harvard College Class of 1894 Secretary's Report, 1909, 172-173.

38 C. A. G. Jackson, "Here He Is! The Busiest Man in the City," *Sunday Herald*, March 4, 1917.

39 Journal, June 25, 1893.

40 1893년에 열린 세계 박람회의 글레스너가에 관한 자료는 1893년 저널의 여러 구절을 바탕으로 한다.

41 Oliver Cyriax, Colin Wilson, and Damon Wilson, *Encyclopedia of Crime* (New York: Overlook Press, 2006), 14-15.

42 H. H. 홈스에 대한 철저하고 설득력 있는 설명은 다음을 참고하라. Erik Larson, *The Devil in the White City: Murder, Magic, and Madness at the Fair that Changed America* (New York:

Vintage Books, 2003).

43   Harvard College Class of 1894 Secretary's Report, 1897.

44   Journal, March 29, 1896.

45   "About Stephen D. Lee," Stephen D. Lee Institute.

46   Lee and Lee, *Family Reunion*, 255.

47   "A Timeline of Women at Hopkins," *Johns Hopkins Magazine*, accessed April 6, 2019, https://pages.jh.edu/jhumag/1107web/women2.html.

48   William Tyre, "Mrs. Ashton Dilke visits the Glessner house," *Story of a House* (blog), February 18, 2013, https://www.glessnerhouse.org/story-of-a-house/2013/02/mrs-ashton-dilke-visits-glessner-house-html.

49   Lee and Lee, *Family Reunion*, 391-394.

50   *Family Reunion*, 394.

3장 | 결혼 이후

1   이 장의 대부분은 다음을 참고했다. Lee and Lee, *Family Reunion*, 258.

2   "The Metropole Hotel," My Al Capone Museum, accessed September 27, 2018, http://www.myalcaponemuseum.com/id224.htm.

3   Lee and Lee, *Family Reunion*, 259-263.

4   Journal, December 11, 1898.

5   Journal, December 11, 1898.

6   Lee and Lee, *Family Reunion*, 260.

7   Journal, December 27, 1903.

8   Bob Specter, "The Iroquois Theater Fire," *Chicago Tribune*, December 19, 2007.

9   Journal, January 4, 1904.

10   Journal, January 4, 1904.

11   Lee and Lee, *Family Reunion*, 403-404.

12   Lee and Lee, *Family Reunion*, 404.

13   Lee and Lee, *Family Reunion*, 404.

14 Lee and Lee, *Family Reunion*, 398.

15 Journal, January 5, 1913.

16 Journal, January 19, 1913.

17 Lee and Lee, *Family Reunion*, 398-401.

18 Lee and Lee, *Family Reunion*, 404.

19 Lee and Lee, *Family Reunion*, 403.

20 *Chicago Daily Tribune*, July 21, 1915, 15.

21 글레스너가 박물관의 통신 및 기록에 기초한다.

22 Letter from George Wise to FGL, July 17, 1918, GHM.

23 William Tyre, "Chicago's Tiniest Theater," *Story of a House* (blog), June 22, 2015, GHM, http://glessnerhouse.blogspot.com/2015/06/chicagos-tiniest-theater.html.

24 "Hop o' My Thumb Actors Delight at Finger Tip Theater," *Chicago Daily Tribune*, March 20, 1918, 15.

25 Tyre, "Chicago's Tiniest Theater."

26 "Hop o' My Thumb."

27 FGL, letter to the editor, *Chicago Tribune*, March 30, 1918.

28 Martin, "How Murderers Beat the Law."

29 FGL, *Yankee Yarns* manuscript.

30 *Chicago Tribune*, November 15, 1918.

31 Siobhan Heraty, "Frances Glessner Lee and World War I," *Story of a House* (blog), December 15, 2014, GHM, https://www.glessnerhouse.org/story-of-a-house/2014/12/frances-glessner-lee-and-world-war-i.html.

4장 | 범죄를 해결하는 의사

1 George Burgess Magrath, "The Technique of a Medico-Legal Investigation," Meeting of the Massachusetts Medico-Legal Society, February 1, 1922.

2 Magrath, "The Technique of a Medico-Legal Investigation."

3 Myrtelle M. Canavan, "George Burgess Magrath," *Archives of Pathology* 27, no. 3 (March 1939): 620-623.

아주 작은 죽음들

4   Erle Stanley Gardner, *The Case of the Glamorous Ghost* (New York: Morrow, 1955), dedication.

5   Letter from FGL to Erle Stanley Gardner, August 1954, GHM.

6   William Boos, *The Poison Trail* (Boston: Hale, Cushman, & Flint, 1939), 40.

7   Letter from Frank Leon Smith to Erle Stanley Gardner, February 19, 1955, GHM.

8   Boos, *The Poison Trail*, 41.

9   "Like a Lion Resting," *Boston Globe*, December 18, 1938, D5.

10 "Like a Lion Resting."

11 "Like a Lion Resting."

12 Letter from FGL to Erle Stanley Gardner, August 1954, GHM.

13 "Quick March in Poison Tragedy of Dead Singer," *Boston Sunday Globe*, October 22, 1911, 1; "Murder Ends a Love Dream," *Boston Sunday Globe*, January 7, 1912, 8; Timothy Leary, "The Medical Examiner System," *Journal of the American Medical Association* 89, no. 8 (August 20, 1927): 579-583.

14 "Murder Ends a Love Dream."

15 *New York Post*, November 24, 1914, CHM.

16 "Authorities Probe Death of Girl in Bathtub," *Pittsburgh Press*, November 15, 1912, 1; "Another Boston Girl Thought Victim of Man," *Daily Gate City*, November 15, 1912, 1; "Cummings Arrested on Woman's Death," *Boston Globe*, November 15, 1912, 1; "Boston Girl Not Victim of Foul Play," *Lincoln Daily News*, November 15, 1912, 7; "Girl's Death Natural, Employer Released," *Philadelphia Inquirer*, November 16, 1912, 2.

17 "Sues for 10,000," *Boston Globe*, February 6, 1913, 1; "Widow Sues Medical Examiner Magrath," *Boston Globe*, January 12, 1915, 1.

18 "Three Accused of Conspiracy," *Boston Globe*, January 26, 1915, 1; "Men in Morgue Under Arrest," *Boston Globe*, August 9, 1914, 1.

19 "Not to Reappoint Dr. Geo. B. Magrath," *Boston Globe*, July 16, 1914, 1.

20 "Medical Examiner Magrath Exonerated," *Boston Globe*, January 13, 1915, 1; "Reads Three Depositions," *Boston Globe*, January 15, 1915, 1.

21 "Green Witness in Own Behalf," *Boston Globe*, January 28, 1915, 1; "Green Admits He Did Wrong," *Boston Globe*, January 28, 1915, 1; "Search Left to Subordinate," *Boston Globe*, January 27, 1915, 1; "Jury Returns Sealed Verdict," *Boston Globe*, February 2, 1915, 1.

22 "Like a Lion Resting."

23 Editorial, *New York Daily Globe*, March 2, 1914.

24 Milton Helpern and Bernard Knight, *Autopsy: The Memoirs of Milton Helpern, the World's Greatest Medical Detective* (New York: St. Martin's Press, 1977), 11.

25 "Point to a Murder Hid by Coroner's Aid," *New York Times*, November 25, 1914, 1.

26 "Murder Hid by Coroner's Aid."

27 *New York Tribune*, February 25, 1915, 7.

28 S. K. Niyogi, "Historic Development of Forensic Toxicology in America up to 1978," *American Journal of Forensic Medicine and Pathology* 1, no. 3 (September 1980): 249-264; Deborah Blum, *The Poisoner's Handbook* (New York: Penguin Press, 2010); Helpern and Knight, *Autopsy: The Memoirs of Milton Helpern.*

29 Boston Post, November 8, 1916, 7.

30 Stephen Puleo, *Dark Tide: The Great Boston Molasses Flood of 1919* (Boston: Beacon Press, 2003).

31 Puleo, *Dark Tide*, 109.

32 "Sacco and Vanzetti: The Evidence," Massachusetts Supreme Judicial Court, accessed March 2, 2019, https://www.mass.gov/info-details/sacco-vanzetti-the-evidence; Felix Frankfurter, *The Case of Sacco and Vanzetti* (New York: Little Brown, 1927); Dorothy G. Wayman, "Sacco-Vanzetti: The Unfinished Debate," *American Heritage* 11, no. 1 (December 1959).

5장 | 비슷한 영혼

1 the Prairie Avenue Historic District and Tyre, *Chicago's Historic Prairie Avenue*, 97-114.

2 "List of Dealers," undated notes, correspondence, GHM.

3 Frederic A. Washburn, *The Massachusetts General Hospital: Its Development, 1900-1935* (Boston: Houghton Mifflin, 1939).

4 Letter from FGL to Erle Stanley Gardner, August 1952, GHM.

5 Ruth Henderson, "Remember G.B.M.?" *Kennebec Journal*, February 22, 1950.

6 Lowell Ames Norris, "Inanimate Objects Often Expose Cruel Murder Secrets," *Sunday Herald*, May 21, 1933; "Dr. Magrath Tells of Unusual Cases," *Boston Globe*, February 26, 1932, 16; "Florence Small Lost Her Head," Criminal Conduct (blog), accessed April 5, 2017, http://criminalconduct.blogspot.com/2011/11/small-rememberance.html.

7 Norris, "Inanimate Objects."

8   Norris, "Inanimate Objects."

9   Norris, "Inanimate Objects."

10 "Dr. Magrath Tells of Unusual Cases."

11 FGL, *Yankee Yarns* manuscript.

12 Letter from FGL to Erle Stanley Gardner, August 1954, GHM.

13 Julie Johnson-McGrath, "Speaking for the Dead: Forensic Pathologists and Criminal Justice in the United States," *Science, Technology & Human Values* 20, no. 4 (Autumn 1995): 438-459; Mara Bovsun, "A 90-Year Mystery: Who Killed the Pastor and the Choir Singer?" *New York Daily News*, September 16, 2012; Sadie Stein, "She is a Liar! Liar!" *New York Magazine*, April 1, 2012.

14 Oscar Schultz and E. M. Morgan, "The Coroner and the Medical Examiner," *Bulletin of the National Research Council* 64 (July 1928).

15 FGL, *Yankee Yarns* manuscript.

6장 | 의과대학

1   Letter from Frank Leon Smith to Erle Stanley Gardner, February 19, 1955, GHM; "The Routine Autopsy," Ed Uthman (website), June 2, 2001; "Autopsy Tools," Ed Uthman (website), February 24, 1999, http://web2.iadfw.net/uthman/autopsy_tools.html; Nicholas Gerbis, "What Exactly Do They Do During an Autopsy?" Live Science, August 26, 2010.

2   FGL, *Yankee Yarns* manuscript.

3   Letter from George Burgess Magrath to Edward H. Bradford, August 19, 1918, CHM.

4   Letter from FGL to A. Lawrence Lowell, April 30, 1931, CHM.

5   Letter from A. Lawrence Lowell to FGL, May 4, 1931, CHM.

6   Letter from FGL to A. Lawrence Lowell, September 29, 1931, CHM.

7   Letter from A. Lawrence Lowell to FGL, December 10, 1931, CHM.

8   Letter from Oscar Schultz to FGL, June 23, 1933, GHM.

9   Letter from Oscar Schultz to FGL, February 7, 1934, GHM.

10 Letter from Oscar Schultz to FGL, May 26, 1933, GHM.

11 Letter from FGL to James Bryant Conant, March 24, 1934, CHM.

12   Letter from David Edsall to J. Howard Mueller, April 9, 1934, CHM.

13   "Mrs. Lee and President Conant Are Speakers at Opening of Library," Harvard Crimson, May 25, 1934.

14   Letter from George Burgess Magrath to Alan Gregg, January 25, 1935, RAC.

15   Alan Gregg diary, March 14, 1935, RAC.

16   Letter from FGL to Alan Gregg, March 30, 1935, RAC.

17   Alan Gregg diary, March 14, 1935, RAC.

18   Memo from Alan Gregg to Robert A. Lambert, April 19, 1943, RAC.

19   Milton Helpern, "Development of Department of Legal Medicine at New York University," *New York State Journal of Medicine* 72, no. 7 (April 1, 1972): 831-833.

20   Letter from FGL to Frances Martin and Martha Batchelder, January 29, 1934, GHM.

21   Letter from Roger Lee to FGL, November 1, 1935, GHM.

22   Letter from Roger Lee to FGL, June 5, 1937, GHM.

23   Memorandum, CSB, February 12, 1937, CHM.

24   CSB, "Memorandum of a conference with Mrs. Lee on February 12, 1937," CHM.

25   Memorandum, CSB, February 12, 1937, CHM.

26   Letter from Reid Hunt to David Edsall, April 30, 1934, CHM.

27   Letter from FGL to James Bryant Conant, August 13, 1934, CHM.

28   Letter from FGL to James Bryant Conant, September 7, 1934, CHM.

29   "Timeline," Federal Bureau of Investigation, accessed November 16, 2018.

30   "Timeline."

31   "Timeline"; Winifred R. Poster, "Cybersecurity Needs Women," Nature, March 26, 2018.

32   H. H. Clegg, "Memorandum for the Director," May 16, 1935, FBI; Mary Elizabeth Power, "Policewoman Wins Honors in Field of Legal Medicine," *Wilmington Journal*, June 16, 1955, 45.

33   L. C. Schilder, "Memorandum for Mr. Edwards," May 16, 1936, FBI.

34   Al Chase, "Architects Vote to Turn Back Glessner Home," *Chicago Tribune*, June 16, 1937, 27; William Tyre, personal communication, 2018.

35   Judith Cass, "Monday Class in Reading to Hold Reunion," *Chicago Tribune*, April 2, 1936.

36   Chase, "Architects."

37   Letter from FGL to Sidney Burwell, December 13, 1935, GHM.

7장 | 다리 세 개짜리 의자

1   Letter from FGL to CSB, May 23, 1936, GHM.

2   Alan Gregg diary, October 18, 1938, RAC.

3   Minutes of the first meeting of the Committee to Consider the Future of Legal Medicine in Harvard University, April 13, 1936, CHM.

4   Letter from S. Burt Wolbach to Alan Gregg, April 8, 1936, RAC.

5   Minutes of the second meeting of the Committee on Legal Medicine, December 11, 1936, RAC.

6   Alan Moritz, interview by Mary Daly, November 18, 1983, Case Western Reserve University Archive.

7   Alan Moritz interview.

8   Alan Moritz interview.

9   Letter from ARM to CSB, May 24, 1937, CHM.

10   Letter from ARM to CSB, December 7, 1937, CHM.

11   Letter from ARM to Burt Wolbach, August 2, 1938, CHM.

12   Draft letter from ARM to FGL, undated, CHM.

13   Letter from FGL to ARM, November 18, 1938, CHM.

14   Letter from FGL to CSB, December 16, 1937, CHM.

15   CSB, "Memorandum of a conversation with Mrs. Lee concerning the situation in Legal Medicine," June 15, 1937, CHM.

16   Letter from FGL to ARM, November 15, 1938, CHM.

17   Letter from FGL to Thomas Gonzales, November 4, 1938, GHM.

18   Letter from Thomas Gonzales to FGL, November 7, 1939, GHM.

19   Letter from ARM to FGL, December 6, 1938, CHM.

20   CSB, "Note on a conversation with Mrs. Lee regarding the future of the Department of Legal Medicine," December 9, 1939, CHM.

21 "Like a Lion Resting."

22 Letter from FGL to ARM, December 20, 1938, CHM.

23 Letter from FGL to George Burgess Magrath, undated, GHM.

24 FGL, "An Anatomography in Picture, Verse and Music" (unpublished manuscript, ca. 1929-1938), GHM.

25 Letter from FGL to George Burgess Magrath, undated, GHM.

26 Letter from Parker Glass to FGL, May 17, 1939, GHM.

27 Letter from FGL to ARM, January 10, 1939, CHM.

28 Letter from FGL to CSB, December 20, 1938, CHM.

29 CSB, "Memorandum of conversation with Mrs. Lee," October 3, 1938, CHM.

30 Randy Hanzlick and Debra Combs, "Medical Examiner and Coroner Systems: History and trends," *Journal of the American Medical Association* 279, no. 11 (March 18, 1998): 870-874.

31 ARM, "Confidential Report on the Status of Forensic Medicine in Great Britain, Europe and Egypt (1938-1939)," 1940, CHM.

32 Letter from ARM to CSB, April 6, 1939, CHM.

33 Letter from ARM to S. B. Wolbach, August 2, 1938, CHM.

34 Letter from FGL to ARM, September 18, 1939, CHM.

35 Letter from FGL to ARM, September 27, 1939, CHM.

36 Letter from FGL to ARM, April 22, 1942, CHM.

37 Letter from ARM to FGL, January 8, 1940, CHM.

38 Invitation to tea in honor of FGL, CHM.

39 Letter from FGL to CSB, February 15, 1940, CHM.

40 Harvard Medical School, "First Annual Report of the Department of Legal Medicine, January 1, 1940-December 31, 1940," CHM.

41 Harvard Medical School, "First Annual Report."

42 Letter from ARM to CSB, July 30, 1938, CHM.

43 Metro-Goldwyn-Mayer, *Murder at Harvard treatment*, September 17, 1948, CHM.

44 Teletype message, July 31, 1940, accompanying letter from Alan Moritz to Leonard Spigelgass, November 9, 1948, CHM.

45 "Girl, 22, Trussed and Slain," *Boston Globe*, August 1, 1940, 1; MGM, *Murder at Harvard*; "Examination of the Body of Irene Perry, Dartmouth, Massachusetts, 7/31/1940," Division of Laboratories, Department of Legal Medicine, Harvard Medical School, 40-139, CHM.

46 FGL, "Basic Scheme for a Series of Medico-Legal Conferences Biennial or Annual," May 17, 1940, CHM.

47 FGL, "Suggestions for a Medico-Legal Conference to Be Held in Boston in October 1940," May 17, 1940, CHM.

48 "Physicians Rap System of Coroners," *Philadelphia Inquirer*, October 3, 1940, 21.

49 Letter from P. J. Zisch to J. W. Battershall, May 20, 1940, CHM.

50 Letter from FGL to CSB, August 9, 1940, CHM.

51 Letter from FGL to Timothy Leary, August 9, 1940, CHM.

52 Letter from Timothy Leary to FGL, August 14, 1940, CHM.

53 Letter from FGL to William Wadsworth, October 28, 1940, CHM.

54 Harvard Medical School, "First Annual Report."

8장 | 프랜시스 리 경감

1 Written by FGL at the suggestion of Roger Lee, March 7, 1939, CHM.

2 Letter from Roger Lee to CSB, March 10, 1939, GHM.

3 Letter from Roger Lee to FGL, June 21, 1939, GHM.

4 Letter from Roger Lee to FGL, June 27, 1939, GHM.

5 Paul Benzaquin, *Holocaust! The Shocking Story of the Boston Cocoanut Grove Fire* (New York: Henry Holt and Co., 1959); "The Story of the Cocoanut Grove Fire," Boston Fire Historical Society, accessed October 17, 2017.

6 Letter from ARM to FGL, January 9, 1943, CHM.

7 Letter from FGL to CSB, July 12, 1940, GHM; letter from CSB to FGL, April 7, 1941, GHM.

8 "Music in the Mansion, Part 1: The Glessners' Piano," *Story of a House* (blog), April 4, 2011, http://www.glessnerhouse.org/story-of-a-house/2011/04/music-in-mansion-part-1-glessners-piano.html.

9 Letter from FGL to Roger Lee, September 12, 1942, GHM.

10 Letter from FGL to ARM, November 9, 1942, GHM.

11 Typed list of questions asked of Moritz on November 20, 1942, FGL, January 5, 1943, CHM.

12 Letter from FGL to ARM, January 5, 1943, CHM.

13 Letter from CSB to Jerome D. Greene, March 10, 1943, CHM.

14 Letter from CSB to Jerome D. Greene, February 23, 1943, CHM.

15 Letter from Alan Moritz to FGL, February 19, 1943, CHM.

16 Letter from FGL to CSB, March 21, 1943, CHM.

17 Joseph S. Lichty, "Memorandum for Dr. Burwell," March 10, 1943, CHM.

18 Letter from CSB to FGL, March 20, 1943, CHM.

19 FGL, "Plan for Unification of Dental Records for Dental Identification," February 16, 1942, CHM.

20 FGL, "Plans for a Dental Project," February 16, 1942, CHM.

21 Alan R. Moritz, Edward R. Cunniffe, J. W. Holloway, and Harrison S. Maitland, "Report of Committee to Study the Relationship of Medicine and Law," *Journal of the American Medical Association* 125, no. 8 (June 24, 1944): 577-583.

22 Note on visit with Sidney Burwell, Alan Gregg diary, February 2, 1942, RAC.

23 Letter from FGL to Joseph Shallot, July 28, 1948, GHM.

24 Moritz et al., "Report of Committee."

25 Goldfarb, "Death Investigation in Maryland."

26 Based on correspondence at GHM.

27 Letter from FGL to ARM, March 20, 1943, CHM.

28 "Comments and Recommendations Submitted by Mrs. Lee on Suggestions for a Medical Examiner System for the State of Virginia," undated, GHM.

29 David Brinkley, *Washington Goes to War* (New York: Knopf, 1988).

30 Letter from FGL to Fulton Lewis Jr., September 29, 1943, GHM.

31 Letter from FGL to Sherman Adams, February 9, 1945, GHM.

32 Letter from Cook County coroner A. L. Brodie to FGL, December 18, 1941, GHM.

33 Letter from FGL to ARM, May 6, 1942, CHM.

34 "Murder-Clue Team Set Here," *Daily Oklahoman*, November 16, 1945, 1.

35 Letter from FGL to W. F. Keller, November 9, 1944, GHM.

아주 작은 죽음들

36 "Murder-Clue Team Set Here."

37 Letter from FGL to Charles Woodson, April 20, 1946, GHM.

38 "Much Progress in Fingerprint Library for NH," *Portsmouth Herald*, February 27, 1936, 3; Brian Nelson Burford, New Hampshire State archivist, personal communication, 2018.

39 "Around the Town," *Nashua Telegraph*, November 25, 1961.

40 Commission from Lee, 1943.

41 Earl Banner, "She Invested a Fortune in Police, Entertained Them Royally at the Ritz," *Boston Globe*, February 4, 1962, 46-A.

42 FGL, "The Department of Legal Medicine: Its Functions and Purposes," July 13, 1947, CHM.

43 Letter from FGL to CSB, April 29, 1944, CHM.

9장 | 손바닥 속 진실

1 ARM, "The Status of the Department of Legal Medicine of Harvard Medical School After Five Years of Its Existence: Report to the Dean," May 15, 1944, CHM.

2 Letter from CSB to FGL, January 28, 1944, CHM; FGL to CSB, June 23, 1944, CHM.

3 "Mrs. Frances G. Lee—lunch," Alan Gregg diary, April 16, 1947, RAC.

4 FGL, "Suggestions for a Police Course," October 19, 1942, CHM.

5 FGL, handwritten note, undated, GHM.

6 FGL, "Dolls as a Teaching Tool," undated, GHM.

7 FGL, *Yankee Yarns* manuscript, GHM.

8 Letter from FGL to Ralph Mosher, June 9, 1943, GHM.

9 Letter from Ralph Mosher to FGL, June 11, 1943, GHM.

10 Letter from FGL to Ralph Mosher, July 8, 1943, GHM.

11 Letter from FGL to ARM, August 21, 1945, CHM.

12 Letter from Sears Roebuck and Co. to FGL, August 3, 1943, GHM.

13 Application for Preference Rating, September 3, 1943, GHM.

14 Letter from FGL to Union Twitchell, Irving & Casson-A. H. Davenport Co., April 21, 1943,

GHM.

15   Letter from C. E. Dolham, parts department, International Harvester Company, to FGL, July 15, 1942, GHM.

16   Letter from FGL to C. E. Dolham, July 20, 1942, GHM.

17   Letter from FGL to A. J. Monroe, January 7, 1944, GHM.

18   Letter from Union Twitchell to FGL, January 6, 1944, GHM.

19   Letter from Union Twitchell to FGL, July 13, 1943, GHM.

20   Letter from FGL to Union Twitchell, July 14, 1943, GHM.

21   Letter from Alynn Shilling, National Distillers Products Corporation, to FGL, October 19, 1944, GHM.

22   Letter from FGL to W. B. Douglas, February 26, 1946, GHM.

23   FGL, "Dolls as a Teaching Tool."

24   FGL, "Nutshell Studies of Unexplained Death, Notes and Comments: Foreword," undated, CHM.

25   Letter from FGL to ARM, August 21, 1945, CHM.

26   Letter from FGL to ARM, January 5, 1944, CHM.

27   FGL, "Legal Medicine at Harvard," *Journal of Criminal Justice and Police Science* 42, no. 5 (Winter 1952): 674-678.

28   FGL, undated manuscript about Department of Legal Medicine, CHM.

29   FGL, undated manuscript about Department of Legal Medicine, CHM.

30   FGL, "Nutshell Studies of Unexplained Death."

31   Harvard Associates in Police Science Articles of Incorporation, January 8, 1963, GHM.

32   Earl Banner, "She Invested a Fortune in Police, Entertained Them Royally at Ritz," *Boston Globe*, February 4, 1962, A46.

33   Handwritten note on back of photograph, undated, GHM.

34   Letter from FGL to CSB, May 29, 1945, CHM.

35   Letter from FGL to CSB, July 30, 1945, CHM.

36   CSB, "Memorandum of talk with Mrs. Lee on March 27, 1945," CHM.

10장 | 하버드에서의 살인

1   Letter from FGL to C. W. Woodson, August 5, 1946, GHM; letter from FGL to C. W. Woodson, September 20, 1946, GHM.

2   Mary A Giunta, "A History of the Department of Legal Medicine at Medical College of Virginia"(master's thesis, University of Richmond, 1966).

3   Letter from FGL to ARM, July 12, 1946, CHM.

4   Letter from Jeff Wylie to FGL, March 7, 1946, GHM.

5   *Life* magazine, June 3, 1946.

6   Letter from R. F. Borkenstein to FGL, April 21, 1948, GHM.

7   Martin, "How Murderers Beat the Law."

8   Martin, "How Murderers Beat the Law."

9   William Gilman, "Murder at Harvard," *Los Angeles Times*, January 25, 1948, F4.

10 Martin, "How Murderers Beat the Law."

11 Hugh W. Stephens, *The Texas City Disaster, 1947* (Austin: University of Texas Press, 1997), 100.

12 Letter from Richard Ford to Alan Gregg, July 19, 1949, CHM.

13 Martin, "How Murderers Beat the Law."

14 "Annual Report, July 1, 1947, to June 30, 1948," Department of Legal Medicine, CHM.

15 "Annual Report."

16 Alan Gregg diary, April 16, 1947, RAC.

17 Martin, "How Murderers Beat the Law."

18 Letter from George Minot to CSB, September 24, 1945, CHM.

19 Lucy Boland, "A Few Days at Harvard Seminar," *VOX Cop*, Connecticut State Police, June 1950.

20 Boland, "A Few Days."

21 Letter from Samuel Marx to FGL, February 9, 1948, GHM.

22 Letter from FGL to James R. Nunn, December 7, 1944, GHM.

23 "Biographical Note," LeMoyne Snyder papers, Michigan State University Archives, accessed December 20, 2018.

24 Letter from LeMoyne Snyder to FGL, July 19, 1944, Michigan State University Archives.

25 Minutes of Harvard Associates in Police Science meeting, undated, GHM.

26 Meeting minutes, HAPS board, 1949, GHM.

27 Erle Stanley Gardner, "A Wonderful Woman," *Boston Globe*, February 4, 1962, 1.

28 Minutes of Harvard Associates in Police Science second annual meeting, February 10, 1949, GHM.

29 Gardner, "A Wonderful Woman."

30 Erle Stanley Gardner, *The Case of the Dubious Bridegroom* (New York: William Morrow & Co., 1949).

31 Letter from Erle Stanley Gardner to FGL, December 21, 1948, GHM.

32 Letter from FGL to Thayer Hobson, May 19, 1949, GHM.

33 Letter from Erle Stanley Gardner to FGL, December 21, 1948, GHM.

34 Letter from FGL to ARM, January 19, 1949, GHM.

35 Letter from FGL to Charles W. Woodwon, March 8, 1949, GHM.

36 "'Perry Mason' Goes to Harvard with Police," *Boston Globe*, May 1, 1949, C1.

37 B. Taylor, "The Case of the Outspoken Medical Examiner, or an Exclusive Journal Interview with Russell S. Fisher, MD, Chief Medical Examiner of the State of Maryland," *Maryland State Medical Journal* 26, no. 3 (March 1977): 59-69.

38 Letter from FGL to Huntington Williams, July 5, 1949, GHM.

39 "Dr. R. S. Fisher Assumes Post as Examiner," *Baltimore Sun*, September 2, 1949.

40 Letter from Huntington Williams to FGL, September 2, 1949, GHM.

41 Letter from Alan Moritz to Miss Mills, January 7, 1947, CHM.

42 MGM, *Murder at Harvard*.

43 Letter from CSB to Edward Reynolds, January 10, 1949, CHM.

44 MGM, *Murder at Harvard*.

45 Letter from Gladys Keener to FGL, May 31, 1949, GHM.

46 Letter from FGL to Gladys Keener, July 14, 1949, GHM.

47 Minutes of the Harvard Associates in Police Science Second Annual Meeting, February 10, 1949, GHM.

48 Letter from ARM to FGL, January 31, 1949, CHM.

11장 | 쇠퇴와 몰락

1   Letter from FGL to Roger Lee, February 28, 1949, GHM.

2   *Harvard Law Record*, undated, CHM.

3   Letter from FGL to Roger Lee, February 28, 1949, GHM.

4   Letter from ARM to CSB, May 11, 1949, CHM.

5   Letter from Edward Reynolds to Lowe's Inc., June 13, 1949, CHM.

6   "Mystery Street," Internet Movie Database, accessed December 28, 2018.

7   Letter from ARM to Richard Ford, September 2, 1949, CHM; letter from ARM to Richard Ford, December 12, 1949, CHM.

8   Letter from Richard Ford to George P. Berry, December 14, 1949, CHM.

9   Metro-Goldwyn-Mayer, "Mystery Street Reviews," undated, CHM.

10   Letter from FGL to Richard Ford, January 31, 1951, CHM.

11   Letter from FGL to Alan Gregg, January 31, 1951, RAC.

12   Memo from SAC, Richmond, to J. Edgar Hoover, December 21, 1950, FBI.

13   Letter from FGL to Alan Gregg, January 31, 1951, RAC; letter from Alan Gregg to FGL, February 16, 1951, RAC.

14   Letter from FGL to Allan B. Hussander, February 27, 1951, GHM.

15   Erle Stanley Gardner, *The Court of Last Resort* (New York: William Sloane Associates, 1952).

16   Letter from FGL to Francis I. McGarraghy and others, June 5, 1951, GHM.

17   Letter from Margaret Roth to FGL, November 9, 1948, GHM.

18   Unsigned Letter to FGL, undated, GHM.

19   Letter from Frank D. Miller to FGL, January 27, 1946, GHM.

20   Letter from Arthur W. Stevens to FGL, January 29, 1948, GHM.

21   Letter from John Crocker Jr. to FGL, February 9, 1955, GHM.

22   Letter from FGL to John Crocker Jr., February 18, 1955, GHM.

23   Letter from FGL to Mrs. Edwin B. Wright, October 25, 1949, GHM.

24   Letter from FGL to Francis I. McGarraghy and others, June 5, 1951, GHM.

25   Letter from FGL to Francis I. McGarraghy and others, June 5, 1951, GHM.

26 *Lee News*, September 10, 1957, GHM.

27 Telegram from J. Edgar Hoover to FGL, November 20, 1951, FBI.

28 Office of Director memo, December 21, 1951, FBI.

29 Letter from George P. Berry to David W. Bailey, June 16, 1954, CHM.

30 Letter from David W. Bailey to George P. Berry, June 25, 1954, CHM.

31 Letter from George P. Berry to Richard Ford, July 6, 1954, CHM.

32 Letter from George P. Berry to David W. Bailey, February 17, 1955, CHM.

33 Teletype from FBI Richmond to Director, FBI, and SAC, Boston, February 2, 1955, FBI.

34 Office memorandum from SAC, Boston, to Director, FBI, September 19, 1955, FBI.

35 Teletype from Boston Field Office to Director, FBI, February 2, 1956.

36 *Lee News*, October 7, 1957, GHM.

37 *Lee News*, August 17, 1958, GHM.

38 Lee and Lee, *Family Reunion*, 411.

39 Letter from Parker Glass to FGL, February 17, 1961, CHM.

12장 | 리의 죽음, 그 이후

1 *Lee News*, February 5, 1962, GHM.

2 Banner, "She Invested a Fortune."

3 Mary Murray O'Brien, "'Murder Unrecognized' Tops Harvard Seminar on Crime," *Boston Globe*, November 19, 1950, C36.

4 Gardner, "A Wonderful Woman."

5 "Quartet Receives Honorary Degrees from N. E. College," *Portsmouth Herald*, July 26, 1956; *Lee News*, May 13, 1958, GHM.

6 William Tyre, personal communication, 2019.

7 "The Ad Hoc Committee Report," *Corpus Delicti: The Doctor as Detective*, Center for the History of Medicine at Countway Library, accessed December 5, 2018.

8 "The End of Legal Medicine," *Corpus Delicti: The Doctor as Detective*, Center for the History of Medicine at Countway Library, accessed December 5, 2018.

9   Jentzen, *Death Investigation in America*, 76-77.

10   "How to Get Away with Murder," *True*, July 1958, 48-101.

11   Douglas O. Linder, "Dr. Sam Sheppard Trials: An Account," Famous Trials (website), accessed November 24, 2018, http://www.famous-trials.com/sam-sheppard/2-sheppard; "Sheppard Murder Case," Encyclopedia of Cleveland, accessed November 24, 2018, https://case.edu/ech/articles/s/sheppard-murder-case; Sam Sheppard, *Endure and Conquer: My 12-Year Fight for Vindication* (Cleveland: World Publishing Co., 1966); James Neff, *The Wrong Man: The Final Verdict on the Dr. Sam Sheppard Murder Case* (New York: Random House, 2001).

12   "Dr. Richard Ford, 55, a Suicide; Witness in Many Murder Trials," *New York Times*, August 4, 1970, https://www.nytimes.com/1970/08/04/archives/dr-richard-ford-55-a-suicide-witness-in-many-murder-trials.html.

13   "History of The Rocks," The Rocks (website), accessed December 16, 2018, http://therocks.org/history.php.

14   "New NH Historical Marker Honors 'Mother of Forensic Science,'" New Hampshire Department of Cultural Resources press release, October 22, 2018, https://www.nh.gov/nhculture/mediaroom/2018/francesglessnerlee_marker.htm.

15   "The House," Glessner House museum (website), accessed December 6, 2018, https://www.glessnerhouse.org/the-house/; William Tyre, personal communication, 2018.

16   Letter from Parker Glass to Dorothy Hartel, May 9, 1969, Maryland Office of the Chief Medical Examiner.

17   Letter from Steven A. Abreu to Scott Keller and Gary Childs, Harvard Associates in Police Science, October 17, 2017.

18   Randy Hanzlick, "An Overview of Medical Examiner/Coroner Systems in the United States" (PowerPoint presentation prepared for National Academies: Forensic Science Needs Committee, undated), accessed April 9, 2019, https://sites.nationalacademies.org/cs/groups/pgasite/documents/webpage/pga_049924.pdf; Randy Hanzlick, "The Conversion of Coroner Systems to Medical Examiner Systems in the United States," *American Journal of Forensic Medicine and Pathology* 28, no. 4 (December 2007): 279-283.

19   "Medical Examiner," Cook County Government website, accessed November 22, 2018, https://www.cookcountyil.gov/agency/medical-examiner; "Coroners Roster," Illinois Coroners and Medical Examiners Association, accessed November 22, 2018, https://www.coronersillinois.org/coroners-roster; "Illinois Coroner/Medical Examiner Laws," Centers for Disease Control, January 1, 2014, https://www.cdc.gov/phlp/publications/coroner/illinois.html.

20   K. A. Collins, "Charleston, South Carolina: Reversion from a Medical Examiner/Coroner

Dual System to a Coroner System," *Academic Forensic Pathology* 4, no. 1 (2014): 60-64.

21 K. A. Collins, "The Future of the Forensic Pathology Workforce," *Academic Forensic Pathology* 5, no. 4 (2015): 526-533.

22 Denise McNally, executive director, National Association of Medical Examiners, personal communication, 2018.

23 "Medical Examiners and Coroners' Offices, 2004," U. S. Department of Justice, Bureau of Justice Statistics, June 2007.

24 Hanzlick, "Overview."

25 "Health Department Issues Statement about CO Deaths in Hotel," WVTV, June 9, 2013.

26 "DNA exonerations in the United States," Innocence Project, accessed December 28, 2018.

27 Matthew Shaer, "The False Promise of DNA Testing," *Atlantic*, June 2016; Pamela Colloff, "Texas Panel Faults Lab Chemist in Bryan Case for 'Overstating Findings' and Inadequate DNA Analysis," Propublica, October 8, 2018; Greg Hampikian, "The Dangers of DNA Testing," *New York Times*, September 21, 2018.

아주 작은 죽음들

이런 프로젝트는 혼자서 할 수 있는 게 아니다. 표지에는 한 사람의 이름만 실리지만, 이 일을 가능하게 하는 데는 여러 사람이 참여했다. 어떤 사람은 피드백이나 응원을 해주었고, 어떤 사람은 더 본질적인 도움을 주었다. 그 모든 지지에 감사한다.

몇몇 이들은 각자의 작업 과정에서 만들어진 서류 등 자료를 공유해주었다. 다큐멘터리 영화 제작자 수전 마크스와 버지니아 라이커, 큐레이터 케이티 개그넌의 너그러운 도움에 감사한다.

이 책은 글레스너 저택 박물관의 총책임자이자 큐레이터인 윌리엄 타이어의 협력과 도움이 없었다면 완성되지 못했을 것이다. 타이어는 글레스너에 관한 논문들을 내가 독점적으로 읽게 해주었는데, 그 논문이 아니었다면 이 책을 쓸 수 없었을 것이다. 또한 그는 수없이 많은 질문에 인내심 있게 대답해주었다. 박물관에서 시간을 보내는 동안 궨 캐리언은 품위 있게 나를 환영해주었다. 나처럼 글레스너가에 대한 열정을 품고 있는 캐시 커닝엄과 만난 일도 즐거웠다. 타이어와 박물관 인턴 직원들은 글레스너 가족의 삶을 기록하고 그 자료를 대중에게 알릴 수 있도록 칭찬받을 만한 작업을 해왔다. 조앤 스틴턴과 크레이 케네디는 프랜시스 글레스너 리의 글을 정리하고 목록화했다. 박물관에서 운영하는 블로그인 '어느 저택의 이야기'는 귀중한 자원이 되었고, 프레리가의 전성기 삶에 관한 놀라운 읽을거리를 제공해주었다.

하버드 프랜시스 A. 카운트웨이 의학 도서관의 의학사 센터에서 일하는 도미닉 홀, 잭 에커트, 제시카 머피는 내가 연구를 하는 동안 크게 도움을 주었다. 에커트는 온라인 전시회인 〈코퍼스 델릭티: 탐정으로서의 의사〉를 큐레이팅했는데, 이는 내게 매우 큰 도움이 되었다.

스미스소니언 박물관의 렌윅 갤러리 직원들에게도 많은 도움을 받았다. 특히 예술품 보존 위원인 애리얼 오코너는 손바닥 연구에 관해 이전에는 알려지지 않았던 아주 많은 것을 공개했다. 오코너는 그레고리 베일리, 콘스턴스 스트롬버그, 해든 딘의 도움을 받았다. 나는 노라 앳킨슨, 스콧 로젠펠드, 데이브 디아나, 션 화이트를 비롯해 손바닥 연구 전시를 위해 애써준 모두에게 감사를 전하고 싶다.

뉴햄프셔주 문서기록관 브라이언 넬슨 버퍼드, 웨스턴리저브대학교 문서고의 헬렌 콩거, 록펠러 문서보관센터의 리 힐트직, 터메큘라 밸리 박물관의 데일 윌킨스, 베들레헴 유물 협회의 클레어 브라운, 더 록의 나이절 맨리, 해군 도서관의 샌드라 L. 폭스, 전국 검시관 협회의 데니즈 맥널리, 미국 병리학회의 제인 워런, 시카고 의학 연구소의 셰릴 어미터, 하버드 경찰과학협회, 메릴랜드주 법의학 재단, 킴 콜린스 박사에게도 감사를 전한다. 스테이시 도시와 스루

티 바수는 편집에 도움을 주었다. 나의 형제 데이비드 골드파브에게
도 피드백과 조언을 해준 것에 감사를 전한다.

존 맥심 리, 퍼시 리 랭스태프, 리 M. 랭스태프, 버지니아 리, 게일
배철더, 폴라 배철더, 리즈 카터를 비롯한 글레스너 및 리 가족들과
친구가 되어서 영광스러운 시간이었다. 훌륭한 가문의 먼 친척들을
알게 된 것은 예상치 못한 보상이었다.

수많은 친구와 동료들의 응원과 지지에도 감사를 보낸다. 엘리자
베스 에비츠 디킨슨, 캐시와 에드 루센, 새라 아르키발드, 데이브 매
스트릭, 닉 콜라카우스키, 팀 프렌드, 케이티 호턴, 멕 페어팩스 필
딩, 마리아 스타이너, 데이비드 리버스, 리사 레예스, 어니 갬본, 래
리 골드파브, 라파엘 앨버레즈를 비롯해 '늙어가는 언론인 동호회
여성 보조 단체' 회원들에게 고맙다.

중요한 일을 하고도 대중의 인정을 받는 경우가 드문 사람들과 함
께 일할 수 있었던 것은 내 특권이었다. 이들은 헌신적인 전문가이
자 진실이나 사망자의 이해관계를 제외한 무엇에도 관심을 두지 않
는 선량한 사람들이다. 모두가 나름의 방식으로 법의학에 대한 내
이해에 영향을 끼쳤다.

매리 리플, 파멜라 사우스올, 자비울라 알리, 캐럴 앨런, 러셀 알
렉산더, 퍼트리샤 애로니카, 멜리사 브라셀, 스테파니 딘, 파멜라 페
레이라, 시어도어 킹, 링 리, J. 래런 로크, 존 스태시, 잭 타이터스,
도나 빈센티 등 여러 박사님께 감사한다. 니키 모트치노 박사님은
법의병리학에 관한 질문에 답해주었으므로 특별히 감사를 받을 만

하다.

나는 볼티모어 시경의 에드워드 윌슨 형사가 한 작업을 통해 많은 것을 배웠다. 윌슨은 이 나라에서 가장 뛰어나고 유능한 지문감식관이다. 진정성과 품위가 있고, 언제나 좋은 이야기를 들려주며, 검시관실에서 하는 매일의 헌신을 표상하는 사람이다.

프랜시스 글레스너 리 살인사건 수사 세미나를 여러 해 동안 준비해준 엘리너 토머스의 도움에 감사한다. 또한 제리 지치호비치의 우정과 도움에 고맙다. 그는 살인사건 세미나 동안 손바닥 연구를 학생들에게 할당하고, 모범 답안을 금고에 보관하는 일을 맡고 있다.

내가 자리를 비운 사이 남은 일을 마무리해준 비서와 직원들에게도 고맙다. 앰버 콘웨이, 샌드라 도넌, 티피니 그린, 말린 그룹, 앤절라 존스, 샤론 로빈슨, 코리안 셀프에게 고맙다. 특히 늘 나를 응원해주는 린다 토머스에게 감사를 전한다.

과거와 현재의 법의학 수사관들과 가까운 동료로 지내왔다. 이들은 진중하고 숙달되었으며 헌신적인 전문가로서 내게 많은 것을 가르쳐주었다. 크리스틴 카더, 랜돌프 데일리, 던 에퍼슨, 베서니 밀러, 멜린다 피츠제럴드, 데이비드 페이너, 스테이시 그로프트, 애런 헌, 손드라 헨즐리, 스테퍼니 키멀, 크리스티나 르제페키 레너드, 그레이 매거드, 코트니 맨조, 앤서니 맥카피티, 조지프 멀린, 브리타니 먼로, 키스 오퍼, 샬럿 로즈 노런브룩, 스테퍼니 롤린스, 브라이언트 스미스, 킴벌리 윈스턴. 독성학과 조직학 연구실에서 일하는 사람으로는 에이브러햄 차디크, 사피아 아메드사키네드자르드, 앤드라 포스턴, 장상, 신디 채프먼, 앤절라 딘이 있다.

검시관실에서 가장 열심히 일하면서도 가장 낮은 급료를 받는 사람들은 부검 기술자들이다. 부검 기술자들은 하는 일에 비해 감사를 받는 일이 드물다. 여기서 마리오 올스턴, 대럴린 버틀러, 리카르도 디그스, 래리 하디, 리로이 존스, 커티스 조던, 제시카 로건, 로버트 밀스, 모젤 오즈번, 레이먼드 짐머먼에게 감사를 전한다.

톰 브라운, 마이크 이글, 레베카 저퍼 핍스, 던 줄라우프, 도널 맥컬로, 브라이언 태넌바움, 윌리엄 스펜서스트롱, 주안 트론코소 박사, 윌리엄 로드리게스, 워런 티웨스 박사, 크레이그 로빈슨, 바버라 허헤이, 새머라 시머린스, 리키 제이컵슨, 데이비드 코크, 스토니 버크, 더스틴 솔즈버리도 있다. 팀 비트너는 렌윅 갤러리 전시 이후 손바닥 연구를 다시 가져오는 데 도움을 주었고, 앨버트 캐니아스티는 팬이 되어주었으므로 특별히 언급할 만하다.

내 상사인 데이비드 R. 파울러의 지지에도 감사한다. 직장에서는 매일이 세미나다. 나는 파울러 박사에게서 법의학, 통치술과 법학, 진실을 찾는 존엄성, 분주한 법의학 센터를 최고 수준으로 운영하는 방법을 비롯해 많은 것을 배웠다. 이 프로젝트를 밀어붙일 수 있도록 내게 재량권을 주고, 질문에 답하고 정보와 자료를 전달하느라 시간을 내준 것에도 감사한다. 파울러 박사는 모두가 원하는 최고의 상사다.

내가 일을 제대로 할 때까지 큰 인내심을 발휘해준 타마르 리드진스키가 내 에이전트인 것은 행운이다. 리드진스키를 소개해준 메릴랜드 볼티모어 카운티대학교의 브라이언 덴슨에게 감사를 전하고 싶다. 소스북 편집자 애나 마이클스에게도 감사한다. 그녀는 이야기의 틀을 잡고 이를 발전시키는 데 어마어마한 도움을 주었다.

무엇보다 가족의 응원과 사랑에 깊이 감사한다. 아내 브리짓은 인내심 있게 귀 기울여주고 이 소재에 관해 핵심적인 통찰을 주었다. 이 책에는 가족 전체의 희생이 담겨 있다. 식사와 가족 행사에도 함께하지 못했고, 밤에도 집에 머물지 못했으며, 키보드만 잡고 여러 날을 보냈다. 가족들의 이해와 인내심, 헌신이 아니었다면 나 혼자서는 이 일을 해내지 못했을 것이다. 이 책은 우리 모두의 작품이다.

아주 작은 죽음들

찾아보기

인명

아주 작은 죽음들

아주 작은 죽음들

아주 작은 죽음들
최초의 여성 법의학자가 과학수사에 남긴 흔적을 따라서

1판 1쇄 발행 2022년 9월 19일
1판 3쇄 발행 2023년 2월 10일

지은이 브루스 골드파브
옮긴이 강동혁

발행인 양원석 편집장 김건희 책임편집 곽우정
디자인 김현우
영업마케팅 조아라, 이지원, 박찬희, 정다은, 백승원

펴낸 곳 (주)알에이치코리아
주소 서울시 금천구 가산디지털2로 53, 20층 (가산동, 한라시그마밸리)
편집문의 02-6443-8932   도서문의 02-6443-8800
홈페이지 http://rhk.co.kr 등록 2004년 1월 15일 제2-3726호

ISBN 978-89-255-7757-9 (03400)